空间微波遥感研究与应用丛书

城市基础设施健康
InSAR 监测方法与应用

林 珲 马培峰 等 著

科学出版社

北 京

内 容 简 介

具有高精度地表形变监测能力的合成孔径雷达干涉测量技术(InSAR)是遥感应用领域中的前沿技术,在城市基础设施结构健康监测中具有巨大的应用潜力。本书聚焦基础设施安全 InSAR 监测应用,首先概述雷达干涉形变测量基本理论,然后介绍适应于不同建成环境监测的时序 InSAR 方法,通过典型案例展示了其在桥梁、地铁、机场、建筑等基础设施形变监测中的表现,最后给出了面向工程化应用 InSAR 系统的研发思路及方法。通过本书内容,旨在提高雷达遥感技术在城市监测中的精细化水平,推动 InSAR 在基础设施尤其是重大基础设施安全运维方面的应用。

本书可供从事城市地理、遥感、测绘、工程测量、地质灾害等专业领域的科技人员和高等院校相关专业的师生阅读使用。

图书在版编目(CIP)数据

城市基础设施健康 InSAR 监测方法与应用/林珲等著. —北京:科学出版社,2021.1

(空间微波遥感研究与应用丛书)

ISBN 978-7-03-067999-4

Ⅰ. ①城… Ⅱ. ①林… Ⅲ. ①合成孔径雷达-应用-基础设施-市政工程-监测 Ⅳ. ①TU99

中国版本图书馆 CIP 数据核字(2021)第 020647 号

责任编辑:彭胜潮 赵 晶/责任校对:王 瑞
责任印制:肖 兴/封面设计:黄华斌

科学出版社 出版
北京东黄城根北街 16 号
邮政编码:100717
http://www.sciencep.com

北京汇瑞嘉合文化发展有限公司 印刷
科学出版社发行 各地新华书店经销
*

2021 年 1 月第 一 版 开本:787×1092 1/16
2021 年 1 月第一次印刷 印张:14 3/4
字数:346 000

定价:150.00 元
(如有印装质量问题,我社负责调换)

丛 书 序

空间遥感从光学影像开始，经过对水汽特别敏感的多光谱红外辐射遥感，发展到了全天时、全天候的微波被动与主动遥感。被动遥感获取电磁辐射值，主动遥感获取电磁回波。遥感数据与图像不仅是获得这些测量值，也是通过这些测量值，反演重构数据图像中内含的天地海目标多类、多尺度、多维度的特征信息，进而形成科学知识与应用，这就是"遥感——遥远感知"的实质含义。因此，空间遥感从各类星载遥感器的研制与运行到天地海目标精细定量信息的智能获取，是一个综合交叉的高科技领域。

在 20 世纪七八十年代，中国的微波遥感从最早的微波辐射计研制、雷达技术观测应用等开始，开展了大气与地表的微波遥感研究。1992 年作为"九五"规划之一，我国第一个具有微波遥感能力的风云气象卫星三号 A 星开始前期预研，多通道微波被动遥感信息获取的基础研究也已经开始。当时，我们与美国早先已运行的星载微波遥感差距大概是 30 年。

自 20 世纪 863 高技术计划开始，合成孔径雷达的微波主动遥感技术调研和研制开始启动。

自 2000 年之后，中国空间遥感技术得到了十分迅速的发展。中国的风云气象卫星、海洋遥感卫星、环境遥感卫星等微波遥感技术相继发展，覆盖了可见光、红外、微波多个频段通道，包括星载高光谱成像仪、微波辐射计、散射计、高度计、高分辨率合成孔径成像雷达等被动与主动遥感星载有效载荷。空间微波遥感信息获取与处理的基础研究和业务应用得到了迅速发展，在国际上已占据了十分显著的地位。

现在，我国已有了相当大规模的航天遥感计划，包括气象、海洋、资源、环境与减灾、军事侦察、测绘导航、行星探测等空间遥感应用。

我国气象与海洋卫星近期将包括星载新型降水测量与风场测量雷达、新型多通道微波辐射计等多种主被动新一代微波遥感载荷，具有更为精细通道与精细时空分辨率，多计划综合连续地获取大气、海洋及自然灾害监测、大气水圈动力过程等遥感数据信息，以及全球变化的多维遥感信息。

中国高分辨率米级与亚米级多极化多模式合成孔径成像雷达 SAR 也在相当迅速地发展，在一些主要的技术指标上日益接近国际先进水平。干涉、多星、宽幅、全极化、高分辨率 SAR 都在立项发展中。

我国正在建成陆地、海洋、大气三大卫星系列，实现多种观测技术优化组合的高效全球观测和数据信息获取能力。空间微波遥感信息获取与处理的基础理论与应用方法也得到了全面的发展，逐步占据了世界先进行列。

如果说，21 世纪前十多年中国的遥感技术正在追赶世界先进水平，那么正在到来的二三十年将是与世界先进水平全面的"平跑与领跑"研究的开始。

为了及时总结我国在空间微波遥感领域的研究成果，促进我国科技工作者在该领域研究与应用水平的不断提高，我们编撰了《空间微波遥感研究与应用丛书》。可喜的是，丛书的大部分作者都是在近十多年里涌现出来的中国青年学者，取得了很好的研究成果，值得总结与提高。

我们希望，这套丛书以高质量、高品位向国内外遥感科技界展示与交流，百尺竿头，更进一步，为伟大的中国梦的实现贡献力量。

主编： **姜景山**（中国工程院院士 中国科学院国家空间科学中心）
吴一戎（中国科学院院士 中国科学院电子学研究所）
金亚秋（中国科学院院士 复旦大学）

2017 年 6 月 10 日

序

城市是人类活动的主要聚集地，基础设施(如道路、桥梁、地铁、机场等)是城市的生命线工程。近年来，随着我国城市化进程加快，由填海造陆、地下和半地下空间开发、地下水抽取等引发的地面沉降和基础设施形变日益严重，相应的城市公共安全事件屡见不鲜。地表形变灾害已经成为一种新的"城市病"，对城市发展和人民生命财产安全造成极大影响，亟须呼唤新的技术手段加以"诊断"。合成孔径雷达干涉测量(synthetic aperture radar interferometry, InSAR)是遥感领域的前沿技术，在大范围、高精度、长期性地表形变监测方面具有得天独厚的优势，在城市、区域尺度基础设施监测中具有巨大的应用潜力。《城市基础设施健康 InSAR 监测方法与应用》一书正是在这样的背景下完成的。该书的特色在于聚焦城市基础设施健康这一社会广泛关注的问题，从 InSAR 理论探索、算法设计、案例研究、软件研发四个层面系统地阐述了该领域的发展现状以及未来发展方向，尤其是书中所展示的新一代雷达遥感技术向建筑、国土、交通、水利等传统行业的渗透及应用产品研发，对于 InSAR 技术"飞入寻常百姓家"具有重要的推动作用。

林珲教授很早就领导团队开展我国南方多云多雨地区雷达遥感研究，2005 年于香港建立了我国华南地区第一个雷达遥感地面接收站，在国际上首次提出了多云多雨遥感理论和技术体系，对我国地理和遥感学科发展做出了突出贡献，也因此获得了亚洲遥感协会杰出贡献奖和美国地理学家协会米勒奖(为首位获此殊荣的亚洲地理学家)。马培峰博士从 2009 年起就开始从事与雷达遥感相关的研究工作，主持过国家自然科学基金、香港研究资助局基金、香港创新及科技基金等多个科研项目，并参与了国家 973 计划、香港研究资助局卓越计划等重大专项，曾获得国际 AXA 奖学金，入选国家遥感中心遥感青年科技人才创新资助计划等。该书充分展示了作者在 InSAR 技术领域的系统性和前瞻性研究成果。

作为我国雷达遥感领域的又一本优秀著作，我相信，在经济社会发展对空间信息科学需求日益迫切和旺盛的今天，该书的出版不仅对雷达遥感对地观测技术发展有所裨益，也有利于地球系统科学、地质学、土木工程学、结构力学、水文学、气象学等多学科的交叉研究，还有利于从宏观和微观尺度上探究建成环境与自然环境的相互影响机制，为城市健康发展保驾护航，同时也将为广大的教学和科研工作者提供重要的参考，从整体上推动我国雷达遥感信息事业的进步。

中国工程院院士

2020 年 6 月 16 日

前　言

合成孔径雷达干涉测量(InSAR)诞生于 20 世纪 70 年代，发展初始用来提取大范围地表高程信息，其通过两幅 SAR 影像共轭相乘，即可得到与高程相关的干涉条纹信息，如美国国家航空航天局(NASA)生产的全球数字高程模型(DEM)产品 SRTM 就是由 InSAR 技术获取的。重复轨道干涉相位信息除了与高程相关外，还与地表微小形变相关，因此在高程提取的基础上，1989 年 Gabriel 等首次提出差分 InSAR 技术用以获取地面形变信息。与其他测量技术相比，InSAR 技术在精度、范围、成本和应用等方面具有独特的优势，目前该技术已在地形测绘、国土资源调查、地质勘探、防灾减灾、火山地震监测等领域得到广泛应用。

城市基础设施健康 InSAR 监测对精确度和精细化水平要求更高，面临的难题也更多，差分 InSAR 技术已不足以满足城市基础设施健康监测的要求，而以 PSInSAR 为代表的时序 InSAR 技术更多地被采用对城市区域进行监测。时序 InSAR 技术利用多景 SAR 影像探测相干点目标，并估计形变速度和形变量，可实现高精度、高密度测量点提取。在高分辨率 SAR 影像处理时，时序 InSAR 计算高程精度可达到米级，提高了测量点的几何定位水平，从而可以刻画建筑物结构细节，而形变测量精度可达到厘米至毫米级，在角反射器的辅助下甚至可实现亚毫米级监测精度，基本满足了二等水准测量要求。本书面向城市基础设施健康雷达遥感监测前沿问题，聚焦于时序 InSAR 技术理论、方法与应用，并介绍 InSAR 软件研发的关键技术，旨在为雷达遥感从业人员提供相关参考。

本书内容共分为 9 章。第 1 章是绪论，主要介绍城市基础设施健康 InSAR 监测基本概念、星载 SAR 系统和 SAR 影像基本特征；由陈皆红、马培峰和林珲撰写，林珲统稿。第 2 章是合成孔径雷达差分干涉，主要介绍合成孔径雷达干涉测量、去相干、大气效应、相位解缠和差分干涉形变反演；由李刚和周立凡撰写，马培峰统稿。第 3 章是永久散射体干涉测量，主要介绍 PSInSAR 主要方法、经典 PSInSAR 算法和基于二层网络的 PS 点稳健估计算法；由马培峰撰写，林珲统稿。第 4 章是分布式散射体干涉测量，主要介绍分布式散射体统计模型、同质点选择、DS 目标的相位重建和基于二层网络的 PS 点和 DS 点联合探测；由马培峰、林珲撰写，马培峰统稿。第 5 章是合成孔径雷达层析成像，主要介绍 SAR 层析信号模型、谱估计层析成像方法和基于二层网络的单 PS 和双 PS 联合探测；由马培峰撰写，林珲统稿。第 6 章是城市大型线状地物监测，主要剖析深圳湾大桥、京石高铁桥梁(石家庄段)和香港沙中线(土瓜湾站)时序 InSAR 监测案例；由郑毅和马培峰撰写，林珲统稿。第 7 章是沿海城市填海区沉降监测，主要介绍香港国际机场填海区沉降和香港迪士尼新填海区早期非线性地表沉降时序 InSAR 监测案例；由史国强、马培峰和张帆撰写，马培峰统稿。第 8 章是单体新建设施监测，主要介绍香港新建成混凝土高楼变形、深圳文博大厦地基沉降、上海浦东在建区域沉降和国家会展中心周边区域形变监测案例；由刘宇舟和马培峰撰写，林珲统稿。第 9 章是时序 InSAR 分析软件开发实践，主要介绍研发基础、系统架构与关键代码实现和时序 InSAR 数据处理实践；由叶关根和郑毅撰写，马培峰统稿。

　　本书出版获得了国家自然科学基金(41971278、U1811464)和香港研究资助局基金(CUHK14504219)的资助。本书结构和内容得到了 PSInSAR 算法创始人 Alessandro Ferretti 博士及其团队人员的很多指点与帮助，同时得到香港中文大学 InSAR 团队成员的长期支持。在此，对他们的贡献表示衷心的感谢！

　　由于作者水平有限，书中难免出现不当之处，欢迎广大读者批评指正。

林　珲　马培峰

2020 年 6 月于深圳

目　　录

第1章　绪　　论

1.1　城市基础设施健康 InSAR 监测基本概念

城市基础设施是城市赖以生存和发展的重要基础条件，是城市经济不可缺少的一个组成部分。1985 年 7 月，城乡建设环境保护部在北京召开的城市基础设施讨论会上下了定义："城市基础设施是既为物质生产，又为人民生活提供一般条件的公共设施，是城市赖以生存和发展的基础"。城市基础设施可以分为广义的概念和狭义的概念。广义城市基础设施分为工程性基础设施和社会性基础设施。工程性基础设施包括城市能源系统、交通运输系统、水源给排水系统等，社会性基础设施包括行政管理、文化教育、医疗卫生等。本书讨论的城市基础设施健康 InSAR 监测针对的是狭义的工程性基础设施的结构健康监测。

近年来，我国基建工程事故常有发生，如桥梁的垮塌、房屋沉降和倒塌、边坡位移等，造成了重大的人员伤亡和财产损失，已经引起人们对于重大工程安全性的关心和重视。另外，我国有一大部分城市基础设施都是在 20 世纪五六十年代建造的，经过这么多年的使用，它们的安全性能如何？是否对人民的生命财产构成威胁？这些都是亟待回答的问题。对城市基础设施结构性能进行监测和诊断，及时地发现结构的损伤，对可能出现的灾害提前预警，评估其安全性已经成为未来工程的必然要求(李宏男和李东升，2002)。工程结构损伤一般分为突然损伤和累积损伤。突然损伤由突发事件引起，如天灾(地震、台风)或人祸(事故、破坏、爆炸、火灾)，致损伤突然达到一定的值。累积损伤则有缓慢累积特征，到一定程度就引起损坏，影响安全和使用。对于这两种不同的损伤，检查方式也不相同。一般情况下都能知道突然损伤的发生时间和部位，可以在灾害发生后立即关闭使用，集中人力物力检查损伤部位。累积损伤具有一定的隐蔽性，一般不知道损伤在哪里，也不确定什么时间损伤就会影响使用和安全，只能在整个建筑工程结构寿命期间(通常是几十年到几百年)连续不间断地检查，而且检查只能在结构正常情况下进行，所以监测累积损伤十分困难，成本也很高。传统的结构健康监测系统主要包括传感器监测系统、数据采集和分析系统、监控中心、实时诊断功能的各种软硬件(李惠等，2006)。传感器监测系统由于成本高且对结构具有一定影响，我国目前只应用于一些大跨桥监测上，如上海徐浦大桥结构状态监测系统包括测量车辆荷载、温度、挠度、应变、主梁振动、斜拉索振动六个子系统。国际上，基于传感器的结构健康监测系统在土木工程中应用相对较多，已经扩展到大型混凝土工程、高层建筑等复杂系统的监测。

近年来，随着卫星传感器技术的发展，尤其是 InSAR 技术的发展，为城市基础设施健康提供了一种全新的遥感监测手段。SAR 是一种高分辨率侧视成像雷达，其发射的微波信号具有全天时、全天候和穿透力强的优点，是获取地表几何信息的重要工具(郭华东，

2000)。InSAR 通过比较两幅不同时刻获取的 SAR 影像相位信息,可以提取目标在卫星视线向(line of sight, LOS)上的位移变化,因此可以对地球表面运动过程(包括火山和地震运动、滑坡、泥石流、冰川运动和地面沉降等)进行监测(李德仁等,2004;王超,2002;陈富龙等,2013)。SAR 影像分辨率的不断提高,可以进行更精细化的地表形变测量,使得城市基础设施健康 InSAR 监测成为可能(Lin and Ma, 2017)。相对于传统基于传感器的城市基础设施健康监测,InSAR 技术具有以下特点:①大范围、高密度测量。一幅 3 m 高分辨率 SAR 影像覆盖范围大约是 1 500 km^2,可以基本实现对整个中小城市基础设施的覆盖,大城市一般需要 2~3 景影像达到全覆盖。通过揭示的形变空间关系可以找出基础设施形变原因,建立基础设施健康档案,持续地为城市做健康体检及辅助决策。②无接触式测量,具有对结构无损害、节约成本的优势。SAR 卫星通过发射微波信号、接收回波信号对结构表面的微小变形进行反演,无须提前在结构中安装传感器,因此对结构无损害,这对某些精密结构的基础设施(如高铁桥梁)监测十分有利。当然,InSAR 相对于传统结构健康监测方法也有不足。例如,由于微波不能穿透基础设施,因此 InSAR 只能测量基础设施表面位移,无法探测内部损毁情况。此外,目前 SAR 卫星重访周期一般以周为单位,即使多颗卫星配合使用重访周期也是以天计,只能实现准实时监测,无法达到传感器的实时监测,这对于突发快速变形(如地震引起的变形)无法有效地监测,往往只能做回顾分析。

1.2 星载 SAR 系统介绍

在介绍 InSAR 技术之前,本节首先介绍星载 SAR 系统(Moreira et al., 2013)。最早的对地成像 SAR 卫星是美国国家航空航天局喷气推进实验室(NASA/JPL)的海洋卫星(SeaSat),于 1978 年 6 月 27 日在加利福尼亚基地发射成功。SAR 卫星都运行在太阳同步轨道,如图 1.1 所示,传感器的工作模式一般有三种:聚束模式(spotlight mode)、条带模式(stripmap mode)和扫描模式(scanSAR mode)。表 1.1 列出了自 1978 年以来发射的主要民用 SAR 卫星及其参数信息,其运行的波段主要是 X、C 和 L 波段,重访周期为 10~50 天。下面详细介绍几个有代表性的 SAR 卫星。

(a) 聚束成像   (b) 条带成像   (c) 扫描成像

图 1.1 SAR 卫星的工作模式

表 1.1 主要民用 SAR 卫星的基本信息

序号	星座/卫星	国家/组织	运行时间	单星重访周期/天	波长
1	ScaSat	美国	1978 年 6~10 月	3	L 波段
2	SIR-A		1981 年	—	L 波段
3	SIR-B		1984 年	—	L 波段
4	ERS-1/2	欧洲空间局	1991 年 7 月~2011 年 9 月	35	C 波段(5.6 cm)
5	ENVISAT		2002 年 3 月~2012 年 4 月	35	C 波段(5.6 cm)
6	Sentinel-1 (2 星)		2014 年 4 月至今	12	C 波段(5.6 cm)
7	JERS-1	日本	1992 年 2 月~1998 年 10 月	44	L 波段(1.3 cm)
8	ALOS-1		2006 年 1 月~2011 年 4 月	46	L 波段(23.6 cm)
9	ALOS-2		2014 年 5 月至今	14	L 波段(23.6 cm)
10	RADARSAT-1/2	加拿大	1995 年 11 月至今	24	C 波段(5.6cm 或 5.5 cm)
11	TerraSAR-X/TanDEM-X	德国	2007 年 6 月至今	11	X 波段(3.2 cm)
12	COSMO-SkyMed (4 星)	意大利	2007 年 6 月至今	16	X 波段(3.1 cm)
13	RISAT-1/2	印度	2009 年 4 月至今	—	C 波段
14	HJ-1C	中国	2012 年	31	S 波段
15	GF-3		2016 年 8 月至今	29	C 波段(5.6 cm)

1. ERS-1/2

欧洲空间局(简称欧空局)(European Space Agency,ESA)于 1991 年 7 月成功发射欧洲遥感卫星 1 号(ERS-1),另于 1995 年 4 月成功发射欧洲遥感卫星 2 号(ERS-2)。ERS-1/2 卫星携带了多种有效载荷,包括 C 波段 AMISAR 传感器和风向散射计。ERS-1/2 卫星在太阳同步轨道飞行,轨道高度约为 785 km,倾斜角约为 98.5°,重访周期是 35 天。AMISAR 以 23° 入射角照射地面,扫描轨迹宽为 100 km,一景影像大小为 100 km×100 km,中心斜距约 294 km。2000 年 3 月 10 日 ERS-1 终止工作,ERS-2 也于 2011 年 9 月 5 日退出服务。ERS-1/2 卫星组成串行模式可以获得地表相隔一天的干涉影像对。ERS-1/2 卫星时间相干性高,发射比较早,但是分辨率比较低,主要用于区域性地表形变(如火山、地震)的反演,无法反演基础设施的细节信息,因此在基础设施健康监测中应用较少。

2. ENVISAT

环境卫星(ENVISAT)是欧空局在 2002 年 3 月 1 日发射升空的巨型地球环境监测卫星,有效载荷 10 类,搭载 ERS-1/2 AMISAR 的后续 SAR 传感器 ASAR。ASAR 具有多极化、多模式、大幅宽和多入射角等特点。ASAR 有 5 种工作模式:①成像模式(IM),侧视范围 15°~45°;②交替极化模式(AP),同一地区成像存在不同的双极化组合(HH+VV、HH+HV 或 VV+VH);③AP 模式使用特殊的扫描 SAR 成像技术(ScanSAR),能提供 15°~45° 入射角 30 m 分辨率的数据产品;④宽幅模式(WS),采用 ScanSAR 技术,能提供 405 km 幅宽、150 m 中等分辨率产品;⑤全球监测模式(GM)。ASAR 在综合使用入射角、极化方式、幅宽等方面比之前的 ERS 卫星都有突破。

3. ALOS-2

先进陆地观测卫星 2 号（ALOS-2）是先进对地观测卫星 1 号（ALOS-1）的后继卫星，于 2014 年 5 月 24 日发射成功。ALOS-2 是搭载 L 波段相控阵合成孔径雷达（PALSAR-2）的单一传感器卫星。PALSAR-2 传感器观测获取的影像数据于 2014 年年底正式开始分发。PALSAR-2 传感器在成像模式上采用全新技术：①高分辨率成像，最大线性调频带宽达到 84 MHz，是主动式地球探测传感器所能达到的最大带宽，对应于条带模式下的超精细子模式，分辨率可达到 3 m；②新增聚束雷达成像模式，系统在方位向和距离向两个方向可以同时控制波束；③扫描模式成像增大幅宽。ALOS-2 是目前天空中唯一的 L 波段 SAR 卫星，长波长使得 ALOS 卫星穿透能力强，在山区、植被区等低相干区域优势比较明显。ALOS-2 卫星的重访周期为 14 天，比 ALOS-1 的 46 天大为缩短，保持了高相干性，也可用于基础设施监测。

4. TerraSAR-X/TanDEM-X

TerraSAR-X/TanDEM-X 卫星是德国航空航天中心（DLR）发射的 X 波段双子星，具有高分辨率成像功能，广泛应用在基础设施形变监测中（Gernhardt et al., 2010）。

TerraSAR-X 卫星于 2007 年 6 月 15 日发射成功，运行在太阳同步轨道，对地球上任意目标的重访时间为 4.5 天，干涉轨道重访周期为 11 天。TerraSAR-X 卫星外形呈六棱柱体，尺寸 5 m（高）×2.4 m（直径）。TerraSAR-X 是右侧视 SAR，载波频率为 9.65 GHz，波长为 3.2 cm，脉冲重复频率为 3～6.5 kHz，距离向带宽为 150 MHz。TerraSAR-X 卫星是世界上第一颗分辨率达到 1 m 的民用雷达卫星，TerraSAR-X 卫星在系统参数和轨道设计方面重点考虑了干涉测量的需求，在精细化城市规划、基础设施监测、陆地环境制图、灾害和应急反应等方面应用广泛。

TanDEM-X 卫星与 TerraSAR-X 卫星性能基本相同，于 2010 年 6 月 21 日成功发射。TanDEM-X 卫星不仅可以独立于 TerraSAR-X 卫星工作，而且可以与 TerraSAR-X 卫星同步工作。TerraSAR-X 和 TanDEM-X 两颗卫星组成的新兴雷达干涉测量系统，其主要任务是生成全球数字高程模型 WorldDEM。两颗卫星采用螺旋轨道星座，以紧密编队方式飞行，如图 1.2 所示。两颗卫星可以获取高精度的交轨和顺轨干涉图，避免重复轨道干涉测量因为时间去相关和大气干扰对干涉成像质量的影响。干涉测量数据可通过三种途径获取：①单一静态模式，两颗卫星都独立运作；②收发分置模式，一颗卫星作为发射器，两颗卫星同时接收散射回来的信号；③交互收发分置模式，一次脉冲改变一下发射器，最小化时间去相关和有效利用发射的能量。

5. COSMO-SkyMed

COSMO-SkyMed 是意大利航天局和国防部共同研发的 4 颗 SAR 卫星组成的星座。COSMO-SkyMed 每颗卫星配备一个多模式高分辨率 SAR 传感器，工作于 X 波段（3.1 cm），在 619 km 高的太阳同步轨道运行，单星重访周期为 16 天，并且有特别灵活和创新的数据获取、传输设备。COSMO-SkyMed 每颗卫星能够以相同的轨道方向、相同的

图 1.2 TerraSAR-X/TanDEM-X 星座的工作模式示意图

视向、相同的入射角，4 次对同一地区获取干涉数据，可以极大地提高对基础设施的监测频率，所以 COSMO-SkyMed 具有很强的干涉测量能力，为对地观测市场提供了全天时、全天候、高分辨率、高精度、高干涉/极化测量能力的全球覆盖产品服务(Costantini et al., 2017)。每颗 COSMO-SkyMed 卫星所荷载的传感器可以在 3 种波束模式下工作，提供 5 种分辨率的产品：①聚束模式，包含模式 1 和模式 2，其中模式 1 只限于军用，模式 2 的分辨率高达 1 m，幅宽 10 km×10 km；②条带模式，包含 Himage 和 PingPong 两种成像模式，分辨率分别为 3 m 和 15 m，幅宽分别为 40 km×40 km 和 30 km×30 km；③扫描模式，包含 WideRegion 和 HugeRegion 两种成像模式，分辨率分别为 30 m 和 100 m，幅宽分别为 100 km×100 km 和 200 km×200 km。COSMO-SkyMed 具有很好的连续性，在 COSMO-SkyMed 一代卫星星座之后，会继续发射 COSMO-SkyMed 二代卫星星座，以后还计划发射 L 波段卫星，这样既保证了数据服务的延续性，又扩大了数据的应用范围。

6. RADARSAT-2

加拿大航天局(CSA)研制的雷达卫星 2 号(RADARSAT-2)于 2007 年 12 月 14 日成功发射。RADARSAT-2 卫星轨道为太阳同步轨道，轨道高度 798 km，重访周期 24 天，SAR 系统工作在 C 波段。与 RADARSAT-1 拥有相同的轨道，为了生成干涉图，RADARSAT-2 比 RADARSAT-1 滞后 30 min。RADARSAT-2 继承了 RADARSAT-1 的所有工作模式，并进行了技术革新，增加了超精细分辨率成像、全极化成像、左右视成像等新技术和新工作模式。

7. Sentinel-1

Sentinel 系列卫星是已退役的 ERS 和 ENVISAT 的延续，可用于全球环境监测。该系列卫星包括两颗 Sentinel-1 卫星、两颗 Sentinel-2 卫星、两颗 Sentinel-3 卫星、两颗 Sentinel-4 卫星、两颗 Sentinel-5 卫星以及 1 颗 Sentinel-5P 卫星，将分别搭载 C 波段合成孔径雷达(C-SAR)、高光谱分辨率的可见光和热红外传感器以及高度计和专业的波谱仪等多种传感器，以提供特有的观测数据集。Sentinel-1 包含两颗卫星 Sentinel-1A 和 Sentinel-1B，携带了 C-SAR 传感器。Sentinel-1A 是欧空局"哥白尼计划"发射的首颗对地观测卫星，于 2014 年 4 月 3 日成功发射，Sentinel-1B 于 2016 年 4 月 25 日成功发射。两颗卫星在同一轨道平面内，相位相差 180°。每颗卫星的轨道采用近极的太阳同步轨道，轨道高度为 693 km，轨道倾角为 98.18°，重访周期为 12 天。Sentinel-1 提供了大范围独立连续测绘地图的 SAR 能力，拥有高重访频率(两颗重访周期 6 天)和大范围覆盖能力(最大幅宽 400 km)。

Sentinel-1 传感器有条带模式(stripmap mode，SM)、干涉宽幅模式(interferometric wide swath mode，IW)、超宽幅模式(extra wide swath mode，EW)和波模式(wave mode，WV)四种扫描模式。IW 模式和 EW 模式采用了 TOPSAR(terrain observation by progressive scans SAR)成像模式，作为一种新的 SAR 成像模式，TOPSAR 成像模式在保证分辨率的前提下能增加地面覆盖范围。与传统的 ScanSAR 模式相比，TOPSAR 成像模式不但能获得同样的地面覆盖范围和分辨率，还解决了 ScanSAR 的图像不均匀问题。在 TOPSAR 成像模式中，雷达波束参与了两种运动：一方面随平台绕地心被动地转动；另一方面绕转动中心主动转动，大大加速了雷达波束的地面"足印"速度，如图 1.3 所示。

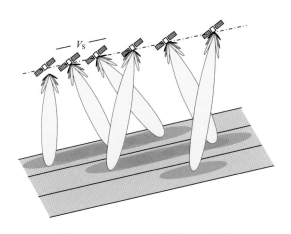

图 1.3　TOPSAR 成像模式示意图

8. 高分三号(GF-3)

GF-3 卫星是我国首颗自主研制的 C 波段多极化 SAR 卫星，于 2016 年 8 月 10 日成功发射(张庆君，2017)。GF-3 卫星是"国家高分辨率对地观测系统重大专项"中唯一的民用微波遥感成像卫星，也是我国首颗 C 频段多极化高分辨率 SAR 卫星。GF-3 卫星具有高分辨率、大成像幅宽、高辐射精度、多成像模式和长时工作的特点，能够全天候和全天时实现全球海洋和陆地信息的监视监测。其获取的 C 频段多极化微波遥感信息可以应用于海洋、减灾、水利及气象等多个领域，是我国实施海洋开发、陆地环境资源监测和防灾减灾的重要技术支撑。

9. 未来 SAR 卫星

除了已有的 SAR 卫星系统外，未来还会发射更多的 SAR 卫星。例如，我国 2021 年计划发射两颗 L 波段差分干涉 SAR 卫星，组成陆探 1 号卫星星座。陆探 1 号是我国民用空间基础设施监测的重要组成部分。陆探 1 号使用两颗性能指标一致的卫星对指定区域地表形变监测以及高程测量，为地质、土地、地震、减灾、测绘、林业等行业提供对地观测数据。NISAR 是美国 NASA/JPL 与印度空间研究组织联合开发的 SAR 卫星，计划于 2022 年发射，重访周期 12 天，其利用 sweep 成像技术可以获得幅宽大于 240 km 的影像，分辨率为 3~10 m，可以左右视成像。NISAR 支持两个波段(S 和 L 波段)多模式多极化方式成像，能提供单极化(HH 或 VV)、双极化(HH/HV 或 VV/VH)、压缩极化(RH/RV)数据，L 波段还能提供全极化数据。

1.3　SAR 影像基本特征

SAR 是主动式侧视雷达系统，成像几何属于斜距投影类型。因此，SAR 图像与光学图像在成像原理、几何特征、辐射特征等方面都有较大区别。本节主要介绍 SAR 的成像原理和影像特征。

1.3.1　成　像　原　理

图 1.4(a)显示了微波真实孔径雷达的成像几何。天线几何尺寸沿方位向、垂直方位向分别为 L、w 的雷达传感器搭载在卫星平台上。卫星一般在 500~800 km 高度的近轨太阳同步轨道运行。通常将卫星由南向北的轨道称为升轨，升轨与赤道的交点称为升交点。由北向南运行的轨道称为降轨，降轨与赤道的交点称为降交点(图 1.5)。卫星轨道平面与赤道平面在升交点的夹角称为轨道倾角，SAR 卫星的轨道倾角通常在 90°左右。由于地球的自转和公转，SAR 卫星的升交点每次会向东前进数十度。SAR 卫星通常向前进方向的右侧发射电磁波束，这种发射雷达波束的形式称为右侧视成像；向前进方向的左侧发射电磁波束的，称为左侧视成像。SAR 卫星的升降轨和左右侧视影响了 SAR 影像的几何特征和成像特征，见表 1.2。

表 1.2　轨道方向、左右侧视与成像特征

升降轨	成像特征
升轨右侧视	上下镜像
升轨左侧视	上下镜像、左右镜像
降轨右侧视	左右镜像
降轨左侧视	正常

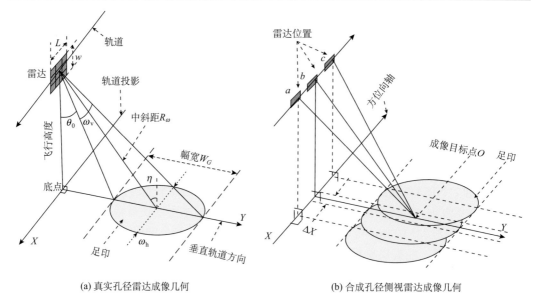

(a) 真实孔径雷达成像几何　　　　　　　　(b) 合成孔径侧视雷达成像几何

图 1.4　雷达成像几何

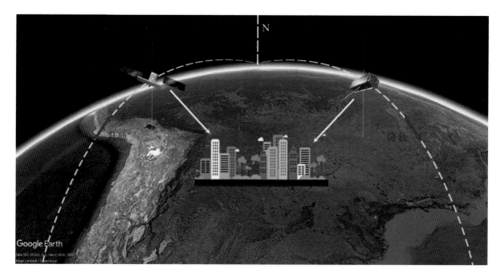

图 1.5　卫星太空成像示意图

在 SAR 传感器平台飞行过程中，SAR 传感器向垂直于飞行方向的一侧，以侧视角 θ_0 向地面发射一个脉冲波束，侧视角 θ_0 是雷达波与垂直方向的夹角。椭圆锥状的微波脉冲束在地表形成一个足印(footprint)，足印宽度为幅宽(swath wide)；ω_v 为垂直于飞行方向的波束角；ω_h 为平行于飞行方向的波束角。平行于雷达卫星飞行的方向(X 轴方向)称为方位向，垂直于雷达卫星飞行的方向(Y 方向)称为地距向，波束方向为斜距向。

当雷达沿轨道移动时，成像的地面目标与雷达间存在相对运动，目标反射回来的雷达脉冲将产生多普勒频移现象。SAR 利用这一物理现象提高微波雷达成像的方位向分辨率。图 1.4(b)显示了合成孔径侧视雷达的成像几何。真实孔径雷达天线 L 从点 a 经 b 移动到 c，成像点 O 的雷达斜距由大变小再变大，相应地，雷达接收 O 点回波的脉冲频率也由小变大再变小。通过精确测定这些接收脉冲的雷达相位延迟并跟踪频率多普勒频移，经过数字信号处理，最后回波可合成一个脉冲，使方位向的目标被锐化(sharpening)，提高方位向分辨率。相对真实孔径雷达方位向分辨率来说，SAR 的方位向分辨率被大大地改善，此时方位向分辨率 ΔX 仅与天线孔径 L 有关，可近似表达为

$$\Delta X = \frac{L}{2} \tag{1.1}$$

式(1.1)表明，方位向分辨率仅由雷达天线的孔径(长度)确定，与天线和目标的距离无关。例如，ERS-1/2 在 SAR 成像模式下，使用 10 m 长的天线，可获得 5 m 方位向分辨率的成像。

SAR 成像过程中首先波形产生器产生无线电波，经过功率放大器、发射机(天线)发射出去，然后接收机(天线)接收到目标的散射回波，接收到的信号经过与原始信号的卷积、模拟数字信号转换器(A/D)、数字信号脉冲压缩、运动补偿后聚焦成像处理才能形成 SAR 影像。所以，SAR 在距离向通过脉冲压缩、在方位向通过合成大孔径天线获得高分辨率的成像。

1.3.2 SAR 影像特征

1. 散射特征

SAR 影像是目标对雷达照射电磁波的响应，是对目标后向散射回波成像形成的。强回波目标在雷达影像上显示高亮，弱回波目标在雷达影像上显示暗色调。表 1.3 显示了几种常见目标的后向散射系数。可以看到，建筑物拥有比较强的后向散射，在 SAR 影像中，建筑物的灰度值比较高，呈亮色。影响目标后向散射的因素主要分为两大类：①目标特性，主要包括目标的几何形状、粗糙度和介电常数等；②雷达系统参数，主要包括雷达传感器的工作波长、入射角、极化方式等。

表 1.3 不同目标后向散射系数

典型目标	目标示意图	后向散射系数/dB
大型车辆、舰船		>20
人工建筑物、城市区域		0~20
森林区域	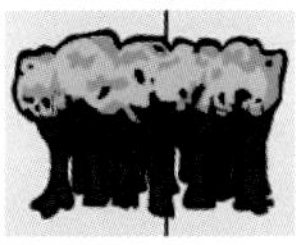	−10~0

续表

典型目标	目标示意图	后向散射系数/dB
农作物、粗糙地表		−20～−10
水面、道路、干燥土地		<−20

1) 目标特性

a. 几何形状

目标的几何形状决定了散射特征,如图 1.6 所示。当目标呈现平面形状时,目标主要产生面散射。面散射分为镜面反射和 Bragg 散射,光滑表面产生镜面反射,粗糙表面产生 Bragg 散射。当面对雷达,目标几何形状呈现 90°直角时产生二次散射,也称偶次散射,如建筑物与地面形成的二面角。二次散射往往有比较强的回波,在 SAR 影像上是亮条纹。

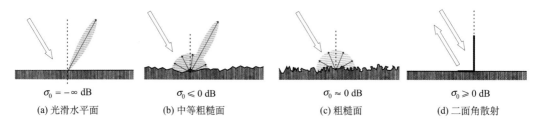

(a) 光滑水平面 $\sigma_0 = -\infty$ dB
(b) 中等粗糙面 $\sigma_0 \leqslant 0$ dB
(c) 粗糙面 $\sigma_0 \approx 0$ dB
(d) 二面角散射 $\sigma_0 \geqslant 0$ dB

图 1.6 散射强度与粗糙度、几何形状的关系

b. 粗糙度

表面粗糙度对后向散射具有非常重要的影响(Peake and Oliver, 1971)。粗糙度通常按照物体不规则表面的统计高度和宽度定义,表示成平均水平和垂直长度(一般用均方根值)与一个描述它们变化二维模型的分布函数,或者一定特征区域的高宽分布函数。均方根高度和自相关长度分别从垂直和水平的尺度对粗糙度进行了限定。

c. 介电常数

介电常数是材料电磁特性的一个很重要的度量参数,它影响材料的吸收、反射和对入射信号的再辐射能力。在雷达遥感中,具有大介电常数的目标表面产生大后向散射,在 SAR 图像中,具有大介电常数的目标比具有小介电常数的目标要亮一些。水、盐、金属以及生长中植被介电常数都大于岩石、淡水湖上的冰、干沙和枯死的植被。

城市基础设施,包括道路、桥梁、建筑物等,主要存在粗糙地表的 Bragg 散射、房顶的面散射以及地表与墙面等复杂结构的二面角散射。

2) 雷达系统参数

除几何形状、粗糙度、介电常数等特性会对雷达回波产生影响外，雷达系统参数(包括频率、入射角、极化方式等)也会对目标回波产生比较大的影响。

a. 电磁波频率

雷达电磁波频率是决定雷达信号穿透目标表面能力、目标后向散射能力的重要参数，主要原因有两点：一是对于某些目标，大块材料的复介电常数是依赖于频率的；二是目标的粗糙度也依赖雷达的频率，粗糙度决定了目标的散射效率。一般而言，电磁波波长越长，穿透性越好；电磁波波长越短，穿透性越差。所以，长波长 SAR 在森林测绘中发挥着重要作用。

b. 入射角

入射角会影响目标的后向散射，是因为入射角与表面粗糙度有关。此外，目标与电磁波相互作用也会由于入射角的不同，目标几何结构与电磁波相互作用的几何关系变得不同，因此不同入射角观测目标会有不同散射特征。对于水平目标而言，雷达回波随着入射角的增大而减小。大部分关于目标散射特征的分类必须将入射角作为分类的一个变量。

c. 极化方式

极化方式对目标的几何结构比较敏感。建筑物的 HH 极化回波强度通常大于 VV 极化回波；自然地物通常对 HH 极化产生较强的回波信号，地形测绘和资源调查一般选择 HH 极化 SAR 图像；地表比较粗糙(如树木、农作物等)的区域，回波信号与入射角无关，HH 和 VV 极化方式区别不大；对于光滑的地面(水体等)，HH 极化比 VV 极化回波强度低。一般情况下，交叉极化(HV 和 VH)的回波强度比同极化(HH 和 VV)低很多。

2. 几何特征

雷达成像时，方位向按平台的时序记录成像，距离向按回波到达天线的先后顺序记录成像。SAR 特殊的侧视成像机理导致目标在高程上产生变化，从而使 SAR 影像形成独有的几何特征，有透视收缩(foreshortening)、叠掩(layover)和阴影(shadow)。

1) 透视收缩

透视收缩一般发生在迎着雷达波的方向，如图 1.7(a)所示。迎着雷达波的屋顶 AB 的长度为 Δx，其成像距离 ab 为 ΔR，此时存在 $\Delta R < \Delta x$，即目标的实际长度比目标影像长，这种现象就是透视收缩。透视收缩现象发生在正对雷达的建筑物。

2) 叠掩

比较高的基础设施成像时，如摩天大楼，经常出现顶端回波比底部回波先到雷达的情况；在 SAR 影像上，摩天大楼顶端与底部的相对位置出现颠倒，如图 1.7(b)所示，楼顶 A 比楼底 B 先成像(a 在 b 前)。这种基础设施顶部比底部先成像的现象就称为叠掩，也称为顶点倒置或顶底位移。叠掩可分为如下两种情况：第一种情况是雷达波到楼顶和楼底的距离一样，楼顶和楼底回波同时被天线接收，在图像上只显示为一个点(A、B 两

点的成像 a、b 重合）；第二种情况是雷达波到楼底的距离比到楼顶的长，楼顶的点(A)先被记录，楼底的点(B)后被记录，所以成像时，B 在 A 点之后成像，b 在 a 点之后，即图 1.7(b) 的情况。

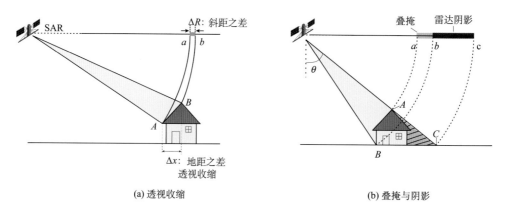

(a) 透视收缩　　　　　　　　　　　　(b) 叠掩与阴影

图 1.7　SAR 影像几何特征

3) 阴影

沿直线传播的雷达波束受到高大地面目标阻挡时，雷达信号照射不到的部分没有回波，在 SAR 图像形成暗区，这就是阴影。阴影出现在比较高的建筑物后，如图 1.7(b)所示，建筑物屋顶 A 挡住了后面的雷达信号，直到 C 点才有信号，所以 BC 段在雷达影像上没有信号。

(a) 光学图

(b) SAR影像

图 1.8 SAR 影像散射类型与特征

通常一景 SAR 影像会同时出现以上几种几何特征。如图 1.8(a) 所示，光学影像中包含高层建筑、水体、森林、路面，其中，高层建筑在图 1.8(b) SAR 影像中会产生叠掩、阴影等散射特征，水体在 SAR 影像中会产生镜面反射，森林是产生体散射的区域，路面会产生漫反射。

1.4 本章小结

城市基础设施结构健康和安全运维是智慧安全城市建设的重要保障，InSAR 遥感技术为城市基础设施大范围扫描体检提供了新的技术手段。本章首先介绍了城市基础设施健康 InSAR 监测的基本概念，引出了 InSAR 作为一门新兴技术，在基础设施监测中的独特优势以及局限性。接着介绍了目前比较常用的星载 SAR 系统以及基本的 SAR 成像原理和图像特征，为后面章节城市基础设施健康 InSAR 监测方法及应用成果的介绍奠定了基础。

参 考 文 献

陈富龙, 林珲, 陈世来. 2013. 星载雷达干涉测量及时间序列分析的原理、方法与应用. 北京: 科学出版社.

郭华东. 2000. 雷达对地观测理论与应用. 北京: 科学出版社.

李德仁, 廖明生, 王艳. 2004. 永久散射体雷达干涉测量技术. 武汉大学学报·信息科学版, 29(8): 664-668.

李宏男, 李东升. 2002. 土木工程结构安全性评估、健康监测及诊断述评. 地震工程与工程振动, 22(3):

82-90.

李惠, 周文松, 欧进萍, 等. 2006. 大型桥梁结构智能健康监测系统集成技术研究. 土木工程学报, 39(2): 46-52.

王超. 2002. 星载合成孔径雷达干涉测量. 北京: 科学出版社.

张庆君. 2017. 高分三号卫星总体设计与关键技术. 测绘学报, 46(3): 269-277.

Costantini M, Ferretti A, Minati F, et al. 2017. Analysis of surface deformations over the whole Italian territory by interferometric processing of ERS, Envisat and COSMO-SkyMed radar data. Remote Sensing of Environment, 202: 250-275.

Gernhardt S, Adam N, Eineder M, et al. 2010. Potential of very high resolution SAR for persistent scatterer interferometry in urban areas. Annals of GIS, 16(2): 103-111.

Lin H, Ma P. 2017. Urban infrastructural health diagnosis with satellite-terrestrial sensing technologies. Annals of GIS, 23(2): 1-8.

Moreira A, Prats-Iraola P, Younis M, et al. 2013. A tutorial on synthetic aperture radar. IEEE Geoscience and Remote Sensing Magazine, 1(1): 6-43.

Peake W, Oliver T. 1971. The Response of Terrestrial Surfaces at Microwave Frequencies. Columbus, Ohio: Ohio State University Electroscience Laboratory.

第 2 章 合成孔径雷达差分干涉

2.1 合成孔径雷达干涉测量

合成孔径雷达干涉测量(synthetic aperture radar interferometry,InSAR)是从 SAR 影像相位信息获取地表三维信息和变化信息的一项技术,它通过两副天线同时观测,或重复轨道观测,获取地面同一区域的干涉纹图,其相位信息可以精确测量图像上每一点的三维位置和变化信息。干涉测量的原理与方法在应用物理及光学中常常出现,如杨氏双缝干涉实验以及迈克耳孙干涉仪。前者相干光通过双缝抵达探测屏后,依据光程差形成明暗相间的干涉图样。亮纹处光程差为波长的整数倍,干涉叠加增强;暗纹处光程差为波长的整数倍再增减半波长,干涉叠加抵消。迈克耳孙干涉仪的实验中一束入射光由半透射半反射光学器件分为两束相干光后各自被对应的平面镜反射回来,这两束相干光从而发生干涉。通过调节干涉臂长度或改变介质折射率调节两束相干光光程,能够使干涉图样发生变化。对于 InSAR,其本质与光学干涉相同。不同于大部分卫星光学影像仅包含强度信息,聚焦后的 SAR 复影像包含了实部与虚部,复数的强度(intensity)反映了影像中每一像素与目标后向散射系数的对应关系,而相位(phase)则由天线相位中心到目标相位中心的距离、电磁波传播途径的大气折射率决定。对于 SAR 影像,微波波长通常为几厘米到几十厘米,分辨率通常为几米至十几米,因此单幅 SAR 影像的相位图看起来杂乱无章。雷达干涉测量通过两次天线位置不同的雷达成像,干涉获取相同地表分辨单元(同一像素)的相位差,即至两天线距离的差异。由于两次成像的天线位置调节较小,两次成像间对于邻近像素至两天线距离差异的改变也小于雷达载波信号波长,因此能形成干涉图案。SAR 卫星影像在分发时通常会采用原始格式(raw)、单视复数(single-look complex,SLC)格式以及振幅(或强度)影像等几种格式的产品。其中,原始格式可以通过聚焦生成单视复数格式,而后可以仅保留振幅信息以及几何校正地形编码工作生成更高级别的产品。原始格式以及单视复数格式数据可以用于雷达干涉测量。

雷达干涉测量有三种工作模式,即距离向干涉测量(across-track interferometry,XTI)、重复轨道干涉测量(repeat-pass interferometry 或 repeat-track interferometry,RTI)和方位向干涉测量(along-track interferometry,ATI)。其中,前两种在测量几何上较为类似,而 ATI 的两天线分布于飞行方向的一前一后。现有 SAR 卫星大多采用相控阵雷达天线,因此也将天线分为前后两部分独立成像用以方位向干涉。ATI 工作模式下,地物点之间相位差是由两次成像间的相对运动引起的。该模式可用于地面车辆移动速度、舰船速度、洋流速度等观测。DLR 的机载 F-SAR 系统拥有三套 X 波段天线,其中上侧两套天线一前一后分布可用于方位向干涉测量,而左侧两套上下分布则可用于距离向干涉测量,左上侧 X 波段天线可同时参与距离向干涉测量与方位向干涉测量。由于本书着重于地形以及地表形变测量，因此对于方位向干涉测量不再赘述。

距离向干涉测量在飞行平台上同时装载两套天线，其中一套负责发射并接收雷达波，而另一套天线只负责接收雷达波。该方式已在机载与星载平台上运行，如 F-SAR 系统，2000 年 2 月由"奋进号"航天飞机执行的主要任务 SRTM。DLR 的 TerraSAR-X 与 TanDEM-X 卫星也拥有距离向干涉测量模式，与 SRTM 任务不同的是 TerraSAR-X 与 TanDEM-X 是两颗相对独立的卫星，运行于双螺旋轨道(图 2.1)。根据 DLR 发布的 SLC 级别的距离向干涉测量模式雷达影像，即已配准单视斜距复数影像(coregistered single look slant range complex，CoSSC)格式数据，可以自建分辨率更高的数字地形。SRTM 任务中垂直基线主要根据姿轨测量仪测量，其基线精度为 2 mm；而 TerraSAR-X/TanDEM-X 双星采用双频双差 GPS 测量，基线精度达到 1 mm(Rossi et al., 2012)。相对于重复轨道干涉测量模式，距离向干涉测量的时间基线为 0，因此避免了地表发生形变引起相位以及时间维失相干问题，且由于两颗卫星距离较近，因此雷达波在回程穿过大气时引起的延迟误差可以忽略，避免了重复轨道测量的大气延迟估计及改正等问题。

 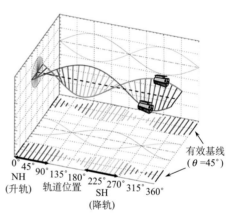

(a) TerraSAR-X/TanDEM-X双星的双螺旋轨道　　　(b) 垂直与经向基线随纬度的变化

图 2.1　TerraSAR-X/TanDEM-X 工作模式

重复轨道干涉测量是目前最为常见的干涉测量模式，星载平台只需要一套天线。卫星通常工作于太阳同步轨道，对同一地区在不同重访时间采用相同观测模式获取 SAR 影像，影像重采样配准之后即可进行干涉测量。使用重复轨道干涉测量模式测量地形，需要在尽可能短的时间内进行重复观测，以避免地表产生运动以及地表介电特征改变引起的相位改变，同时也能尽可能减少大气误差的影响。欧空局的 ERS-1 卫星在初期曾工作于以 3 天为周期的重复轨道，而后 ERS-1 与 ERS-2 卫星在串联飞行模式下时间基线仅为一天，因此其通常具有良好的干涉效果、能有效评估大气延迟影响，以及地表无快速形变时(如火山地震以及冰川流动)具备较好的干涉效果用于构建地形(Mattar et al., 1998)。干涉解算高程处理的基本流程主要包括干涉 SAR 影像对选择、粗配准、精配准、平地相位计算、相干图计算、干涉图计算、去平地相位、相位解缠、相位到高程计算以及地理编码等(吴涛, 2008)。

相比地形测量, 地表形变测量是重复轨道干涉更广泛及重要的应用途径。卫星在两次访问间地表可能存在形变, 从而引起形变相位。重复轨道干涉测量方式形成的干涉图同时包含了地形与形变相位, 因此需要先估算其地形相位, 才能计算观测期间的地表形变量。通过两次或多次干涉测量得到地物目标形变量的技术, 称为合成孔径雷达差分干涉测量(differential SAR interferometry, DInSAR)(Gabriel et al., 1989)。DInSAR 在监测地表形变方面已经获得了广泛的应用, 监测精度可以达到厘米量级。传统的 DInSAR 技术有二轨法(Massonnet et al., 1993)和三轨法(Zebker et al., 1994)。二轨法是目前最常见的 DInSAR 处理流程, 通过引入外部 DEM, 利用星载平台轨道数据估算地形相位, 并从干涉相位中扣除以得到形变相位。二轨法的优点是不用对干涉图进行相位解缠, 避免了解缠的困难, 缺点是利用外部 DEM 去除高程误差的过程可能引入新的数据误差。在不能获取观测区域地形时, 可以使用三轨法或者四轨法观测地表形变。三轨法或四轨法均利用不含地表形变相位的干涉图提取地形及地形相位, 并扣除包含地形及形变相位干涉图中的地形部分, 从而计算形变。

2.2　去　相　干

在影像配准之后, 主影像与配准重采样后的副影像做干涉即可得到干涉图。干涉图上任一像素的相位是主副影像相应像素的相位差, 也可以用主影像的复数乘以副影像的共轭复数表示, 使计算更为简便。此时, 影像中包括了平地相位、地形相位、形变相位、大气延迟相位以及噪声。相干系数用以评价两幅 SAR 影像的干涉质量。理论上, 复数影像相干系数用式(2.1)计算。

$$\gamma = \frac{E\left[u_1 u_2^*\right]}{\sqrt{E\left[u_1 u_1^*\right]}\sqrt{E\left[u_2 u_2^*\right]}} \tag{2.1}$$

式中, u_1 为主影像上的复数值; u_2 为重采样后副影像上的复数值; * 代表共轭复数; E 代表数学期望。相干系数 γ 是一个 0~1 的数值, γ 越大表示两幅影像的相干性越好, 噪声也越小。

2.2.1　时间去相干

如果干涉图是由重复轨道数据获取的, 那么两幅 SAR 影像获取期间, 地面目标散射相位的变化和大气变化都将会引起相位误差, 导致相干性的降低, 如植被生长、田地翻耕、房屋建筑、滑坡、地震、天气变化等(Zebker and Villasenor, 1992)。时间基线距越长, 去相干性越大。其中, 大气影响是干涉处理过程中非常重要但往往被忽略的去相干性因素。地球大气层并不是真空的, 随高度变化表现为一种分层介质, 各层都具有一定的折射率, 电磁波在其中穿透时, 速度不等于光速, 路径发生弯曲, 因此大气对电磁波传播是有延迟的。在干涉处理时, 一般假设大气为真空, 忽略了大气延迟, 从而在干涉相位中引入了附加路径造成的大气相位。

根据 Hanssen(2001)的研究,对于单幅 SAR 图像中的像元 k ,在 SAR 成像的 t_i 时刻,斜距方向的大气延迟(m)可表示为

$$S_k^{t_i} = \frac{1}{10^6 \cos\theta} \left\{ \int_0^H N_{hyp} dh + \int_0^H N_{wet} dh + \int_0^H N_{iono} dh + \int_0^H N_{liq} dh \right\} \tag{2.2}$$

式中, θ 为雷达微波的入射角; H 为雷达到地面的垂直高度; $N_{hyp} = k_1 \dfrac{P}{T}$,为大气层流体静力学延迟,其中对流层占 90%以上, $k_1 = 77.6$ K/hPa, P 为总的大气压,可以在地面测得; T 为温度(K); $N_{wet} = k_2' \dfrac{e}{T} + k_3 \dfrac{e}{T^2}$,为对流层折射率的湿空气延迟, $k_2' = 23.3$ K/Pa, $k_3 = 3.75 \times 10^5$, e 为水汽压强(hPa); $N_{iono} = -4.03 \times 10^7 \dfrac{n_e}{f^2}$,为电离层延迟, n_e 为电子密度数(个/m^3), f 为电磁波频率(Hz); $N_{liq} = 1.4 W$,为液态水延迟, W 为每立方米所含液态水的比重(g/m^3)。

研究表明, N_{hyp} 静力学延迟在天顶方向一般可达到 2.3 m 左右的量级,依靠地面的大气压作为初始值,估计精度可以达到 1 mm 或者更高; N_{wet} 湿空气延迟在天顶方向的变化范围小于 0.3 mm; N_{iono} 电离层延迟的影响可以达到几十米的量级; N_{liq} 液态水延迟在天顶方向可以达到 4 mm 左右的量级。在单张 SAR 图像中, N_{hyp} 和 N_{iono} 比较稳定,在图像范围内基本不变, N_{wet} 和 N_{liq} 与气象参数压强、温度和湿度等因素有关,是变化的。

干涉图是两幅 SAR 图像差分得到的,所以干涉图中的大气折射影响是两个时刻(t_1 和 t_2)干涉图上空大气延迟的变化量。也就是说,如果两个时刻折射率相同,则干涉图不会受到大气折射的影响,但是这种极端情况几乎不可能出现。一般来说,大气延迟变化量在几个厘米范围内变化。当大气相位差超过地形相位或形变相位时,就可能掩埋掉地形相位或形变相位,导致两幅图像的去相干。干涉图上的大气相位在空间上平滑,存在一定的相关距离,为 1~3 km(Hanssen, 2001)。

2.2.2　几何去相干

干涉处理的两幅 SAR 图像,由于对地成像时入射角不同,当距离向地物频谱投影到数据频谱时出现偏移,主辅图像数据谱对应地物谱的公共部分具有相干性,而非公共部分是去相干性成分。设主辅图像距离谱的偏移为 Δf_r ,Bamler 和 Just(1993)给出 Δf_r 的表达式,具体如下:

$$\Delta f_r \approx f_0 \cdot \sin\theta \left\{ \frac{1}{\sin\theta_2} - \frac{1}{\sin\theta_1} \right\} \tag{2.3}$$

式中, $f_0 = \dfrac{c}{\lambda}$,为雷达载频, c 为光速, λ 为波长; θ_1 和 θ_2 分别为主辅图像的视角; $\theta = \dfrac{\theta_1 + \theta_2}{2}$ 。将式(2.3)按泰勒级数展开后,可以得到如下公式(Gatelli et al., 1994):

$$\Delta f_\mathrm{r} \approx f_0 \frac{B_\perp}{R \tan(\theta - \xi)} = f_0 \frac{B_\perp \cos \theta}{H \tan(\theta - \xi)} = f_0 \frac{B \cos(\theta - \alpha) \cos \theta}{H \tan(\theta - \xi)} \tag{2.4}$$

式中，R 为斜距；H 为雷达高度；ξ 为地形坡度角；α 为基线与水平方向夹角；B 和 $B_\perp$ 分别为基线距和垂直基线距。从式 (2.4) 可以看出，频谱偏移量与垂直基线距成正比，当 $B_\perp$ 增加时，Δf_r 也随之增加，公共频谱部分随之减少，两图像的相干性将降低。当 Δf_r 大于数据带宽时，两图像将完全不相干，此时有干涉处理的最大极限垂直基线距：

$$B_{\perp c} = \frac{B_\mathrm{r} R \tan(\theta - \xi)}{f_0} = \frac{B_\mathrm{r} H \tan(\theta - \xi)}{f_0 \cos \theta} = \frac{B_\mathrm{r} \lambda H \tan(\theta - \xi)}{c \cdot \cos \theta} \tag{2.5}$$

例如，对于 ERS 数据来说，$B_{\perp c}$ 约等于 1 100 m。另外，平地相位的条纹频率也等于偏移频率，所以可以通过条纹频率估计偏移频率。

2.3　大　气　效　应

2.3.1　电　离　延　迟

重复轨道干涉测量在两次成像时大气条件通常不一致，因此差分干涉图中也有两次大气延迟差异引起的相位，通常称为大气延迟相位。无论是否有云，SAR 卫星均可对地表进行观测，但是如同 GPS 测量中存在的对流层与电离层延迟，雷达干涉测量在信号延迟上也受到大气条件的影响。对重复轨道干涉测量影响最大的有电离层项以及非电离层项。电离层位于大气层顶部，高度范围为 60～2 000 km 及以上，充斥着由太阳辐射产生的带电粒子，因此影响载波信号的传播。电离层对载波信号延迟的影响不仅取决于带电粒子浓度，也取决于载波频率。电离层延迟与总电子含量 (total electron content，TEC) 成正比。电离层延迟与雷达信号载波频率的平方成反比，因此对于 C 波段与 X 波段等波长较短的影像干涉测量，电离层延迟并无明显影响，而对于 L 波段与 P 波段等波长较长的影像干涉测量，电离层延迟的影响则较大，如日本宇航局的 JERS、ALOS 与 ALOS-2 卫星，以及欧空局即将发射的 BIOMASS 卫星。由于大多数 SAR 卫星运行于晨昏太阳同步轨道，而电离层带电粒子浓度通常在中午至下午达到顶峰，另外电离层带电粒子浓度在空间上变化的尺度通常较大达到上百千米，因此在多数情况下 (低纬度)，电离层对雷达干涉测量的影响并不大。在较小尺度上 (如数千米) 也存在电离层浓度异常，如带电粒子密度空间不均一会造成单景 SAR 影像在聚焦时方位向失焦以及方位向偏移，这会对地理编码以及多幅影像配准造成困难及误差。使用 L 波段 JERS 卫星的 SAR 影像在斯瓦尔巴群岛的观测表明，电离层带电粒子浓度不均在方位向造成的偏移可以达到正负两个像素。这种偏差对干涉测量也造成失相干以及干涉相位漂移 (Wegmuller et al., 2006)。同时，利用此类延迟 SAR 影像及干涉也可以对电离层带电粒子浓度做小尺度成像研究 (Pi et al., 2011)。另外，将电离层带电粒子对雷达的极化方向做出的改变称为法拉第旋转。这种现象通常在较长波长卫星影像如 L 波段上出现，特别是在两极地区带电粒子浓度较高的地方。这会影响到 SAR 聚焦、极化分解、极化干涉等方面的研究 (Rosen et al., 2011)。

2.3.2　非电离延迟

非电离延迟的差异由干部与湿部组成。其中,干部来源于大气中非水汽造成的部分。在天顶方向,干分量延迟大约为 2.3 m,其季节变化数十厘米。尽管干部占据总非电离延迟的大部分,但由于该部分通常在空间上具有很大的尺度,另外尽管两次成像时干部延迟也存在差异,但因为干涉测量为相对测量,因此通常可以忽略。但对扫描宽度较大影像或对长条带影像考察时,或者/且影响覆盖范围内高程存在较大起伏时,需要考虑干部延迟的影响。另一部分延迟由水汽分布不均造成,大气层中的水汽有99%分布于对流层且存在空间异质性。水汽引起微波信号出现折射现象,使得传播路径长度增加,同时使 SAR 测量到的斜距存在误差,从而降低了地物目标几何定位精度。湿部延迟由微波传播路程上的水汽决定,总数值为2~30 cm。水汽分布在空间上存在相关性,对于距离向干涉测量,尽管实际操作中两卫星的空间距离可达千米级别,但是对流层厚度远低于卫星高度,因此认为对于同一地物点在距离向干涉测量时的大气延迟误差可以被忽略;而对于重复轨道测量,由于两次成像时间的大气水汽条件通常无关,因此大气相位成为最重要的地表形变估计误差来源,通常需要引入外部数据进行改正。在时序干涉分析中,大气延迟误差也常被认为是时域高频信号。水汽含量通常与地形有关,即海拔低的区域大气层较厚因此水汽含量较高,而高海拔地区大气层较薄因此水汽含量较低,因此水汽延迟的空间插值方法需要考虑地形因素。从此观点看,水汽延迟相位也可以分为与地形有关的垂直分层项(vertically stratified component)以及湍流项(turbulent component)引起的扰动项(Yu et al., 2018)。目前常见的水汽延迟估计方法有三种,均以估计水汽含量作为过渡。第一种使用光学卫星影像的水汽波段估算,也称为空间辐射计测量法,具有代表性的传感器有 ENVISAT/MERIS、MODIS,以及 Sentinel-3/OCLI 等高光谱影像。其中,ENVISAT/MERIS 由于与 ENVISAT/ASAR 搭载于同一卫星平台,因此不存在时间差异,但仅能用于 ENVISAT/ASAR 数据。MODIS 与 Sentinel-3/OCLI 传感器由于与大部分 SAR 传感器过境时间并不一致,因此较为少用。MERIS 传感器的 14 波段(885 nm)为大气窗口,15 波段(900 nm)为水汽吸收波段,通过这两个光谱通道的观测资料可以估算大气水汽含量。使用这种方法需要在成像时有光照且无云或少云天气的条件下。在有云区则只能得到云上部分水汽含量而无法获取云下至地表水汽含量。SAR 传感器具有全天候观测能力,对于夜间或处于极夜的极地地区,无法获取相应的高光谱数据用以估算水汽,因此无法完成校正。第二种方法使用大气数值模式模拟得到的水汽含量来估算。这种方法使用数值大气模式计算 SAR 影像获取时的大气参数。可以利用各机构使用全球气候模式得到的如 ECWMF、ERA-Interim 等气象再分析数据。但此类数据空间分辨率较低,通常为数十千米有时达到 100 km,因此可以使用中尺度大气模式对其降采样,以获取更高时空分辨率的水汽含量。早期研究中有使用如 UM 模式、MANAL 模式以及 MM5 模式等中尺度大气模式。随着 WRF(the weather research and forecasting model)的发展与普及,目前 WRF 已广泛地应用到大气延迟改正中,该模型通常使用 FNL 或者 ERA-Interim 等再分析气象数据作为强迫,在多分辨率嵌套网格下进行降采样操作,最终获得空间分辨率为 1～3 km 的分层水汽含量结果(姜宇等, 2017)。这种方法具有较好的适应性,不受云雨以及光照条件限制。第三种方法使用 GPS 数据估算水汽含量。该方法对 GPS 连续站的观测资料进行解算反演天顶对流层延迟,并对 GPS 站点覆盖范围内的天顶对流层延迟进行空间插值。这种方法需要有空间上较密集的 GPS 观测,以满足改正水汽延迟所需的空间分辨率,因此并非对所有研究区域均适用。第二种方法可与第三种方法结合获取更好的改正结果,Yu 等(2018)使用 0.125°分辨率、137 层、6 h 间隔的 ECMWF 气象再分析格网数据,90 m 分辨率地形资料,以及 GPS 连续站获取的对流层延迟作为输入,开发了对流层迭代分解模型方法,将水汽延迟分解为垂直分层项与湍流项,不仅在 GPS 连续站分布密集的美国洛杉矶都市带、英国、意大利等地取得了良好的改正结果,在无GPS 分布的区域也能获得较好的改正结果。

2.4　相　位　解　缠

InSAR 系统获得的相位是绝对相位 2π 模糊之后得到的,即绝对相位除以 2π 后的余值,其也称为缠绕相位(Moreira et al., 2013)。要使系统得到准确的地表高程或形变,就必须将缠绕相位恢复出绝对相位。这种去除模糊的技术就称为相位解缠绕技术,也称相位展开技术。

2.4.1　单基线相位解缠

单基线相位解缠绕是 InSAR 中的关键步骤之一,对某一目标的 InSAR 测量结果,缠绕相位可表示为

$$\varphi(s) = \psi(s) - 2k(s)\pi \tag{2.6}$$

式中,$\varphi(s)$ 为干涉图上第 s 个像素的缠绕相位;$\psi(s)$ 为第 s 个像素的绝对相位;$k(s)$ 为第 s 个像素的模糊数(整数)。相位解缠绕的目的就是由缠绕相位恢复出绝对相位。显然,从式(2.6)中可以看出,单基线 InSAR 系统中的相位解缠绕问题是二维解缠绕问题,这意味着相位解缠绕的输入是二维的缠绕相位矩阵,本章中的其余部分称为干涉图。单基线相位解缠绕的问题定义为从给定的干涉图恢复每个像素的绝对相位。从式(2.6)可以发现,单基线相位解缠绕是一个病态问题,因为有两个未知数 $\psi(s)$ 和 $k(s)$ 需要求解。换句话说,在没有限制条件的情况下可以获得无穷多个解(任何不同的一个解将会对应一个不同的绝对相位)。为了能够准确得到解缠绕问题的唯一解,通常采用相位连续性假设(Itoh, 1982),即要求相邻像素之间的绝对相位差不超过 π,即要求成像区域具有空间连续性,且场景中空间采样频率足够高。如果相位连续性假设可以在任何地方适用,可以轻易估计绝对相位梯度。

两个相邻像素之间的绝对相位梯度可以定义为

$$\hat{\Delta}_{\psi}(s,s-1)=\begin{cases}0, & \left|\varphi(s)-\varphi(s-1)\right|\leqslant\pi\\-1, & \varphi(s)-\varphi(s-1)>\pi\\1, & \varphi(s)-\varphi(s-1)<-\pi\end{cases} \qquad (2.7)$$

式中，$\hat{\Delta}_{\psi}(s,s-1)$ 为需要估计的相邻像素 s 和 $s-1$ 之间的绝对相位梯度。基于估计得到的相位梯度，干涉图上每个像素的绝对相位可以从某个参考点通过简单的路径积分恢复出来。

通常情况下，对于二维的单基线相位解缠问题，有垂直和水平两个方向的梯度，即根据式(2.7)获得的梯度场是一个二维场。因此，积分对干涉图上每一个像素都不是唯一的。但是，相位连续性假设使得式(2.7)获得的梯度场是一个非旋场，即积分结果与积分路径无关。因此，理论上相位连续性假设保证通过一个简单的路径积分就可以唯一且正确地获得干涉图上的每一个像素的绝对相位。在实际应用中，系统噪声、地形突变或大尺度形变会使得相位连续性假设失效。在这种情况下，难以保证干涉图上相邻像素之间的绝对相位梯度和用式(2.7)估计的相位梯度相等，使得相位解缠绕变得困难。目前，单基线相位解缠主要分为路径跟踪法、优化方法和滤波解缠方法。

路径跟踪法的基本原理就是选择可靠的积分路径来获得正确的解缠绕结果。在路径跟踪法中，积分路径往往由残点分布或者质量图来决定。路径跟踪法能够保证输入的干涉图和对解缠绕结果反缠绕条纹图之间的连续性，称为条纹连续性。为了避免非连续的相位梯度错误在干涉图中从噪声区域传播到高质量区域，条纹连续性是保证可靠解缠绕结果的一个重要条件(Yu et al., 2019)。通常情况下，路径跟踪法的时间和空间复杂度都很低，在干涉图高质量区域的结果是可靠的。接下来，将介绍两种经典的路径跟踪法，基于残点理论的方法与质量图指导法。

基于残点理论的方法采用枝切线来平衡残点。枝切线的作用是平衡积分路径内的正负残点的数量。因此，只要使用枝切线去连接正负残点并同时保证连接在每条枝切线上的正负残点的数量相等，那么在积分路径不穿过多条枝切线的情况下，便可以保证所得到的积分结果与积分路径无关。Goldstein 枝切法是最具代表性的基于残点理论的方法 (Goldstein and Werner, 1998)，通过平衡最近的正负残差点来生成枝切线。GAMMA 和 ISCE 这两种 InSAR 处理软件都提供了枝切法的实现方法。值得注意的是，图论方法如最小生成树可以广泛应用于构建枝切线。图 2.2(a) 显示了 Goldstein 枝切法解缠绕结果，图 2.2(b) 显示了与真实地形的误差图。

质量图指导法假设干涉图上高质量的像素很少会造成解缠绕误差，因此选择质量高的像素进行路径积分(Ghiglia and Romero, 1996)。图 2.2(c) 显示了基于相位导数质量图的解缠绕结果，图 2.2(d) 显示了其与真实地形的误差图。将图 2.2(d) 和图 2.2(b) 进行比较，可以清楚地看到质量图的作用。与基于残点理论的方法相比，质量图指导法可以获得更为精确的相位解缠绕结果，但是结果依赖质量图。有一种可以被接受的观点就是质量图指导法可以提供相位解缠绕运行时间和准确性之间的有效平衡。

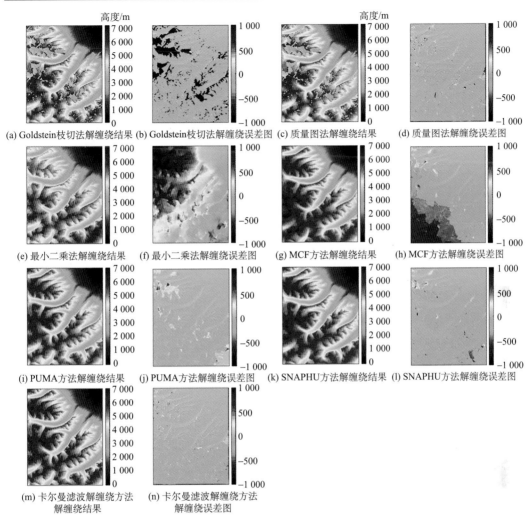

图 2.2 不同解缠绕方法比较

基于优化的方法的广义数学模型如下所示：

$$\arg\min_{\psi(s)} \sum_{s,s-1} f\Big[\psi(s)-\psi(s-1)-\hat{\Delta}_{\psi}(s,s-1)\Big] \qquad (2.8)$$

式中，$\psi(s)$ 为需要求解的绝对相位；$f(\cdot)$ 为广义的目标函数。通常情况下，基于优化的解缠绕方法的时间和空间复杂度都非常高，但是它们是一种全局方法，因此有较高的鲁棒性。LP 范数方法与基于统计的方法是两种具有代表性的基于优化的方法。当式(2.8)中的目标函数 $f(\cdot)$ 是 LP 范数时，式(2.8)可以改写成 LP 范数方法，如下所示：

$$\arg\min_{\psi(s)} \sum_{s,s-1} \Big|\psi(s)-\psi(s-1)-\hat{\Delta}_{\psi}(s,s-1)\Big|^{p} \qquad (2.9)$$

事实上，式(2.9)定义了多种 LP 范数方法。当 $p=2$ 时，LP 范数方法就转化成最小二乘法。当 $p=1$ 时，LP 范数方法就转化成最小费用流方法(minimum cost flow，MCF

和 Flynn 的最小不连续方法)。当 $p \leqslant 1$ 时，LP 范数方法成为实际应用中最有效的方法，特别是当 $p = 0$ 时，被认为是最佳的单基线相位解缠绕准则，但 LP 范数优化模型变成一个 NP-hard 问题。当 $p > 1$ 时，式(2.9)干涉图中高质量区域会分担噪声区域的非连续的相位梯度错误。分担相位梯度错误会使得解缠绕结果看上去更合理，但是它破坏了条纹连续性。当 $p < 1$ 时，LP 范数优化模型转化成一个非凸优化问题。PUMA (phase unwrapping max-flow/min-cut) 是一种基于图割的相位解缠方法，可以用 $p < 1$ 进行解缠，具有间断相位保持能力。图 2.2(e) 展示了最小二乘法解缠绕结果。图 2.2(g) 展示了 MCF 方法解缠绕结果。图 2.2(i) 展示了 PUMA 方法解缠绕结果。可以看出，最小二乘法解缠绕误差最大，这是因为 L2 范数容易将解缠绕误差在全图范围内进行传播。MCF 方法结果要优于最小二乘法，这是因为 L1 范数的抗噪声性要优于 L2 范数，但是在相位图左下角仍然有部分解缠绕误差。此外，PUMA 方法解缠绕结果精度最高，相位图左下角大部分解缠绕误差都被消除了。这是因为 PUMA 方法采用了系数为 0.5 的势能函数，当 $p \leqslant 1$ 时，LP 范数方法的解缠绕精度较高。

不同于路径跟踪法，基于统计的方法在给定干涉图情况下，最大化解缠绕结果的条件概率来获得最终的解缠绕结果。基于统计方法的广义数学模型如下所示：

$$\arg\min_{\psi(s)} \prod_s g\big[\psi(s)\,|\,\varphi(s)\big] \tag{2.10}$$

式中，$g(\cdot)$ 为基于 $\psi(s)$ 和 $\varphi(s)$ 的概率密度函数。目前有多种基于统计的相位解缠绕方法。该类方法最大的优势是其数学模型，可以有效融入多种解缠绕的先验信息，如 SAR 影像的强度信息和干涉图的相干信息。其中，SNAPHU 方法是一种代表性的基于统计的解缠绕方法(Chen and Zebker, 2000)。它利用统计代价函数和网络流模型计算最大概率的解缠绕结果。一些常用的 InSAR 处理软件，如 ISCE、SNAP 和 StaMPS 均推荐采用 SNAPHU 方法作为它们的解缠绕步骤并提供相应接口。图 2.2(k) 显示了 SNAPHU 方法解缠绕结果，图 2.2(l) 显示了与真实地形的误差图。

在传统的 InSAR 处理过程中，相位去噪和相位解缠绕是两个独立的步骤。但是，有些学者注意到将上述两个步骤分开会不可避免地引入额外的处理错误，近些年来有些学者提出结合滤波和解缠绕方法，在完成相位解缠绕的同时完成相位去噪(Loffeld et al., 2008)，从而有效恢复带噪声像素的有效信息。但是目前结合滤波和解缠绕的方法并不能完全取代传统的级联处理，其更适用于已经轻微滤波过的干涉图，而且也比较耗时。图 2.2(m) 显示了卡尔曼滤波解缠绕方法解缠绕结果图，图 2.2(n) 显示了与真实地形的误差图。

2.4.2　多基线相位解缠

多基线相位解缠可以充分利用基线的多样性来增加干涉相位的模糊区间，从而可以完全消除相位连续性假设的限制，多基线相位解缠绕技术不需要 InSAR 系统有很高的空间采样率。与单基线相位解缠绕技术是病态问题不同，多基线相位解缠绕解决的是定态问题。

目前，多基线相位解缠绕方法可以分为两大类：基于参数估计的方法和基于非参数估计的方法。这两类方法的共同点是都采用了机器学习方法。第一类方法采用 InSAR 的概率密度函数构建基于最大似然(ML)和最大后验(MAP)的统计框架来获得解缠绕结果。式(2.11)表示用一种似然函数来设计基于参数的多基线相位解缠绕算法，其中 $Y_i(s)$ 表示第 i 个干涉图上第 s 个像素的相干系数值。

$$p\big[\varphi_i(s)\,|\,h(s)\big]=2\pi\cdot\frac{1-Y_i(s)^2}{1-Y_i(s)^2\cos^2\left[\varphi_i(s)-\dfrac{4\pi B_i}{\lambda r(s)\sin\theta}h(\theta)\right]}$$

$$\times\left\{1+\frac{Y_i(s)\cos\left[\varphi_i(s)-\dfrac{4\pi B_i}{\lambda r(s)\sin\theta}h(\theta)\right]\cos^{-1}\left\{-Y_i(s)\cos\left[\varphi_i(s)-\dfrac{4\pi B_i}{\lambda r(s)\sin\theta}h(\theta)\right]\right\}}{1-Y_i(s)^2\cos^2\left[\varphi_i(s)-\dfrac{4\pi B_i}{\lambda r(s)\sin\theta}h(\theta)\right]}\right\}$$

$$\tag{2.11}$$

第二类方法将多基线相位解缠绕问题转换成一种非监督学习问题。因此，聚类(CA)方法被用来一组一组地估计解缠绕结果。如果将式(2.11)转换成线性公式，式中 $k_2(s)$ 为因变量，$k_1(s)$ 为自变量，可以得到：

$$k_2(s)=\frac{B_2}{B_1}\cdot k_1(s)+\frac{B_2\psi_1(s)-B_1\psi_2(s)}{2\pi B_1}\tag{2.12}$$

式(2.12)的斜率是一个常数，即 $\dfrac{B_2}{B_1}$，因此所有像素拥有相同的模糊数向量，即

$\big[k_1(s),k_2(s)\big]$，且拥有相同的截距，即 $B_2\varphi_1(s)-\dfrac{B_1\varphi_2(s)}{2\pi B_1}$。利用截距反映出来的特征，

所有的像素可以聚类成不同的像素组，然后所有像素的模糊数向量可以被一组一组地估计。

接下来介绍多基线相位解缠绕方法的实验结果。该实验采用 isolation peak 的地形数据，该地区是一个陡峭的山峰区域，模拟了三幅干涉图(垂直基线长度分别为 90 m、150 m 和 225 m)。图 2.3(a)显示了真实地形，图 2.3(b)显示了带噪声的长基线干涉图(垂直基线长度为 225 m，平均相干系数为 0.6)。

图 2.3(c)～(e)显示了单基线 PUMA 方法、多基线 ML 方法和多基线 MAP 方法的解缠绕结果。图 2.3(f)～(h)显示了三种方法的解缠绕误差图。可以发现，单基线 PUMA 方法在地形变化剧烈的区域产生较大的解缠绕误差，原因是单基线 PUMA 方法必须遵循相位连续性假设。然而，在地形变化剧烈的区域，相位连续性假设就不再成立，导致单基线 PUMA 方法解缠绕失效。不同的是，多基线相位解缠绕方法利用基线多样性，不必遵从相位连续性假设。可以注意到多基线 ML 方法和多基线 MAP 方法都可以克服地形变化剧烈造成的解缠绕误差，但是多基线 ML 方法获得的解缠绕结果受噪声影响较大，这是因为多基线 ML 方法是逐像素处理的，没有考虑相邻像素之间的关系。多基线 MAP 方法则利用了全局相邻像素的关系，有较强的抗噪能力。值得注意的是，单基线 PUMA

方法的抗噪能力比多基线 ML 方法更好,原因是单基线 PUMA 方法也采用了全局相位梯度信息。一般来说,基于全局信息的单基线相位解缠绕方法普遍具有较好的抗噪能力。将单基线相位解缠绕方法的抗噪能力和多基线相位解缠的突破相位连续性能力联系起来可以提高解缠稳定性及精度。

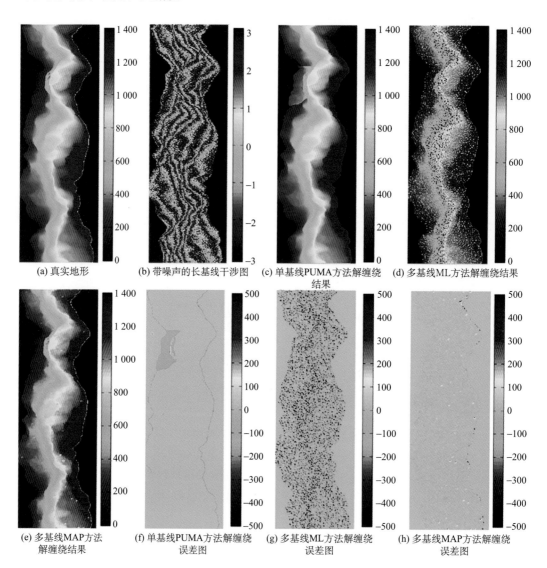

(a) 真实地形　　(b) 带噪声的长基线干涉图　　(c) 单基线PUMA方法解缠绕结果　　(d) 多基线ML方法解缠绕结果

(e) 多基线MAP方法解缠绕结果　　(f) 单基线PUMA方法解缠绕误差图　　(g) 多基线ML方法解缠绕误差图　　(h) 多基线MAP方法解缠绕误差图

图 2.3　单基线 PUMA 和多基线 ML、MAP 解缠结果比较

2.4.3　单基线与多基线相位解缠结合

在单基线条件下,由于受到相位连续性假设的限制,残点的极性只可以是 $\pm 2\pi$。但是在多基线条件下,残点的极性可以是 $\pm 2n\pi$(n 可以是任意整数)。在这种条件下,除了残点极性的不同,多基线和单基线相位解缠绕的思路都是一样的。因此,可以引用一

些在单基线相位解缠绕方法中的成熟的概念来平衡多基线条件下的残点。在此基础上，提出了一种基于两阶段编程的多基线解缠绕方法，能同时兼顾单基线和多基线解缠绕方法的优点。在这个实验中，三幅 TerraSAR-X 条带模式数据覆盖的区域为山区，因此相位连续性假设不再成立。图 2.4(a)显示了覆盖区域的真实地形，图 2.4(b)显示了最长基线干涉图(垂直基线为 −152.7 m)，图 2.4(c)显示了最长基线干涉图的相干系数图。由于该地区地形变化剧烈，相干系数图某些区域的相干系数较低，给相位解缠绕造成很大的困难。

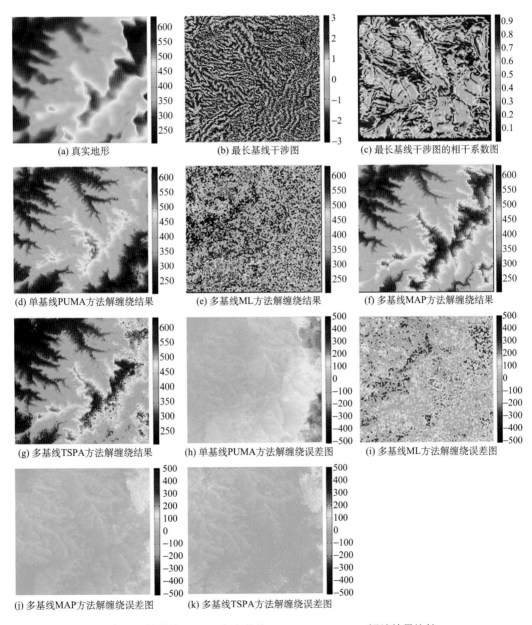

图 2.4　单基线 PUMA 和多基线 ML、MAP、TSPA 解缠结果比较

图 2.4(d)～(g)中显示了单基线 PUMA 方法、多基线 ML 方法、多基线 MAP 方法、多基线 TSPA 方法的解缠绕结果。图 2.4(h)～(k)显示了四种方法的解缠绕误差图。与上一个模拟实验类似，单基线 PUMA 方法由于受相位连续性假设的限制和地形变化的剧烈影响，产生了较大的解缠误差。多基线 ML 方法虽然不需要遵守相位连续假设，但是对干涉图的噪声比较敏感，解缠绕误差较大。多基线 MAP 方法比单基线 PUMA 方法和多基线 ML 方法的解缠绕结果要好，原因是它既突破了相位连续性假设，又利用全局相邻像素的上下文信息增强了算法的抗噪能力。多基线 TSPA 方法将多基线相位解缠绕分成了两个步骤，在第一个步骤中利用 CRT 准则估计干涉图中相邻像素之间的模糊数差，该模糊数差可以不限于±1 或 0，也就是多基线 TSPA 方法的第一步骤突破了相位连续性假设。如之前介绍的，虽然 CRT 准则容易受到噪声的影响，但不会影响多基线 TSPA 方法最终的结果。这是因为第一个步骤中由于受噪声影响，产生的错误相邻像素的模糊数差只会生成一些残点(残点是单基线解缠绕中的概念)。在第二个步骤中，多基线 TSPA 方法采用传统的 MCF 方法来解缠绕第一个步骤产生的相邻像素的模糊数差，从而最大限度地减弱第一个步骤中产生的残点对相位解缠绕结果的影响。

相位解缠绕技术在城市基础设施监测中一直是技术难点。特别是城市地区建筑物的存在造成相位突变，导致相位连续性假设不再成立，使得单基线相位解缠绕方法相位连续变化假设在城区失效。正如之前介绍的，多基线相位解缠绕方法由于利用基线多样性可以突破相位连续性假设，因此从理论上可以成功地探测到建筑物的高度。但是，城市地区由于受到建筑物叠掩和阴影的影响，造成大量的相位噪声。而多基线相位解缠绕方法往往抗噪性不是很好，容易受到相位噪声的影响，导致解缠绕失败。目前，多基线解缠绕方法中在城市地区效果较好的是利用幅度和相位信息多基线 MAP 方法，可以解缠绕相位数据同时对观测数据进行正则化(Shabou et al., 2012)。特别是，利用幅度信息有助于保留典型的城市地区的相位不连续性。此外，多基线 TSPA 方法凭借其不需遵守相位连续性假设和较强的抗噪能力在城市基础设施监测中有一定的应用潜力(Yu et al., 2018)。

2.5 差分干涉形变反演

本节详细介绍下二轨法差分干涉形变反演的步骤，如图 2.5 所示。二轨法差分干涉需要主影像(master)与副影像(slave)，通过引入外部地形估算地形相位，从而求取在主影像与副影像观测期间地表发生的形变(Werner et al., 2000)。由于同一地表物体在主副影像的坐标系上并不对应，因此第一步需要将两幅影像做配准，计算主副影像间的几何关系，而后对副影像重采样使其与主影像匹配。理论上，配准精度需要达到子像素级(0.1像素)才能获取较好的干涉效果。配准步骤仅需要在重复轨道干涉测量时进行操作，而对于距离向干涉测量模式，由于同一回波在抵达两套天线的时间几乎相同，因此雷达系统本身可以给出匹配完好的主副影像。例如，DLR 的 TerraSAR-X/TanDEM-X 卫星观测的CoSSC 数据，无须对主副影像进行配准及重采样操作而直接进行干涉。重复轨道干涉模式影像配准大致有如下五个步骤：第一步使用卫星轨道数据，判断两幅影像在距离向与方位向的初始偏移量。第二步是整体影像匹配，利用两幅影像的振幅信息做整体配准，

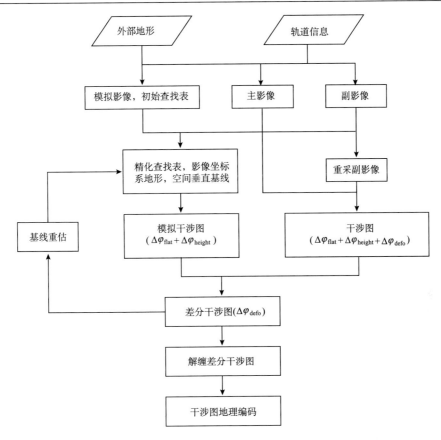

图 2.5　二轨法差分干涉形变反演流程图

改正第一步距离向与方位向偏移量的初始值。如果卫星轨道较为精准，影像在分发时切割较好，这两步也可以忽略。第三步是精密配准，在主副雷达影像上间隔获取一定数量的窗口，如 (24×24) 个。窗口大小在地面大致为正方形，或采用像素长宽相等的窗口，如 (256×256) 像素。使用基于振幅的配准方法，如归一化交叉相关图像配准算法（NCC）或基于相干性的配准方法获得每一个窗口在距离向与方位向的偏移量。基于相干性的配准方法有相干系数法、最大干涉频谱法、相位差影像平均波动函数法等。NCC 配准算法会采用快速傅里叶变化等算法，因此配准窗口边长通常为 2 的 N 次幂。基于振幅的方法通常适用于强度影像具有一定对比度的情况，而在强度影像缺乏对比度时则基于相干性的方法更为适用。第四步是最小二乘匹配，这一步中，使用多项式描述主副影像之间的几何关系，公式如下所示：

$$\begin{cases} x_2 = a_0 + a_1 x_1 + a_2 y_1 + a_3 x_1 y_1 + a_4 x_1^2 + a_5 y_1^2 \\ y_2 = b_0 + b_1 x_1 + b_2 y_1 + b_3 x_1 y_1 + b_4 x_1^2 + b_5 y_1^2 \end{cases} \tag{2.13}$$

式中，x_1 与 y_1 为某窗口在主影像的距离向与方位向坐标；x_2 与 y_2 为对应配准窗口在副影像上的距离向与方位向坐标。通常仅采用 $a_0 \sim a_3$ 以及 $b_0 \sim b_3$ 作为多项式参数，也可以采用前一个、前三个，或全部六个参数。由于在第三步配准过程中常有粗差出现，因此在第四步平差过程中需要迭代多次以剔除粗差及其他配准精度较低的配准窗口，使得残差均值达到亚像素级。根据笔者经验，影像条件较好时，距离向、方位向与残差均值均可跌落至 0.1 像素以内。第五步，副影像重采样。根据第四步得到主副影像之间的多项式几何关系，对副影像做重采样操作，该步骤可以采用双线性插值、三次卷积插值、双 sinc 插值。由于雷达硬件系统产生的波形为 sinc 函数，因此采用 sinc 函数是理想的插值方式，但其计算量颇大，所以双线性与三次卷积也是可行的替代方法。得到重采样后的副影像则可与主影像形成干涉图。

模拟平地与地形相位。由干涉几何推导过程容易看出，平地相位与地形相位的计算输入参数有很大的相似性，通常对于这两项的估算也是同时进行的。在这一步的操作过程中，由于同时涉及影像与地形，因此该步骤中也需要建立雷达影像坐标系与地理坐标之间的查找表(look-up table)关系。第一步利用主影像轨道信息和外部地形信息生成一幅模拟的 SAR 影像，以及雷达影像坐标系与地理坐标系的初始查找表关系。第二步将模拟的 SAR 影像与主影像进行配准。该步骤类似于主副影像配准中的第三步，但是因为模拟 SAR 影像只有强度而无相位信息，只能利用振幅或强度信息作为配准依据。该步骤得到模拟 SAR 影像与真实的主影像之间类似于式(2.12)描述的几何关系。第三步使用第二步得到的几何关系精化查找表。第四步是将地形通过精化查找表转化至雷达影像坐标系。第五步，计算模拟的平地及地形相位。第六步是对原始干涉图与模拟的地形及平地相位进行差分，得到差分干涉图。在有的软件(如欧空局发布的 SNAP 软件)中，平地相位在生成初始干涉图时就利用轨道信息估算并去除，在这一步中则不估计平地相位项。对于早期 SAR 平台，由于轨道精度较差，因此在评估平地相位时使用轨道信息估算的垂直基线与实际垂直基线差异较大，对于平地相位的估算出现较大的误差，使得差分干涉图在整体上呈现出倾斜状态，通常这种现象称为 orbital ramp。因此，需要利用差分干涉图计算垂直基线误差并修正垂直基线。而对于较新的卫星平台，尽管卫星轨道信息已经较此前的卫星在精度上具有长足进步，但如果在整景范围考虑，依然有不可忽略的轨道误差。这一步骤称为基线重估。使用新的基线后跳回第五步，重新估算平地及地形相位，而后获取差分干涉图。值得注意的是，由于生成模拟 SAR 影像时仅使用了外部地形与卫星轨道资料，而实际影响 SAR 影像强度的因素还有地表粗糙度以及地表覆盖等因素，因此模拟的 SAR 影像与实际的 SAR 影像依然具有较大差异。当地形相当平坦时，可能会出现模拟 SAR 影像缺乏纹理而导致与真实的 SAR 影像无法配准，进而导致地形编码失败的情况，此时则需要手工选择控制点进行地形编码。模拟 SAR 影像与真实 SAR 影像配准时存在误差，从而引起模拟地形相位与真实地形相位的水平差异。由于影像配准以像素为单位，当外部地形分辨率低于雷达影像在多视后分辨率时，该误差则更为明显。在山地地区，该误差呈现出与山地坡向相关量。该误差在重复轨道干涉模式下如无其他约束则被误认为是形变相位，而在距离向干涉模式下则被认为是地形残余相位。假设将 90 m 分辨率的 SRTM 地形作为参考地形，模拟 SAR 影像与地形配准精度归算至 SRTM 分辨率为 0.1 像素即 9 m，假设山地坡度为 30°，那么在误差最大方向上地形残余误差达到 5.2 m，即地形分辨率×配准误差×坡度正切值。地形残差相位与垂直基线成正比，而形变相位与垂直基线无关，是时序干涉中区分两者以分别评估地形残差及形变的依据。

无论是干涉测量还是差分干涉测量获取的干涉图相位都没有整周数部分，因此需要在一定规则下重建其整周数部分。干涉测量以及差分干涉测量仅需要在二维空间进行解缠，而时序干涉测量还需要在时间维进行解缠。解缠的基本假设为相邻像素的相位差不超过 π。然而，实际操作中通常由于失相干或其他相位梯度过大，地形或形变存在跳变等因素不能满足该假设。2.4 节中已经详细讲述了多种二维空间解缠方法。在完成相位解缠工作后，由于干涉图依然在雷达影像坐标系下，因此需要使用精化查找表将解缠后雷达干涉图以及其他如强度图、相干性图等编码至地理坐标系下，完成干涉测量工作。这一步中可以采用邻值、双线性、三次卷积以及 sinc 函数等差值方法。二轨法差分干涉形变反演流程如图 2.5 所示。

值得注意的是，雷达干涉测量用以地表形变监测仅能测量斜距向(LOS)的变化，而对其他方向的形变不敏感。对于任何三维形变量 $[d_E \quad d_N \quad d_U]$，分别为东西向、南北向、垂直向，定义东、北、上为正值，其 LOS 向形变 d_{LOS} 可以用式(2.14)表示：

$$d_{LOS} = [d_E \quad d_N \quad d_U]\left[-\sin\theta \quad \sin\left(\alpha + \frac{\pi}{2}\right) \quad -\sin\theta \quad \cos\left(\alpha + \frac{\pi}{2}\right) \quad \cos\theta\right]^T \quad (2.14)$$

式中，θ 为雷达波入射角；α 为卫星飞行方向与北方向的夹角；d_{LOS} 正值表示靠近卫星方向，负值表示远离卫星方向。式(2.13)为雷达在右侧视时成立，而对于左侧视的情况则应给予相应修改。仅使用单次雷达干涉测量获取的 LOS 向形变无法推测三维形变场。在采矿、地表载荷改变、地下水抽取等主要形变为垂直形变的情况下，通常可以忽略东西向及南北向形变，可以由 LOS 向形变依据入射角反推垂直形变。在此类事件的雷达干涉测量监测中，无论是使用升轨数据还是使用降轨数据，由于入射角相近，其干涉图或速度场比较类似，使用升降轨同时监测也是交叉验证观测效果及准确度的方法之一。

图 2.6 展示的基于雷达差分干涉获取的冰川厚度变化速度图。冰川厚度改变是气候变化重要的体现之一，使用两个时相观测的地形进行差分是目前使用遥感手段测量冰川厚度变化的主要方式。雷达差分干涉测量地形也是提取冰川厚度变化的重要手段之一，距离向干涉相位由平地相位与地形相位组成，当以双站干涉模式，由于两景影像的时间基线为 0，因此不存在形变相位，其差分干涉图相位由雷达影像观测时地形与外部地形差异引起，称为地形残差相位。将地形残差相位以垂直基线信息转化为高程差，即冰川厚度改变。值得注意的是，冰川通常具有较快的形变速度，如使用重复轨道观测模式(RTI)对冰川进行观测，则干涉相位同时包含了形变相位与地形残差相位两部分，且形变相位为主要部分。因此，目前利用雷达差分干涉测量手段观测冰川厚度变化多使用 RTI 模式。图 2.6 显示了珠穆朗玛峰地区冰川厚度在 2000～2012 年的变化，其中多对双站模式，而作为参考的 SRTM 地形同样以 RTI 模式获取于 2000 年。该方法目前已广泛应用于高亚洲以及南美洲安第斯山等地区冰川物质流失监测(Lin et al., 2017)。由雷达差分干涉测量原理可知，在能保证相干性的前提下，基线越长高程测量精度越高，即高程模糊度越小，但是过长的基线会导致地形残余相位梯度较大，从而引起解缠失败。如果观测影像较多，则可使用前文中所提及的多基线解缠技术。相比使用光学立体影像提取地形，雷达差分干涉测量对冰川具有天然的优势，这是由于冰川累计区通常具有缺乏纹理的光洁表面，且反射率较高，光学影像因无法配准而无法提取有效信息。

图 2.6　珠穆朗玛峰地区冰川 2000～2012 年冰川厚度变化速度

2.6　本 章 小 结

　　本章首先对 InSAR 和 DInSAR 基本概念进行了介绍，接着介绍了影响 InSAR 参数反演的几何去相干、时间去相干、电离延迟、非电离延迟等关键因子。相位解缠作为 InSAR 处理流程中非常重要的一个步骤，制约着最终参数反演的准确性，本章介绍了基于单基线和基于多基线的相位解缠方法，并进行了对比分析。最后介绍了 DInSAR 处理流程，为基于时序 InSAR 技术的基础设施结构健康监测提供了理论基础。

参 考 文 献

郭华东. 2000. 雷达对地观测理论与应用. 北京: 科学出版社.

姜宇, 单新建, 宋小刚, 等. 2017. InSAR 大气误差改正及其在活动断层形变监测中的应用. 地震学报, 39(3): 374-385, 452.

吴涛. 2008. 多基线距 DInSAR 技术反演地表缓慢形变研究. 北京: 中国科学院研究生院博士学位论文.

Bamler R, Just D. 1993. Phase statistics and decorrelation in SAR interferograms. In Proceedings of IGARSS'93–IEEE International Geoscience and Remote Sensing Symposium, 980-984.

Chen C, Zebker H. 2000. Two-dimensional phase unwrapping with statistical models for nonlinear optimization. IEEE, 7: 3213-3215.

Gabriel A K, Goldstein R M, Zebker H A. 1989. Mapping small elevation changes over large areas: differential radar interferometry. Journal of Geophysical Research: Solid Earth, 94 (B7): 9183-9191.

Gatelli F, Guamieri A M, Parizzi F, et al. 1994. The wavenumber shift in SAR interferometry. IEEE Transactions on Geoscience and Remote Sensing, 32 (4): 855-865.

Ghiglia D C, Romero L A. 1996. Minimum L (p)-norm two-dimensional phase unwrapping. Journal of the Optical Society of America A, 13: 1999-2013.

Goldstein R M, Werner C L. 1998. Radar interferogram filtering for geophysical applications. Geophysical Research Letters, 25 (21): 4035-4038.

Hanssen R F. 2001. Radar Interferometry: Data Interpretation and Error Analysis. Boston: Kluwer Academic, Dordrecht.

Itoh K. 1982. Analysis of the phase unwrapping algorithm. Applied Optics, 21 (14): 2470-2472.

Lin H, Li G, Cuo L, et al. 2017. A decreasing glacier mass balance gradient from the edge of the Upper Tarim Basin to the Karakoram during 2000-2014. Scientific Reports, 7 (1): 1-9.

Loffeld O, Nies H, Knedlik S, et al. 2008. Phase unwrapping for SAR interferometry-a data fusion approach by kalman filtering. IEEE Transactions on Geoscience and Remote Sensing, 46 (1): 47-58.

Massonnet D, Rossi M, Carmona C, et al. 1993. The displacement field of the Landers earthquake mapped by radar interferometry. Nature, 364 (6433): 138.

Mattar K E, Vachon P W, Geudtner D, et al. 1998. Validation of alpine glacier velocity measurements using ERS Tandem-Mission SAR data. IEEE Transactions on Geoscience and Remote Sensing, 36 (3):1-984.

Moreira A, Prats-Iraola P, Younis M, et al. 2013. A tutorial on synthetic aperture radar. IEEE Geoscience and Remote Sensing Magazine, 1 (1): 6-43.

Pi X, Freeman A, Chapman B, et al. 2011. Imaging ionospheric inhomogeneities using spaceborne synthetic aperture radar. Journal of Geophysical Research, 116 (A4): A04303.

Rosen P, Lavalle M, Pi X, et al. 2011. Techniques and tools for estimating ionospheric effects in interferometric and polarimetric SAR data. 2011 IEEE International Geoscience and Remote Sensing Symposium, 1501-1504.

Rossi C, Gonzalez F R, Fritz T, et al. 2012. TanDEM-X calibrated Raw DEM generation. ISPRS Journal of Photogrammetry and Remote Sensing, 73 (SEP.): 12-20.

Shabou A, Baselice F, Ferraioli G. 2012. Urban digital elevation model reconstruction using very high resolution multichannel InSAR data. IEEE Transactions on Geoscience and Remote Sensing, 50 (11): 4748-4758.

Wegmuller U, Werner C, Strozzi T, et al. 2006. Ionospheric electron concentration effects on SAR and INSAR. 2006 IEEE International Symposium on Geoscience and Remote Sensing, 3731-3734.

Werner C, Wegmüller U, Strozzi T, et al. 2000. Gamma SAR and interferometric processing software. Citeseer, 1620: 1620.

Yu C, Li Z, Penna N T, Crippa P. 2018. Generic atmospheric correction model for Interferometric Synthetic Aperture Radar observations. Journal of Geophysical Research: Solid Earth, 123 (10): 9202-9222.

Yu H, Lan Y, Yuan Z, et al. 2019. Phase unwrapping in InSAR: a review. IEEE Geoscience and Remote Sensing Magazine, 7 (1): 40-58.

Zebker H A, Rosen P A, Goldstein R M, et al. 1994. On the derivation of coseismic displacement fields using differential radar interferometry: the Landers earthquake. Journal of Geophysical Research: Solid Earth, 99 (B10): 19617-19634.

Zebker H A, Villasenor J. 1992. Decorrelation in interferometric radar echoes. IEEE Transactions on Geoscience and Remote Sensing, 30 (5): 950-959.

第 3 章　永久散射体干涉测量

3.1　PSInSAR 主要方法

第 2 章提到，DInSAR 受大气效应、去相干等因子的影响，形变估计精度无法满足基础设施监测要求，因此 DInSAR 形变监测应用主要集中在大尺度、大形变的地壳运动（主要包括火山和地震）。20 世纪 90 年代末，随着 SAR 数据的不断积累，尤其是欧空局 ERS-1/2 的发射和数据积累，众多学者开始利用长时间序列 SAR 影像提高地表形变反演精度，这一期间提出的算法称为 Stacking 算法（Sandwell and Price, 1998）。相对于 DInSAR 方法，Stacking 算法的确提高了 InSAR 形变监测的精度，但是 Stacking 算法主要有三个方面的缺点：①需要对干涉图进行大量滤波，这样往往会损失空间分辨率和掩盖细节信息；②无法估计 DEM 相位，在实际处理中，为了降低 DEM 和几何去相干的影响，Stacking 算法一般只处理小基线的干涉图，没有充分利用所有干涉图信息；③没有有效地估算大气噪声，仅通过平均操作抑制了大气，估计的形变速度噪声比较大。显而易见，Stacking 算法还无法应用于基础设施监测，但其为接下来时序 InSAR 的研究奠定了重要基础。时序 InSAR（又称多时相 InSAR）技术是指利用不同时间获取的多景 SAR 影像进行联合干涉处理分析，以期获得高精度高程和形变信息（林珲等，2017；李德仁等，2004；朱建军等，2017）。最著名的时序 InSAR 技术是米兰理工大学提出的永久散射体合成孔径雷达干涉测量算法（permanent scatterer interferometry SAR，PSInSAR）。米兰理工大学 InSAR 研究小组的 Ferretti 博士、Prati 教授和 Rocca 教授经过对时序 InSAR 技术的长期研究，发现在 SAR 影像中某些像素点即使在比较长的时间间隔中仍然保持比较高的相干性，这些像素点一般对应人工建筑物。利用这些稀疏的像素点，根据多景 SAR 影像中大气空间低频和时间高频的特性，可以有效地估算和去除大气噪声。在此基础上，于 2000 年前后提出了 InSAR 形变监测领域中具有里程碑意义的永久散射体合成孔径雷达干涉测量方法（Ferretti et al., 2000, 2001），也称为经典 PSInSAR 算法。所谓的永久散射体是指在时间维上相位稳定的像素点，自然环境中典型的 PS 点包括裸露岩石、高反射的无植被覆盖地表等，城市环境中典型的 PS 点包括房屋、桥梁、铁轨、输电塔、大坝等具有金属强散射或者几何结构呈二面角散射的地物，如图 3.1 所示。PS 点受几何和时间去相干因子的影响很小，因此可以稳定地反演目标厘米级到毫米级形变信息，在角反射器的辅助下甚至可实现亚毫米级监测精度（Ferretti et al., 2007）。经典 PSInSAR 算法的提出不仅满足了基础设施形变监测精度的要求（二等水准精度），其与 DInSAR 不同的是还可以估计高精度高程信息，高程数据可以辅助测量点精确定位，极大地提高基础设施形变监测的解译能力。因此可以说，PSInSAR 算法的提出使基础设施健康 InSAR 监测成为可能。在经典 PSInSAR 算法提出之后，在米兰理工大学的支持下，Ferretti 博士、Rocca 教授和 Pratti

教授联合成立了 TRE 公司，提供了 InSAR 专业的数据处理服务，TRE 公司也是目前全球最大的 InSAR 处理服务公司。经典 PSInSAR 算法流程在 1999 年发表时即申请了国际专利，虽然其中的永久散射体叫法并不受专利的保护，但是为了避免冲突，在 2003 年 Fringe 会议上，欧洲空间局采用了 persistent scatterer interferometry 的叫法以区分永久散射体干涉测量算法，并沿用至今。在经典 PSInSAR 算法被提出之后，全球大量的研究机构和人员投入 PSInSAR 技术的研究中，这些研究主要有两个目的：一个是进一步去除噪声信息的影响，提高 PS 点形变测量精度和稳定性；另一个是提高测量点空间分布密度，以适应不同场景（如城区、山区）的监测需求。广义的 PSInSAR 算法包括基于单一主影像（以经典 PSInSAR 算法为代表）和基于多主影像（以小基线集算法为代表）的方法，因小基线集（small baseline subset，SBAS）算法的主要作用是识别低相干区域的 DS 点，在本书中归类为分布式散射体合成孔径雷达干涉测量（distributed scatterer InSAR）方法。因此，本章节讨论的 PSInSAR 算法主要是基于单一主影像，下面介绍几种著名的 PSInSAR 算法，包括经典 PSInSAR、STUN、IPTA、PSP 和 QPS。时序 InSAR 方法的综述文章可参照文献（Crosetto et al.，2016）。

图 3.1　PS 点典型地物

经典 PSInSAR 算法的步骤比较复杂，且每个步骤由多参数控制，但其流程大致可以分为两部分：第一部分是通过 PS 候选点在稀疏空间网络下解缠相位；第二部分是通过稀疏点解缠相位迭代估算和去除整个区域大气相位屏（atmospheric phase screen，APS），进而实现整个区域的 PS 点识别与参数解算。为了数学上表达简单，PSInSAR 算法将其中一景为主影像、其他为副影像，探测 SAR 影像中 PS 点并估计形变信息。经典 PSInSAR 算法解算的成果包括研究区的 PS 点分布位置、PS 点高度信息、PS 点形变信息（包括平均形变速度和时序形变）、PS 点精度指标（如残差标准差和时序相干系数）、大气相位屏（包括电离层、对流层和轨道噪声等）。

相干点目标分析法（interferometric point target analysis，IPTA）是由 Werner 等（2003）提出的。该方法通过分析目标相位在空间上和时间上的特性，可以有效地分离干涉图中的形变相位、地形相位、轨道误差和大气相位。IPTA 和经典 PSInSAR 算法都是通过迭代去大气，最终实现 PS 点形变速度和时序形变的反演，IPTA 相对于经典 PSInSAR 算法的一个重要改进是提出了迭代逐级修正模型的参数演算策略，卫星轨道误差可以结合解缠相位和地形高程，采用最小二乘法进行校正，高程误差和线性形变速度可通过参数迭代补偿得以求解，大气相位、参与卫星轨道和非线性形变相位，可通过分析各成分在时间、空间维的特性，使用滤波方法进行分离。

Kampes 在经典 PSInSAR 算法中提出了 STUN（spatio-temporal unwrapping network）方法，将大地测量理论引入时序 InSAR 参数解算中（Kampes，2006）。其中，STUN 方法的主要贡献包括：①首次提出二层分级构网方法并用于形变参数解算，其中，第一层网络为三角网，目的是探测第一层 PS 点，和经典 PSInSAR 算法类似；第二层网络为局部星网，第二层网络解算点以第一层网络探测出的 PS 点为参考点来解算参数，其中有两种弧段连接策略，一种是连接最邻近的一个 PS 点，另一种是连接多个邻近的 PS 点，当连接多个 PS 点时可以通过解算得到的结果进行交叉验证，但是会增加计算负担。②在相位解缠时，引入 GPS 中用以解算相位整周模糊度的整数最小二乘法进行相位解缠，在参数服从多变量正态分布假设下，整数最小二乘法对相位整周模糊度的解算效果最优，同时可以有效地提高解算效率。③经典 PSInSAR 算法在参数解算时假设每景影像的权重一致，STUN 方法引入方差分量随机模型代表干涉图随机噪声和大气噪声，并利用其进行参数加权运算。

PSP（persistent scatterer pairs）算法是由 Costantini 等（2008）提出的，顾名思义，PSP 是通过 PS 点对连接进行参数解算，首先选择一个像素作为种子像素并与其他像素点进行连接解算，解算出的像素点再和其他像素点进行连接，这样仅通过弧段就实现全局 PS 点的连通。根据研究区大气空间分布一致性原则，通过对弧段两点间相位做差实现大气噪声的去除，从而实现每个连接 PS 点参数估计。PSP 算法不需要迭代估算大气但是对构网的要求较高。为了避免以一个种子像素作为起点扩展时，较远的区域会出现比较大的传播误差，一般是在研究区内同时设置几个种子点进行空间逐步扩展，最后将基于不同种子点的探测点参数结果通过交叉比对验证得到最终的结果。

Quasi-PS（QPS）方法被提出来用以探测半相干散射体和分布式散射体点（Perissin and Teng，2012），相比 PSInSAR 算法，QPS 方法具有以下特点：①所有时序影像不是和一个主影像做干涉，而是利用最小生成树凑成干涉对来生成干涉图；②在对每个像素进行参数解算时，选取不同的干涉集合，以保证每个像素的相干系数最大；③使用空间滤波提高干涉图的信噪比来提高 PS 点的探测率。经过上述操作，QPS 方法通过损失一部分精度来换取可以探测分布式散射体，但因为其主要还是延续了 PS 的思想，本书将其放在本章中介绍。图 3.2 是利用 QPS 方法得到的上海地铁沉降图，从监测结果中可以看出沉降区域在空间上呈线性分布特征，经对比与上海地铁线路走向一致，最大沉降对应刚建成的上海地铁 9 号线和 10 号线，这些路线周边发生了缓慢的沉降，InSAR 结果与实际结果得到一致性验证。

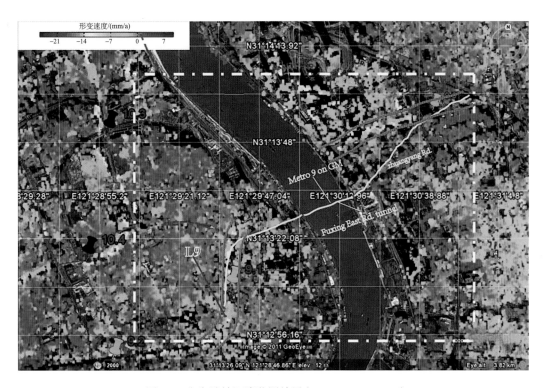

图 3.2　上海地铁沉降监测结果(Perissin et al., 2012)

3.2　经典 PSInSAR 算法

提出经典 PSInSAR 算法的两篇文章里，Ferretti 等(2001)针对一块区域的所有 PS 点进行联合参数解算，该方法有两个缺点：①解算范围不能太大(5 km×5 km 以内)，否则大气噪声将会很不精确；②无法解算非线性形变。Ferretti 等(2000)在上述基础上做了进一步改进，首先根据大气空间一致性假设将参数解算放在了相邻的 PS 点上，然后再进行全局参数集成，这样只要保证相邻的 PS 点大气相关就可以进行形变估计，其克服了只能解算小区域 PS 点的限制(Ferretti et al., 2001)。同时通过适当的空间和时间滤波处理，可以分离出大气相位和非线性形变项，从而得到完整非线性形变估计，为了有效去除大气相位也可以进行迭代处理。之后的 PSInSAR 研究也主要是参照 Ferretti 等(2000)，下面将介绍改进后的经典 PSInSAR 算法流程。

3.2.1　幅度离差选取 PS 候选点

PS 点是指在时间序列上保持稳定的像素点，受几何去相干和时间去相干的影响都比较小。判断一个像素是否为 PS 点最终是由其相位在时间上的稳定性决定的，经典 PSInSAR 算法筛选 PS 点之前需要选取研究区的 PS 候选点，真实 PS 点从候选点中产生。幅度离差法是由 Ferretti 博士等提出的经典 PSInSAR 算法里选取 PS 候选点的方法 (Ferretti et al., 2000; 2001)，也是迄今为止最常用的 PS 初选点方法。幅度离差表示的是一个像素点在时间维上的幅度离散度，在使用幅度离差法之前要确定多时相 SAR 影像幅度进行了定标。假设 SAR 信号实部和虚部分别都服从以 0 为均值的高斯分布，噪声 n 的方差为 σ_n^2，那么幅度值 A 将服从莱斯分布：

$$f_A(a) = \frac{a}{\sigma_n^2} I_0\left(\frac{ag}{\sigma_n^2}\right) \mathrm{e}^{-\frac{\left(a^2+g^2\right)}{2\sigma_n^2}} \tag{3.1}$$

式中，g 为复观测值；I_0 为改进的贝塞尔函数。莱斯分布的形状取决于像素的信噪比，当信噪比较低时，莱斯分布的概率密度函数服从瑞利分布，随着信噪比的提高，其概率密度函数趋近于高斯分布。在信噪比较高的情况下，可以有

$$\sigma_A \cong \sigma_{n_R} = \sigma_{n_1} \tag{3.2}$$

式中，σ_{n_R} 和 σ_{n_1} 分别为复数的实部和虚部的标准差。此时，相位的离散度 σ_v 可以由幅度的离散度来近似表示：

$$\sigma_v \cong \frac{\sigma_{n_R}}{g} \cong \frac{\sigma_A}{m_A} = D_A \tag{3.3}$$

式中，m_A 和 σ_A 分别为幅度的平均值和标准差；D_A 为幅度离差值。这就说明，在高信噪比情况下，幅度离差值可以用来衡量相位稳定性。如图 3.3 所示，利用 56 景香港九龙地

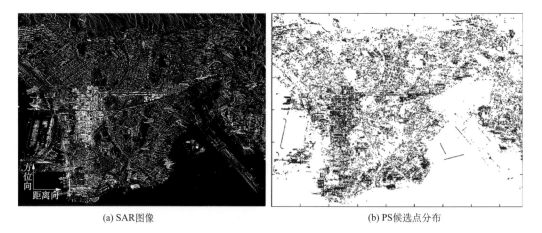

(a) SAR图像　　　　　　　　　　　　　　　　(b) PS候选点分布

图 3.3　香港九龙地区 TerraSAR-X 影像幅度离差阈值选择的 PS 候选点分布

区 TerraSAR-X 影像计算得到的每个像素点的幅度离差值，并利用 0.23 阈值选取的 PS 候选点分布，可以看到选取的 PS 候选点主要分布在高亮度的基础设施上。另外，值得注意的是，幅度离差选点时必须保证有足够数量的时序 SAR 影像，这样才保证统计是有意义的，当影像数量较少时，相同幅度离差阈值选点个数要远多于影像数量多时的选点个数，但是总体质量会下降。

3.2.2　Delaunay 三角构网

大气噪声是影响 InSAR 参数估计的主要误差源，经典 PSInSAR 算法根据大气在空间上是均匀分布、在时间上是随机分布的物理特性，对邻近 PS 候选点的相位做差可以去除绝大部分大气噪声，从而实现参数解算。为了抑制大气噪声保证估计参数的可靠性，需要通过有效的网络弧段将初选 PS 点进行连接，弧段的质量直接决定了大气去除得干净与否。经典 PSInSAR 算法中使用的是三角网连接，三角网作为一种冗余网可以实现一个 PS 候选点与多个 PS 候选点的连接，在一定程度上避免单条弧段被剔除后而导致的孤立弧段问题。三角网中最著名的就是 Delaunay 三角网，Delaunay 三角网是由 B. Delaunay 在 1934 年提出的离散数据分析模型 (Delaunay, 1934)，目前已广泛应用于地学领域 (如数字地形模型的构建)。图 3.4(a) 表示的就是对香港九龙地区 PS 候选点进行 Delaunay 三角网构建的结果，可以看出同一个点被不同的弧段连接，这样可以避免因一条弧段断开导致的不连通问题。

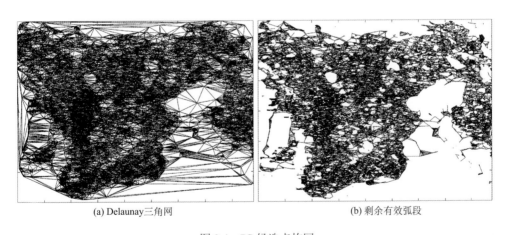

(a) Delaunay三角网　　　　　　　　　　　(b) 剩余有效弧段

图 3.4　PS 候选点构网

3.2.3　周期图法解算弧段相对参数

通过构网将全局 PS 候选点进行连接后，就可以通过相位稳定性分析对弧段质量进行评价，进而估算弧段相对参数。相位稳定性分析输入的数据是经过配准、干涉、去平地等预处理后得到时序干涉图，当然，当研究区地形起伏较大时可以进一步利用 SRTM

去除一部分 DEM 的影响，得到差分干涉图，也可以作为输入数据求解参数。干涉图或者差分干涉图相位 $\Delta\varphi$ 的组成部分可以表示为

$$\Delta\varphi = \Delta\varphi_{\text{hei}} + \Delta\varphi_{\text{def}} + \Delta\varphi_{\text{APS}} + \Delta\varphi_{\text{dec}} \tag{3.4}$$

式中，$\Delta\varphi_{\text{hei}}$ 为高度贡献量；$\Delta\varphi_{\text{def}}$ 为形变贡献量；$\Delta\varphi_{\text{APS}}$ 为大气相位屏；$\Delta\varphi_{\text{dec}}$ 为去相干因子。将弧段连接的两个 PS 候选点中的一个作为参考点，另一个作为解算点，利用解算点相位减去参考点相位就可以去除空间同质噪声信号（主要是大气噪声），然后求解的参数即解算点相对于参考点的结果，相位相减操作在实际应用中是利用干涉图中的复数据共轭相乘来实现的。解算点中去除空间相关噪声后大气相位可以认为是 0，PS 点去相干噪声也可以认为是 0，但其实两者都会有少量残余，会对最终的参数解算精度造成一定的影响。在去除大气相位和去相干噪声相位后，剩余相位是由高程相位和形变相位两部分组成的：

$$\Delta\varphi = \Delta\varphi_{\text{hei}} + \Delta\varphi_{\text{def}} \tag{3.5}$$

式中，高程相位可以由数据的空间基线来进行数学表达：

$$\Delta\varphi_{\text{hei}} = \frac{4\pi b}{\lambda r_0 \sin\beta}\Delta h \tag{3.6}$$

式中，b 为垂直基线；λ 为波长；r_0 为斜距；β 为入射角；Δh 为待求的弧段两点的相对高度。在描述形变相位时，因为大多数地表运动都接近线性特征，经典 PSInSAR 算法中使用的是线性形变模型，也是目前最常用的形变相位模型：

$$\Delta\varphi_{\text{def}} = \frac{4\pi t}{\lambda}\Delta v \tag{3.7}$$

式中，t 为时间基线；Δv 为待求的弧段两点的相对形变速度。在监测城市基础设施时，除了线性形变还可能发生很多非线性（如周期、减速、加速）形变，在监测具有非线性形变特征的基础设施时，为了提高监测精度，一般需要加入非线性形变模型来提高模型的适应度。例如，混凝土作为基础设施最基本的建筑材料，会随着季节性温度变化产生热胀冷缩效应，因此在众多非线性形变模型中，随季节性温度变化而发生的季节性形变是基础设施最普遍的非线性形变，目前也越来越多地作为一种常规形变模型加入基础设施 InSAR 参数解算中（Monserrat et al., 2011）。在引入季节性温度模型后，形变相位模型的数学表达式为

$$\Delta\varphi_{\text{def}} = \frac{4\pi t}{\lambda}\Delta v + \frac{4\pi T}{\lambda}\Delta k \tag{3.8}$$

式中，T 为温度基线；Δk 为待求的弧段两点的相对热膨胀幅度。热膨胀幅度表示的是当温度变化 1℃时变形的大小。

在确定相位模型后，要判断弧段连接两点是否为真实 PS 点，需要通过相位稳定性分析，经典 PSInSAR 算法中使用的是周期图法，也就是非均匀采样下的傅里叶变换。周期图法首先需要对每个待求参数设置解搜索空间和步长，其中搜索空间和步长决定了解的精度和计算效率，搜索空间一般按照实际研究对象的真实值范围来设定，当搜索空间越

大、步长越小时，解的采样越多，得到的精度就越高，但是效率越低，反之采样越少，精度就越低，效率就越高。根据经典 PSInSAR 算法使用的高程和形变速度相位模型，对于给定的搜索空间和步长，应用解空间中的真实解可以计算相应的时序相干系数：

$$\gamma = \left| \frac{\sum_{i=1}^{N} e^{j(\Delta\varphi - \Delta\varphi_{\mathrm{hei}} - \Delta\varphi_{\mathrm{def}})}}{N} \right| \tag{3.9}$$

式中，γ 在经典 PSInSAR 算法中称为整体相位相干系数。时序相干系数大小决定了弧段连接两点是否为真实 PS 点，当时序相干系数大于一给定阈值时 (经典 PSInSAR 算法设为 0.75)，认为弧段两端点受去相干因子影响较小，两者之间大气噪声通过相位相减也被有效去除，因此求解的参数可信度较高，保留此条弧段。图 3.4(b) 显示的就是图 3.4(a) 经过时序相位稳定性分析后保留的弧段。如果弧段保留，则认定连接的两 PS 候选点为真实 PS 点，对应的相对高程和形变速度即解算点相对于参考点的值。反之，如果时序相干系数小于给定阈值，则认为弧段两端点受去相干影响较大，或者两者之间大气噪声没有被有效去除，从而剔除弧段。虽然此条弧段被剔除，但并不确定两个端点就都不是 PS 点，只能说明两个点的相关性比较低，它们也有可能通过其他有效弧段被判别为真实 PS 点。周期图法在参数估计时并没有使用强度信息，只利用了相位信息 (可以认为时序影像的强度被归一化)。而当既使用强度又使用相位时，该方法称为 Beamforming 方法，一般用于层析成像中，相对于周期图法，Beamforming 方法中幅度的加入相当于在参数解算时增加了一个权重因子，幅度越大，对应影像信噪比一般就越大，权重就越高，因此理论上可以在一定程度上提高 PS 点探测率。但在实际应用中，经典 PSInSAR 算法选取 PS 候选点时，因为已经利用幅度离差进行选点，其实已经选取了幅度比较稳定的像素点，因此幅度信息的加入实际上对 PS 点解算精度的影响不大。

3.2.4　最小二乘平差

　　经典 PSInSAR 算法在利用周期图法解算完弧段相对高度和形变速度之后，需要集成这些相对值，从而使最后得到的 PS 点的物理参数都相对于研究区内同一个参考点，这就需要通过平差方法来实现 (Zhang et al., 2011；Ferretti et al., 2000)。在冗余网基础上的平差方法除了具有集成弧段相对值的功能之外，还可以将局部误差甚至错误平摊到全局各点，从而避免出现局部较大偏差，提高测量点的整体精度和可靠性。常用的平差方法包括加权最小二乘 (Ferretti et al., 2000)、最小生成树 (Costantini, 1998)、枝切法 (Goldstein et al., 1988) 等，这些方法也普遍用在 2.4 节介绍的相位解缠中。本节将介绍加权最小二乘平差法，也是经典 PSInSAR 算法里使用的方法。在平差集成相对值之前首先要从网络剩余弧段中找到全局最大连通网，这是由于利用时序相干阈值法剔除弧段会产生很多孤立弧段，最大连通网是指连接保留弧段最多的网络。如果平差方程中加入孤立弧段会导致平差矩阵秩亏，无法进行求逆运算，那么只有最大连通网才能保证平差矩阵为满秩，从而可逆。在确定最大连通网之后，需要判断最大连通网是否覆盖整个研究区域，如果最大连通网无法覆盖整个研究区域会导致测量 PS 点缺失，最终无法准确地估算空间连续的大气相位屏，从而导致测量点缺失区域的参数估计不准确。

在确定识别的最大连通网覆盖整个研究区后，假设其包括 P 条弧段和 Q 个 PS 点，P 一般远大于 Q，平差方程可以表示为(Ma and Lin, 2016)

$$H = GX \tag{3.10}$$

式中，H 为一个 $P \times 1$ 向量，包含最大连通网中弧段解算的相对值(高度和线性形变速度)；G 为 $P \times Q$ 的平差矩阵，其元素包含–1、0 和 1；X 为一个 $P \times 1$ 向量，包含平差后的参数绝对值：

$$H = \begin{bmatrix} \Delta h_1 \\ \vdots \\ \Delta h_P \end{bmatrix} \text{ 或者 } \begin{bmatrix} \Delta v_1 \\ \vdots \\ \Delta v_P \end{bmatrix} \tag{3.11}$$

$$G = \begin{bmatrix} 1 & \cdots & -1 & \cdots & 0 & \cdots \\ \vdots & \vdots & \vdots & \vdots & \vdots & \vdots \\ \cdots & 1 & 0 & \cdots & -1 & \cdots \\ \vdots & \vdots & \vdots & \vdots & \vdots & \vdots \\ \cdots & 0 & \cdots & 1 & -1 & \cdots \\ \vdots & \vdots & \vdots & \vdots & \vdots & \vdots \end{bmatrix}_{P \times Q} \tag{3.12}$$

$$X = \begin{bmatrix} x_1 & \cdots & x_Q \end{bmatrix}^{\mathrm{T}} \tag{3.13}$$

式中，G 中 –1 表示一条弧段中参考点索引，1 代表解算点索引，0 代表弧段未连接此点，G 为一个秩亏矩阵，秩为 $Q-1$，因此无法直接进行求逆，这时需要从 X 元素中任意选择一个参考点，这个点的所有物理量都假设为 0。在实际应用中，一般凭借先验知识选择稳定地面点作为参考点，在没有先验知识的情况下，一般默认选第一个点 x_1 为参考点，这样对应 x_1 所有参数值都变为 0，并在 X 中被去掉，并删除 G 中对应的列，这样 G 就可以达到满秩而进行求逆。由于矩阵 G 非常大，在解算中无法直接进行存储，在实际应用中，根据 G 矩阵中大多数元素为 0 值的特点，一般使用稀疏矩阵进行存储和求逆。经典 PSInSAR 算法没有直接对 G 进行求逆，而是使用加权最小二乘平差法，具体可以表示为

$$X = \left(G^{\mathrm{T}} W G\right)^{-1} G^{\mathrm{T}} W H \tag{3.14}$$

式中，W 为一个对角矩阵，对角元素值代表权重大小。在平差中引入 W 权重矩阵来代表弧段解算相对值的质量，一般采用弧段的时序相干系数，即时序相干系数较大时，一般认为去相干因子和大气噪声比较小，弧段解算结果可靠性也就较高。该平差方法假设弧段误差服从正态分布，最终解算结果可以保证所有弧段的残差值平方和最小，是一种无偏估计方法，这样平差得到的解算值都是相对于选定 x_1 参考点的结果。网络平差的质量直接决定了测量点精度，可以说是 PSInSAR 基础设施形变监测中最重要的一步，但是平差求逆操作敏感度往往又比较高，容易产生误差，平差结果的好坏与弧段参数估计的质量和误差传播路径相关，一旦出现误差传递就会降低全局解算点的参数精度。

3.2.5　APS 估计及非线性形变反演

经典 PSInSAR 算法通过上述步骤可以探测出研究区内质量比较高的 PS 点以及相关的物理参数，但是到此步骤前解算出的空间 PS 点比较稀疏，这是因为在 PS 初选点时，幅度稳定性不能完全代表相位稳定性。在低信噪比情况下，很多具有相位稳定性的像素点不具有幅度稳定性，最终确定是否为真实 PS 点是依据相位稳定性的分析结果，另外，在对包含大气噪声的干涉图分析时会降低每个像素点的时序相干系数，在利用时序相干系数阈值法判别 PS 点时也会错误地剔除一些真实的 PS 点。因此，只在 PS 候选点中确定真实 PS 点会导致很多的 PS 点未被探测出来，从而极大地降低了空间点密度，不利于城市基础设施细节信息的反演。为了探测更多的 PS 点和反演非线性形变，经典 PSInSAR 算法在网络化的参数估计的基础上估计并去除 APS，然后重新迭代计算每个像素点的相位稳定性，从而实现 PS 点的扩展和时序相位的反演。经典 PSInSAR 算法假设相位中高程和形变速度为主要分量，去除高程和形变速度的残余相位是已经解缠的，因此可以通过求解的高程和形变速度进行空间解缠，解缠后的残差相位中包括非线性形变和残余大气相位。假设大气在时间维是高频信号、在空间维是低频信号，通过进一步时空滤波可以求解出每个像素在每景影像上的大气噪声，也就是 APS。最常用的空间插值滤波方法就是 Kriging 方法。

在得到空间连续 APS 之后，从每幅干涉影像中减去 APS 可以得到去除大气后的干涉图，这样就提高了研究区每个像素的相位质量。在时序信号分析时提高了时序相干系数，原先无法通过时序相位稳定性检验的像素点也可能在去除 APS 后通过检验而重新被识别为 PS 点，从而提高了空间测量点的密度。针对去除大气相位屏的干涉图，所有像素点的 APS 已经被有效压制，无须再通过三角构网来连接邻近点并通过邻近点相位做差解算参数，可以直接选定 APS 估计时的参考点与研究区其他像素点进行连接。同样地利用周期图法对每个像素点的相位稳定性进行重新分析，如果高于时序相干系数阈值则识别为 PS 点，如果低于阈值则剔除。其中，重新识别的 PS 点精度可以由时序相干系数和时序相位的标准差来表示，当时序相干系数越高或者时序相位的标准差越小时，认为该 PS 点受噪声影响较小，解算参数可靠性也就越高，反之越低。该步骤直接对研究区所有像素进行相位稳定性分析，原来通过幅度离差阈值未被选为 PS 候选点的像素也有可能被识别为 PS 点，从而提高了空间测量点密度。另外，时序相位中剔除了大气噪声，解缠得到的相位可以直接认为是时序形变量。当然，由于时空滤波操作时参数设置的不确定性，一次估计 APS 可能无法去除所有的大气噪声，当大气噪声剔除不干净时，主要表现为解算的形变速度图中噪声太多或者时序形变量波动太大，在这种情况下，可以使用迭代的方法重新构建 Delaunay 三角网逐步剔除大气噪声。

3.3　基于二层网络的 PS 点稳健估计算法

经典 PSInSAR 算法通过时空滤波插值算法估算整个研究区的 APS 并去除，再对每个像素进行时序相位稳定性分析,从而实现全局 PS 点的探测。该方法是基于大气空间同质和时间异质特点提出的,实际上大气在空间维有可能不是均匀分布,尤其在高分辨率影像中,叠掩现象的存在使得地面点和楼顶点虽然相互邻近,但是大气噪声却有可能相差很大。图 3.5(a)显示的是基于 TerraSAR-X 影像估计的香港九龙地区 PS 点处的 APS值,从图 3.5(b)放大的高楼 APS 分布来看,其与图 3.5(c)高度结果有很强的相关性,该实验结果中已经分离了与高度相关的热胀冷缩位移,因此可认为与高度相关的 APS 是由大气分层效应导致的,从不同高度三个点(P_1、P_2 和 P_3)的时序相位中可以看出很明显的季节性热胀冷缩变形, 图 3.5(f)中在去除变形分量之后,P_3 的相位变化幅度要大于 P_2和 P_1,而 P_2 要大于 P_1,进一步印证了高分辨率影像中大气分层效应会导致与高度相关的 APS。在上述情况下,经典 PSInSAR 算法中空间低通插值滤波时,高楼顶部和地面在空间上是邻近的,容易造成插值的不确定性,从而导致错误地估计空间连续 APS,进而造成形变参数解算误差。

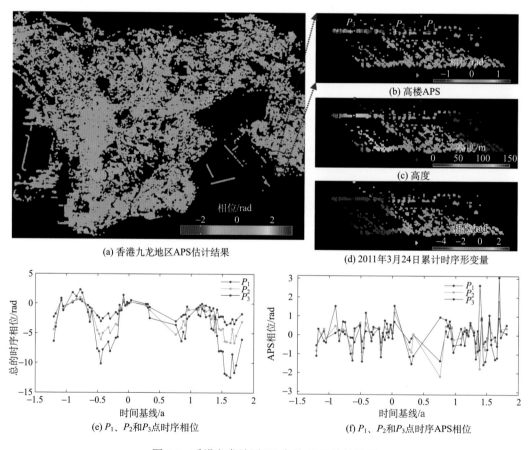

(a) 香港九龙地区APS估计结果

(b) 高楼APS

(c) 高度

(d) 2011年3月24日累计时序形变量

(e) P_1、P_2和P_3点时序相位

(f) P_1、P_2和P_3点时序APS相位

图 3.5　香港九龙地区 PS 点处 APS 估计结果

在经典 PSInSAR 算法的基础之上,Kampes(2006)提出的二级构网方法无须估算全局 APS 即可实现 PS 点的扩展,避免了大气估算不确定性带来的参数估计误差。其中,

第一层网络和经典 PSInSAR 算法同为 Delaunay 三角网，第二层网络以第一层网络探测的 PS 点为参考点构建局部星网，通过解算弧段相对值实现 PS 点的扩展。Gamma 软件中的 IPTA 和 DLR 研发的 PSI-GENESIS 算法同样使用了分级构网方法，但是它们在第一层网络选点时都将研究区首先划分为多个矩形框,对矩形框内的最稳定(一般是幅度离差值最小的点)PS 点首先进行联网解算，然后在矩形框内逐步扩展。另外，经典 PSInSAR 算法在参数估计时没有使用稳健估计算法，在噪声影响下往往无法得到最优解，为了提高参数估计的精度和稳健性，Ma 和 Lin(2016)提出了可以使用稳健估计器替代经典 PSInSAR 算法中的解算方法进行参数的估计，并融入二层网络结构中，如图 3.6 所示。稳健估计算法中，第一层网络用于探测研究区域内最稳定的 PS 点，所谓最稳定的 PS 点，指的是研究区内质量最高的 PS 点，这些点在第二层网络中将作为参考点使用，所以必须保证其估算参数的质量，为了达到这个目的，加入了稳健估计器估算参数，另外一般要使用比较严格的阈值选择进行点的筛选。第二层网络用于探测研究区内剩余的 PS 点，探测这些点的阈值选择可以根据实际需要来设置。例如，当需要尽可能探测更多的 PS 点时，阈值的设置可以相对松一点，这样的话解算出来的参数质量可能比较低，而当需要保证所有 PS 点的质量时，阈值的设置可以相对严格一点。下面将逐步介绍基于二层网络的 PS 点稳健估计算法。

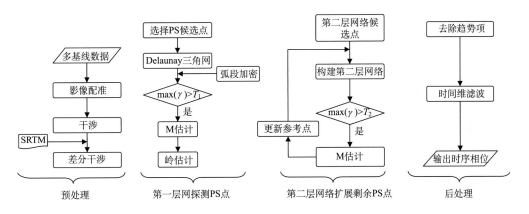

图 3.6　二层网络方法探测 PS 点流程图

3.3.1　混合方法选取 PS 候选点

经典 PSInSAR 算法中使用幅度离差法选择 PS 候选点，幅度离差法选点有两个前提条件：一个是 SAR 影像数量足够多，这样可以保证得到的统计信息是有效的；另一个是幅度数据是定标后的结果，确保不同时序影像之间的幅度一致性。除了幅度离差法外，还有其他方法可以选取高相干像素点作为 PS 点候选点，包括相干系数法、信噪比法、强度法和旁瓣剔除法等，这几种方法可以和幅度离差法配合使用，也可以单独使用，这样可以针对不同卫星影像、不同场景提高候选点质量。

3.3.2　自适应加密网

经典 PSInSAR 算法中使用 Delaunay 三角网连接 PS 候选点，虽然 Delaunay 三角网可以实现点的全局连接，且网络弧段具有一定的冗余度，但是根据前面描述，当连接弧段质量较差时可能被剔除，从而造成孤立弧段或者孤立网络的出现，这种现象在研究区 PS 点稀疏的时候更容易出现。

为了增加弧段数量，提高网络的全局连通性，可以在 Delaunay 三角网的基础上进一步加密弧段(Ma et al., 2019)。加密网构建一般通过预先设定一距离阈值，只要两个 PS 候选点空间距离小于该阈值则连接，以此来加密 Delaunay 三角网。距离阈值的选择一般要考虑研究区的大气噪声和数据分辨率情况，对于中低分辨率卫星距离一般可设置为 1~2 km，对于高分辨率卫星距离可以设置为 500~1 000 m。根据加密的弧段方式又可以分为全加密和自适应加密两种方法。全加密是指连接一给定距离阈值内的任意两点，可以最大限度地保证网络连通性，又称为自由网，但是全加密会大幅度提高计算量，因此一般适用于 PS 点较少的监测区域(如跨海大桥)。自适应加密是指根据 PS 候选点密度对 Delaunay 三角网进行有针对性的加密。例如，在 PS 候选点密度比较高的区域，由于三角网弧段已经很密，一般都会达到连通效果，因此加密弧段可以设置少一点。而在 PS 候选点稀疏的地方，加密的弧段可以设置多一点，这样既可以同时提高网络连通性又可以保证后续解算效率。自适应加密适用于 PS 候选点分布不均的区域，如城区和郊区一起解算时，城区建筑密集，PS 点较多，加密弧段较少，而郊区 PS 点较少，加密弧段较多。在加密弧段时，因为距离相近的 PS 候选点一般相关性比较高，弧段质量也比较高，为了避免相近像素点再次连接，可以用一大一小两个同心圆设置一个圆环区域。如图 3.7(a)所示，绿色圈表示 PS 候选点，黑色实线表示 Delaunay 三角网保留弧段，黑色虚线表示 Delaunay 三角网中被剔除的弧段，弧段被剔除导致中间四个 PS 点形成孤立网。

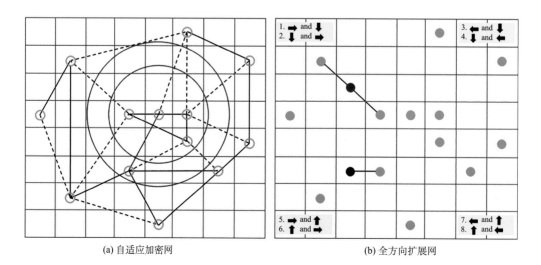

(a) 自适应加密网　　　　　　　　　　　(b) 全方向扩展网

图 3.7　二层网络设计示意图

连通中间四个孤立的 PS 点可以通过加密弧段来实现，其中，在小圆内的像素点两两之间无须进行加密，在圆环内的像素点可以选择自适应加密或者全加密，经过加密后的网络成功连通了中间的孤立 PS 点。圆环设置既保证了计算效率又保证了连通性，两个同心圆的半径大小要根据当地的大气水平来决定。

自适应加密主要有两种策略：第一种是在加密之前对研究区每个圆环区域的候选点个数进行统计，然后再决定自适应加密弧段的个数，但是这个统计过程比较费时，失去了自适应加密的优势。第二种是在加密之前就提前确定自适应加密弧段数和圆环区域内 PS 候选点个数的对应关系，这样可以在保证计算效率的同时实现自适应加密，其也是第一层网络中所采用的加密方法。如表 3.1 所示，将圆环区域内最多的 PS 候选点个数设为 1 000，当大于 1 000 个点时说明该区域内 PS 点比较密集，因此不用再加密，当 PS 候选点个数为 900～1 000 时，从中随机选择 100 个点进行加密，当 PS 候选点个数为 800～900 时，随机选择 200 个点进行加密，然后以此类推。当 PS 候选点个数少于 500 时，认为该区域 PS 点比较稀少，因此连接圆环区域内所有的 PS 候选点。图 3.8 显示了 Delaunay 三角网、自适应加密网和全加密网在深圳西部沿海区 PS 候选点的探测结果对比(Ma et al., 2019)，从图 3.8(b) Delaunay 三角网保留弧段的最大连通网结果上看，黄色椭圆内部由于 PS 候选点比较稀少、弧段质量比较差，因而造成弧段被剔除后形成孤立网，PS 候选点无法连接到最大连通网。这一部分对应着跨海大桥和海上输电塔，而图 3.8(d) 自适应加密网最大连通网和图 3.8(f) 全加密网最大连通网都成功探测了黄色椭圆内部的点，证明了弧段加密的有效性。从图 3.8 中可以看出，相对于全加密网，自适应加密网在 Delaunay 三角网弧段密集的城市区域加密数量少，而在 PS 候选点稀疏的跨海大桥和海上输电塔区域加密了较多的弧段，因此该实验中，相比全加密网，自适应加密网的计算效率提高了近 50 倍。

表 3.1 PS 候选点个数和加密弧段数的关系

项目	1	2	3	4	5	6	7	8	9	10	11
PS 候选点个数	<100	100～200	200～300	300～400	400～500	500～600	600～700	700～800	800～900	900～1 000	>1 000
加密弧段数	全部	全部	全部	全部	全部	500	400	300	200	100	0

3.3.3 M 估 计

经 3.2 节介绍，经典 PSInSAR 算法使用周期图法求解弧段相对参数，周期图法在参数解算时存在两个问题：第一是根据经验需要预先设置待求解参数的解搜索空间和步长，因此解算的结果有一个固定步长的误差，当步长设置较大时，误差会比较大，而当步长设置较小时，因采样的增多又会降低计算效率；第二是在解算过程中假设所有时序 SAR 影像质量一致，因此设置的权重也一致。而实际中每幅干涉图的质量不同，如在雨

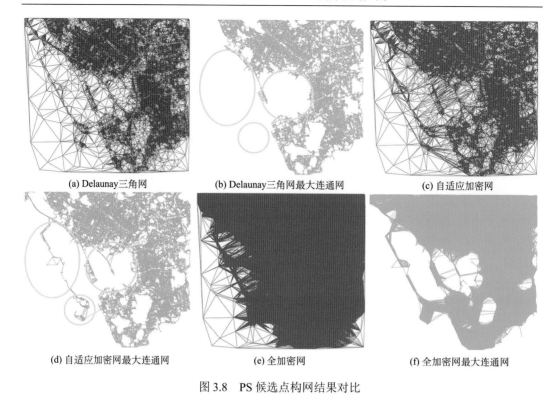

(a) Delaunay三角网　　　　　　(b) Delaunay三角网最大连通网　　　　　　(c) 自适应加密网

(d) 自适应加密网最大连通网　　　　　　(e) 全加密网　　　　　　(f) 全加密网最大连通网

图 3.8　PS 候选点构网结果对比

天或者空气湿度较高的时候获取的影像大气噪声比较大，因而造成干涉图质量比较差，质量差的影像在计算时会引入估计误差。为了解决这两个问题，可以联合使用周期图法和稳健的 M 估计算法替代单一的周期图法估算参数。首先利用周期图法求取时序相干系数，通过时序相干系数值来判断是否保留弧段。为了提高弧段判断标准，还可以设定残差相位标准差 std 阈值：

$$\text{std} = \sqrt{\frac{1}{N}\sum_{i=1}^{N}(R_i - \overline{R})^2} \qquad (3.15)$$

式中，R_i 为时序残差相位；$\overline{R}$ 为残差相位的平均值。如果大于时序相干系数阈值，同时残差相位标准差小于给定阈值，则保留弧段。根据前面描述，利用周期图法估计的弧段两端点的相对参数(包括高度和形变速度)可能受质量差的影像影响而估计不准。为了解决这个问题，首先假设去掉高度和形变相位项的残差相位已经是解缠的，然后通过预估的相对参数和残差信号进行时序相位解缠。当假设弧段相位已经解缠时，可以重新建立解缠相位 $\Delta\boldsymbol{\varphi}$ 与求解参数之间的关系：

$$\Delta\boldsymbol{\varphi} = \boldsymbol{DJ} \qquad (3.16)$$

式中，

$$\Delta\boldsymbol{\varphi} = \begin{bmatrix} \Delta\varphi_1 & \cdots & \Delta\varphi_N \end{bmatrix}^{\text{T}}$$

$$\boldsymbol{D} = \begin{bmatrix} \dfrac{4\pi b_1}{\lambda r_0 \sin \beta} & \dfrac{4\pi t_1}{\lambda} \\ \vdots & \vdots \\ \dfrac{4\pi b_N}{\lambda r_0 \sin \beta} & \dfrac{4\pi t_2}{\lambda} \end{bmatrix} \tag{3.17}$$

$$\boldsymbol{J} = \begin{bmatrix} \Delta h, \Delta v \end{bmatrix}^{\mathrm{T}}$$

通过重构等式关系可以直接利用最小二乘法再次解算参数：

$$J = \left(\boldsymbol{D}^{\mathrm{T}} \boldsymbol{D} \right)^{(-1)} \boldsymbol{D}^{\mathrm{T}} \Delta \boldsymbol{\varphi} \tag{3.18}$$

相对于周期图法，最小二乘法是在连续的解空间中求解参数，不需要设置搜索空间和步长。而考虑到影像信噪比低或者解缠误差会导致相位异常，为了降低解缠相位异常对最终参数估计的影响，可以采用迭代加权最小二乘法进行参数解算，也就是 M 估计算法(Huber, 1964)。M 估计在每次迭代时通过计算相位残差对每幅 SAR 影像重新定权，残差大的设置权重较小，从而提高参数估计精度。M 估计的算法流程如下。

(1) 设定初始加权矩阵为单位阵：$\boldsymbol{W}^l = \boldsymbol{I}_{\mathrm{M}}$，设定迭代次数为 $l = 0$。

(2) 利用迭代加权最小二乘法求解参数：

$$\boldsymbol{J}^l = \left(\boldsymbol{D}^{\mathrm{T}} \boldsymbol{W}^l \boldsymbol{D} \right)^{(-1)} \boldsymbol{D}^{\mathrm{T}} \boldsymbol{W}^l \Delta \boldsymbol{\varphi} \tag{3.19}$$

(3) 计算残余相位 $\boldsymbol{r}^l = \left[r_1^l, r_2^l, \cdots, r_N^l \right]^{\mathrm{T}}$ 和新的权重矩阵：$\boldsymbol{W}^{l+1} = \mathrm{diag}\left\{ w_i^{l+1} \right\}$，其中，

$$\boldsymbol{r}^l = \Delta \boldsymbol{\varphi} - \boldsymbol{D} \boldsymbol{J}^l$$

$$w_i^{l+1} = \begin{cases} 1, & \left| r_i^l \right| \leqslant C \\ \dfrac{C}{r_i^l}, & \left| r_i^l \right| > C \end{cases} \tag{3.20}$$

式中，常数 C 一般设为 1.345。

(4) 如果 $\left| \boldsymbol{J}^{l+1} - \boldsymbol{J}^l \right| < \varepsilon$（$\varepsilon$ 很小），则算法收敛，迭代结束；否则，转到第 2 步继续迭代。

相对于最小二乘估计器，M 估计器是一个有偏估计器，可以降低异常观测值对最终解算参数的影响。Ma 和 Lin(2016)选取一个像素点的时序形变速度拟合结果来验证 M 估计器的有效性，如图 3.9 所示，通过周期图法得到的解缠时序相位中有一个明显的异常值，这个异常值有可能是大气噪声引起的也有可能是解缠误差引起的，利用最小二乘估计器估计的形变速度为–0.2 mm/a，而 M 估计器估计的形变速度为–0.5 mm/a。很明显，相对于最小二乘估计器，M 估计器降低了异常值的影响，提高了形变速度曲线的拟合精度。从这层意义上讲，M 估计器尤其适用于大气影响比较严重的区域的监测，如中国南方多云多雨地区的城市基础设施监测，这些区域影像易受云雨天气的影响而造成图像质量降低。而 M 估计器对最终解算形变结果的影响也取决于研究区内含有解缠误差的弧段数量。根据经验，如果含有解缠误差的弧段数量比较少时，单个弧段的纠正对全局影响

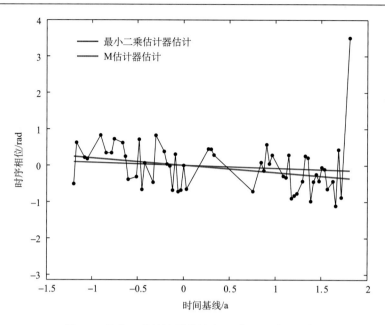

图 3.9 最小二乘估计器估计和 M 估计器估计比较

不大，但是此类弧段较多时可能影响到全局形变精度。另外，除了 M 估计器，其他的稳健估计算法（如 S 估计器）也可用于弧段相对量的稳健性估计，它们的主要区别在于定权的方式不同，在这里不再赘述。

3.3.4　岭估计平差

在解算完弧段之后，经典 PSInSAR 算法使用加权最小二乘法集成弧段相对量，同时能够平差掉局部大误差。当监测区域 PS 点比较密集、构网弧段数量比较多时，构造的平差矩阵 G 往往很大，极有可能造成求逆时的病态问题，从而造成全局误差。平差矩阵的病态问题反映了其条件数太大，矩阵的条件数是指最大特征值和最小特征值的比，也就是当最小特征值接近于 0 时，平差矩阵呈病态，这里反映的是矩阵向量的相关性比较高。当矩阵出现病态问题时，弧段解算的相对值中存在误差，病态矩阵的求逆会放大观测值误差，造成全局误差传播，因此在最小二乘平差形变速度结果中通常会看到全局误差的存在，即在稳定的区域内会出现大面积的下沉或者抬升。为了提高网络平差的稳健性，本方法中引入稳健的岭估计器替代加权最小二乘法进行平差运算。岭估计器也称为 T 正则化方法，其通过引入一个正则化因子 σ 来提高矩阵求逆的稳定性，这样最小二乘平差可以改为

$$X = \left(G^{\mathrm{T}}WG + \sigma I\right)^{(-1)} G^{\mathrm{T}}WH \tag{3.21}$$

式中，I 为单位矩阵。当平差矩阵最小特征值很小时，通过加上一个小的常数可以避免条件数过大，这样平差操作可以避免求逆时的不稳定性问题，提高估计的稳健性，降低全局误差。值得注意的是，当 σ 为 0 时，岭估计法即加权最小二乘法，当 σ 设置过大时，

虽然有利于提高全局参数估计精度，但是会造成局部比较大的误差。最优的 σ 可以通过 L 曲线确定(Hansen and O'Leary, 1993)，L 曲线通过平衡约束因子带来的放大误差以及近似解与精确解的误差来获取适合的参数值，但是在实际基础设施监测应用中，可以根据经验设置，一般设置为 0.0001～0.001，可以在不降低局部精度的前提下保证全局参数的估计精度和稳定性。

　　在估计形变速度时可以引入岭估计平差提高稳定性，在平差计算其他参数(如高度)时也可以使用岭估计平差提高高度估计的准确性。图 3.10 显示了 Ma 和 Lin(2016)的研究中使用温度相位模型时，高度、线性形变速度和热膨胀幅度参数加权最小二乘和岭估计平差的结果比较。从两者的差异图中可以看出，三个参数结果中都有一个趋势性的差异存在。首先衡量高度估计值准确性，利用 LiDAR 获取的数字表面模型(digital surface model，DSM)分别验证加权最小二乘和岭估计平差结果的精度。由于估计 PS 点高度估计结果中有误差，而且参考点的绝对高程也未知，因此地理编码后的 PS 点无法完全匹配到 LiDAR 三维模型中，这样如果验证所有的楼房高度会有很大的不确定性。为了避免 PS 点定位对结果比对带来的不确定性影响，该实验中手动选取比较高的 12 栋楼房进行

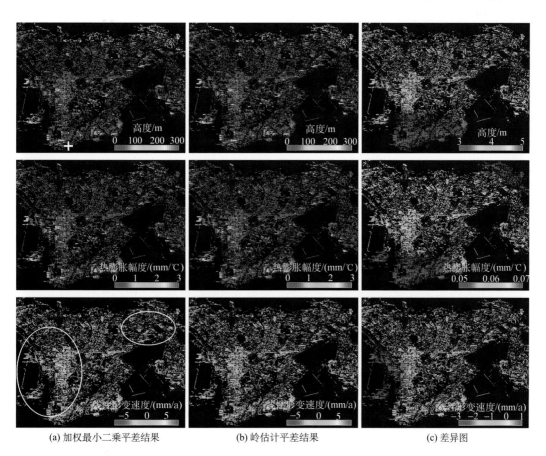

(a) 加权最小二乘平差结果　　　　　(b) 岭估计平差结果　　　　　(c) 差异图

图 3.10　平差结果比较

比较，如图 3.11 所示，将最高的楼房 B12 作为参考归到同一高度。比较的高度值来源于楼顶上最高的 PS 点高度和 LiDAR 三维模型中楼顶的最高点，这样可以尽量避免 PS 点定位带来的不确定性影响。当然，由于每栋楼房屋顶的结构不同，有可能最高的位置没有 PS 点，也有可能影响最终的高度精度。加权最小二乘法和岭估计法求解的高度与 LiDAR DSM 结果的比较见表 3.2，总体上，两个算法平差得到的高度精度都达到了米级水平，通过统计 RMSE 可以看出，岭估计法解算得到的高度精度（RMSE=2 m）要优于加权最小二乘平差结果（RMSE=3.1 m），由此可以说明岭估计法得到的高程可靠性更高。

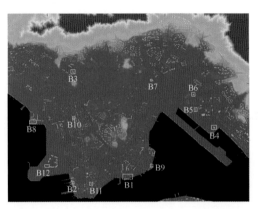
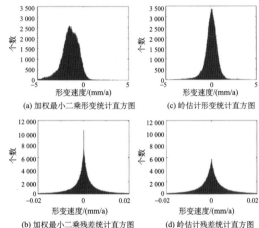

图 3.11　加权最小二乘和岭估计平差结果

表 3.2　岭估计和加权最小二乘平差高度结果比较

方法	B1/m	B2/m	B3/m	B4/m	B5/m	B6/m	B7/m	B8/m	B9/m	B10/m	B11/m	B12/m
LiDAR	67.2	132.3	134.9	142.1	146.9	160.2	179.4	182.2	235.4	259.2	264.5	488.6
加权最小二乘	65	129.2	134.1	139.6	148.4	158	178.2	180.7	231.9	259.3	256	488.6
岭估计	66.8	131.5	134.9	141.1	148.9	158.7	178.7	181.6	233.6	260.1	258.5	488.6

在图 3.10 的高度展示结果中，由于颜色条的设置，加权最小二乘法和岭估计法的差异并不明显。对于形变速度图，两种方法得到的结果差异最为明显。如图 3.10 中白色椭圆内所示，在加权最小二乘平差结果中基本为负值，说明有趋势性下沉，而事先已知该研究区域地面基本保持稳定状态，因此可以初步判断为全局误差。相比而言，岭估计法解算的白色椭圆内形变速度基本上接近于 0，没有趋势性误差存在。该趋势性异常形变能通过稳健估计器去除，进一步说明了它是误差项。从形变速度的直方图中也可以看出，岭估计平差结果要优于加权最小二乘平差结果，图 3.11(a) 所示加权最小二乘平差结果中形变速度正态性要低于图 3.11(c) 所示岭估计平差结果中得到的形变速度正态性，而形变速度的残差中，图 3.11(b) 加权最小二乘平差结果的正态性要高于图 3.11(d) 岭估计法，这是由于无偏估计的加权最小二乘法的基本假设就是残差符合正态分布，而导致解算值

不够正态。根据自然场景的基本假设可知，解算的形变速度一般要服从正态分布，因为大多数地面点是稳定的，因此可以判断岭估计法得到的结果更可靠。综上所述，虽然没有地面测量点验证形变结果，从形变结果的趋势和统计直方图中也说明岭估计法要优于加权最小二乘法。基于稳健估计器的岭估计平差操作提高了全局估计的稳健性，可以有效地降低全局误差，但在实际应用中，如果最小二乘平差之后有全局误差，也可以通过PS 点后处理进行去除，如利用一次项或二次项函数拟合全局误差再剔除。线性拟合去趋势方法和岭估计法在抑制全局误差方面通常有类似的效果，但是线性拟合去趋势项无理论依据，有可能错误地去除有效信息，目前它们之间的区别还不是很明确，在应用中应该根据实际情况判断。另外，当研究区域有长波形变信号时，岭估计法是否会错误地将真实长波信号剔除也有待研究，如在沿海软土地区，通常软土厚度会朝着海岸线方向增加，沉降也一般会有区域性趋势存在，在这种情况下，去趋势项应有所区分。因此，建议在实际应用中如果发现加权最小二乘平差结果中有趋势性误差，首先选择一个比较小的正则化参数，利用岭估计器进行稳健估计，如果结果中仍然有比较明显的趋势项，再根据研究区特点通过后处理去除。除了岭估计器，还有其他稳健估计算法可以用于解决平差中的病态问题，比较有代表性的是截断特征值分解(SVD)方法，将特征值按大小排序，通过截断小的特征值，求逆过程也可以解决由病态矩阵引起的全局估计误差。但是截断 SVD 方法首先需要对平差矩阵进行特征值分解，当平差矩阵比较大时，也就是 PS 点和弧段较多时，特征值分解效率极低，因此在实际应用中岭估计法更有效。

在基于二层网络 PS 点估计时，无须利用时空滤波方法估计并去除全局 APS，非线性形变保留在弧段残差相位中。如果要获取非线性形变，除了对高度、形变速度等参数进行平差外，还需要对残差相位进行平差，这样可以求解出每景 SAR 影像对应的时序形变量。时序形变量和高度、形变速度等参数一样，也可能受病态矩阵的影响导致趋势项误差，可以使用稳健估计器纠正全局误差。当然，这样求解的时序形变因没有去除 APS，受局部大气噪声影响在时间序列上变化往往比较剧烈，可以在后处理中使用时间低通滤波进一步去除大气噪声。

3.3.5　全方向扩展网

通过岭估计法可以确定第一层网络中的真实 PS 点，由于第一层网络中识别 PS 点阈值设置都比较严格，通过第一层网络可以实现研究区域最可靠 PS 点的探测，在大地测量中这些可以认为是一等水准网点。这些 PS 点在第二层网络中将作为参考点扩展研究区剩余的 PS 点，第二层网络探测出的 PS 点可以认为是二等水准网点。在构建第二层网络之前首先选取第二层网络的 PS 候选点，为了尽可能选取研究区的 PS 点来增加基础设施细节信息，一般使用强度阈值法进行候选点选择，因为所有 PS 点一般都具有强散射特征，强度阈值法可以剔除水体或者阴影区。当然在研究区域不大时，可以把所有剩余的像素点都当作第二层网络的 PS 候选点进行解算。在选取了第二层网络的 PS 候选点之后，利用星网结构将其连接到最近的参考 PS 点，星网的构建方法较为简单，首先是选择第一层网络中已经识别的 PS 点为中心参考点，将第二层网络中一给定距离阈值内所有的候选点与其相连。如图 3.12(a) 所示，红色点为第一层网络探测出的 PS 点，黑色弧段连接第二层网络中 PS 候选点到红色参考点。当距离阈值设置较大时，大气的空间异质性增强，长弧段连接的两点间无法有效地去除大气，因此星网只适合小范围局部区域参数解算。为了确定星网中合适的距离阈值，在设定阈值之前可以首先利用星网辅助检验研究区的大气噪声水平，具体是通过设定不同的距离阈值来衡量时序相干系数和距离的变化关系，最终确定时序相干系数低于设定阈值的极限距离，可以参考该距离剔除第二层网络的长弧段。在第二层网络连接之后，同样地通过周期图法进行相位稳定性分析，计算时序相干系数，根据设置的相干系数阈值决定该候选点是否为真实 PS 点，假如为真实 PS 点则保留弧段，否则剔除弧段。图 3.12(b) 蓝色弧段表示经过相位稳定性分析之后保留的弧段，连接点为真实 PS 点。周期图法解算出真实 PS 点的相对参数之后，再利用 M 估计器实现参数的稳健性估计，最终第二层网络中局部解算参数都是相对于第一层网络中探测的 PS 参考点，需要加回参考点参数值得到第二层网络 PS 点的最终参数。在这里，为了保证第二层网络扩展 PS 点的精度，可以将第二层网络 PS 候选点和多个参考点进行连接解算(Kampes, 2006)，通过解算参数的交叉验证确定真实 PS 点。具体而言，如果弧段经时序相干系数阈值分割后都得以保留且解算出的参数接近，则认为其为真实 PS 点，这样的操作保证了第二层网络中探测的 PS 点质量，但是降低了解算的效率。实际基础设施监测中，根据经验，第二层网络 PS 点扩展中一般选择单个参考点即可，因为即使单个参考点扩展的 PS 点质量比较低，也仅仅会产生局部误差，不会对全局精度造成影响。

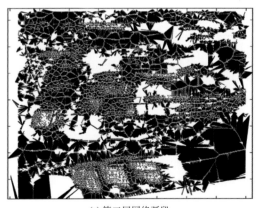 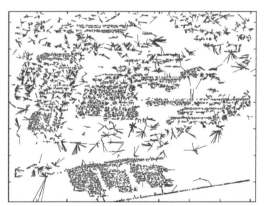

(a) 第二层网络弧段   (b) 保留弧段

图 3.12   第二层网络扩展 PS 点

在第一层网络探测的 PS 点比较稀疏或者分布不均的区域，当第二层网络解算时，往往因为第二层网络 PS 候选点距离参考点较远、大气误差严重而降低连接弧段的质量，因此无法实现研究区域 PS 点的全探测。这样的情况在对山区、高植被覆盖区以及某些沿海基础设施(如跨海大桥)监测时容易发生。为了充分识别出第二层网络中距离参考点较远的 PS 点，可以在空间连续构建弧段并逐步向外扩展，尽可能探测更多的 PS 点。具体方法是将第二层网络中新扩展的 PS 点及时更新为新的参考点，该参考点又可以连接相近的 PS 候选点，这样可以实现空间上连续递推扩展。在空间连续扩展判断新的像素点时，扩展方向可以先横向再纵向，也可以先纵向再横向，不同的扩展方向可以导致不同的扩展结果。在实际应用中，如果不是对计算效率要求特别高，可以依次从 SAR 影像四个角点出发，每个角点分别沿先横向再纵向和先纵向再横向两个方向扩展，如图 3.7(b) 所示，共沿八个方向进行 PS 点的空间全扩展。这样可以极大地提高空间点密度，增加基础设施的监测细节，此改进的扩展网称为全方向扩展网(Ma et al., 2019)。图 3.13 展示了深圳西部楼房聚集区及跨海大桥单方向和全方向扩展网探测的 PS 点分布结果，图3.13(a)中单方向扩展时剔除质量差的弧段导致一些 PS 点未被探测出来，造成一些楼房和跨海大桥部分结构未被检测出来，如白色箭头所示。而图 3.13(b) 全方向扩展网通过八个方向和空间连续扩展将单方向、空间不连续扩展中未被检测到的建筑结构全检测出来，完整地描述了基础设施的结构部件。

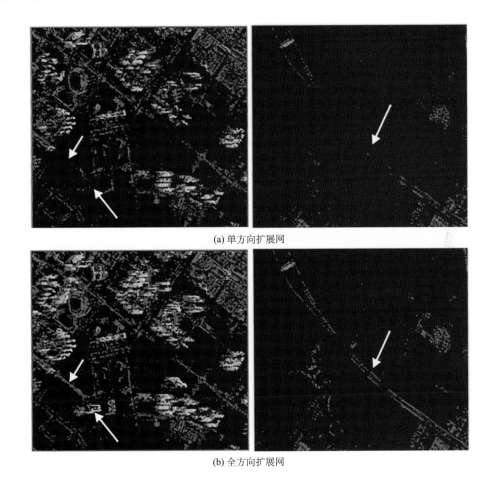

(a) 单方向扩展网

(b) 全方向扩展网

图 3.13　单方向和全方向扩展网探测的 PS 点分布结果对比

　　同样地，在二层构网解算得到的 PS 点因没有去除大气相位，所以最终得到的时序信号受大气影响比较严重，为了去处大气噪声的影响，可以根据大气时间高频特征，使用低通滤波方法(如高斯滤波)去除大气。因为时序滤波法容易在剔除噪声的同时削弱真实时序信号特征，尤其在复杂的基础设施形变反演中会错误地剔除有效信息。因此，建议在得到时序形变序列时，先通过对原始时序信号的经验判别来确定基础设施的时序变化特征，再根据真实时序变化特征设置滤波参数，这样可以在剔除噪声的同时保证时序形变细节信息。

3.4　本 章 小 结

本章介绍了用于基础设施时序形变反演的PSInSAR算法,相对于传统DInSAR算法,PSInSAR算法将形变监测精度从分米级提高到了厘米级至毫米级水平，满足了二等水准网点精度的要求。因此可以说，PSInSAR算法的提出，才使得城市基础设施健康监测成为可能。目前，针对 PS 点的探测策略有很多，最具代表性的就是经典 PSInSAR 算法，其通过幅度离差选点、构建 Delaunay 三角网、周期图法解算弧段相对参数、加权最小二乘平差、时空滤波去大气等操作，实现了 PS 点的有效探测以及参数的估计。除此之外，本章重点介绍了基于二层网络的 PS 探测方法，相对于经典 PSInSAR 算法来说，基于二层网络的 PS 探测方法无须全局时空滤波去大气就可以实现点的空间扩展。第一层网络构建中，在 Delaunay 三角网的基础上自适应加密弧段有利于解决孤立网的问题，在解算弧段相对参数时，利用了稳健的 M 估计器估计相对参数，M 估计器一方面通过加权操作抑制了低信噪比影像对最终解算精度的影响；另一方面实现了解空间的连续搜索。在平差集成相对量时，利用稳健的岭估计器解决了平差矩阵病态问题，减小了全局误差。第二层网络构建中使用全方向扩展，以第一层网络中的 PS 点为参考点，从 SAR 影像四个角点沿八个方向逐次扩展，并实时更新 PS 点作为新的参考点，实现空间上的连续扩展。

参 考 文 献

李德仁, 廖明生, 王艳. 2004. 永久散射体雷达干涉测量技术. 武汉大学学报·信息科学版, 29(8): 664-668.

林珲, 马培峰, 王伟玺. 2017. 监测城市基础设施健康的星载 MT-InSAR 方法介绍. 测绘学报, 46(10): 1421-1433.

朱建军, 李志伟, 胡俊. 2017. InSAR 变形监测方法与研究进展. 测绘学报,46(10): 1717-1733.

Costantini M, Falco S, Malvarosa F, et al. 2008. A new method for identification and analysis of persistent scatterers in series of SAR images. IEEE, 2: 449-452.

Costantini M. 1998. A novel phase unwrapping method based on network programming. IEEE Transactions on Geoscience and Remote Sensing, 36(3): 813-821.

Crosetto M, Monserrat O, Cuevas-González M, et al. 2016. Persistent scatterer interferometry: a review. ISPRS Journal of Photogrammetry and Remote Sensing, 115: 78-89.

Delaunay B. 1934. Sur la sphere vide. Izv. Akad. Nauk SSSR, Otdelenie Matematicheskii i Estestvennyka Nauk, 7(793-800): 1-2.

Ferretti A, Prati C, Rocca F. 2000. Nonlinear subsidence rate estimation using permanent scatterers in differential SAR interferometry. IEEE Transactions on Geoscience and Remote Sensing, 38(5): 2202-2212.

Ferretti A, Prati C, Rocca F. 2001. Permanent scatterers in SAR interferometry. IEEE Transactions on Geoscience and Remote Sensing, 39(1): 8-20.

Ferretti A, Savio G, Barzaghi R, et al. 2007. Submillimeter accuracy of InSAR time series: experimental validation. IEEE Transactions on Geoscience and Remote Sensing, 45(5): 1142-1153.

Goldstein R M, Zebker H A, Werner C L. 1988. Satellite radar interferometry: two-dimensional phase unwrapping. Radio Science, 23(4): 713-720.

Hansen P C, O'leary D P. 1993. The use of the L-curve in the regularization of discrete ill-posed problems. SIAM Journal on Scientific Computing, 14(6): 1487-1503.

Huber P J. 1964. Robust estimation of a location parameter. The Annals of Mathematical Statistics, 35(1): 73-101.

Kampes B. 2006. Radar Interferometry: Persistent Scatterers Technique. The Netherlands: Springer.

Ma P, Lin H. 2016. Robust detection of single and double persistent scatterers in urban built environments. IEEE Transactions on Geoscience and Remote Sensing, 54(4): 2124-2139.

Ma P, Liu Y, Wang W, et al. 2019. Optimization of PSInSAR networks with application to TomoSAR for full detection of single and double persistent scatterers. Remote Sensing Letters, 10(8): 717-725.

Monserrat O, Crosetto M, Cuevas M, et al. 2011. The thermal expansion component of persistent scatterer interferometry observations. IEEE Geoscience and Remote Sensing Letters, 8(5): 864-868.

Perissin D, Teng W. 2012. Repeat-pass sar interferometry with partially coherent targets. IEEE Transactions on Geoscience and Remote Sensing, 50(1): 271-280.

Perissin D, Wang Z, Lin H. 2012. Shanghai subway tunnels and highways monitoring through Cosmo-SkyMed Persistent Scatterers. ISPRS Journal of Photogrammetry and Remote Sensing, 73: 58-67.

Sandwell D T, Price E J. 1998. Phase gradient approach to stacking interferograms. Journal of Geophysical Research-all Series, 103: 30, 183-130, 204.

Werner C, Wegmuller U, Strozzi T, et al. 2003. Interferometric point target analysis for deformation mapping. IEEE, 7: 4362-4364.

Zhang L, Ding X, Lu Z. 2011. Modeling PSInSAR time series without phase unwrapping. IEEE Transactions on Geoscience and Remote Sensing, 49(1): 547-556.

第4章　分布式散射体干涉测量

4.1　分布式散射体统计模型

分布式散射体(distributed scatterer, DS)表示一个包含所有基本散射体的散射幅度值相近、没有主导散射体的散射单元，对应像素的散射值等于所有基本散射体散射值的矢量和。DS 一般分布在低相干区域，如城市郊区和山区，城市的中小型植被区域和路面等也可以视为 DS 点。图 4.1 为 DS 与 PS 的区别示意图，图 4.2 给出了典型的 DS 点地物目标。基于 DS 点探测的方法统称为分布式散射体干涉测量(DSInSAR)。Berardino 等(2002)提出的小基线集(SBAS)算法，和 Hopper 等(2004)提出的 StaMPS 算法是最早将DS 点作为监测点实现地表形变提取的算法。这两种算法一方面通过时空基线的优化选择提高干涉图相干性；另一方面，通过大量的空间多视以及空间滤波操作提升干涉图质量，选取高相干性目标作为监测的 DS 点，以保证空间相位解缠的可靠性。但是这种依赖过度滤波策略以损失空间分辨率为代价，通常只适用于大范围的形变监测，难以运用

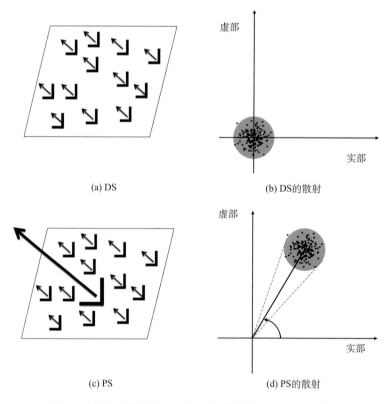

(a) DS　　　　　　　　　　　　(b) DS的散射

(c) PS　　　　　　　　　　　　(d) PS的散射

图 4.1　分布式散射体(DS)与永久散射体(PS)对比示意图

图 4.2　DS 点典型地物

到精细化的基础设施监测(廖明生等, 2006；林珲等, 2017, 2011)。Ferretti 等 (2011) 创新
性地提出了 SqueeSAR 算法，其通过对干涉图相位的同质滤波，在保证空间分辨率的前
提下实现 DS 点的探测，进而实现了 PS 与 DS 点的联合形变求解，因此该算法也称为第
二代 PSInSAR。得益于 SqueeSAR 算法扩展监测点数量的同时保证了空间分辨率的特性，
SqueeSAR 算法更适合于基础设施的监测。

　　DSInSAR 处理算法的核心步骤是同质滤波，同质滤波主要包括同质点判别和相位重
建两个步骤。同质点判别是通过假设检验的方法实现的，将在一定区域内找到的与参考
点具有相同统计分布的像素点称为同质点。判别方法主要包括无参数假设检验和有参数
假设检验算法。无参数假设检验算法不假设数据服从特定的分布，从样本中学习概率分
布函数并验证假设，该类方法一般需要的样本数量较大。无参数假设检验算法主要包括
双样本 Kolmogorov-Smirnov (KS) 检验、Anderson-Darling (AD) 检验等算法。有参数假设
检验算法可以判断一个样本是否服从某特定分布，在数据分布已知的情况下，有参数假
设检验算法的有效性更高，需要的样本数量也更少。对于 InSAR 应用，最常见的先验分
布是复高斯分布，具有复高斯分布的变量，其振幅具有瑞利分布。有参数假设检验通常
是在上述假设下展开。SqueeSAR 利用 KS 假设检验方法识别同质点，KS 检验具有无参

性和易实现的特点，但是对样本尾部和分布位置不敏感。为了提高假设检验结果的可靠性，众多学者相继提出了 AD 检验(Pettitt, 1976)和基于幅度瑞利分布检验(Jiang et al., 2014)等判别方法。Parizzi 和 Brcic(2010)对几种无参数和有参数假设检验的代表性方法进行了对比。

相位重建时，SqueeSAR 利用协方差矩阵，通过最大似然估计(maximum likelihood estimation, MLE)方法对该问题进行建模，并采用迭代 BFGS(broyden-fletcher-goldfarb-shanno)算法对模型进行求解。由于 BFGS 效率低，SqueeSAR 形变求解速度相对于经典 PSInSAR 算法慢了近四倍(Ferretti et al., 2011)。为了提高相位重建的效率，Guarnieri 和 Tebaldini(2008)提出了一种迭代的闭合 Phase-Linking 算法，有效地提升了算法求解速率。在同质点估算的协方差矩阵的基础上，Fornaro 等(2014)提出 CEASAR 算法对协方差矩阵进行特征值分解，提取分解的第一个分量作为主分量，得到相位同质滤波结果，同时提取分解的第二个分量作为叠掩散射体的相位结果。Cao 等(2015b)将特征值分解方法扩展到相干矩阵。

相比单独 PS 点的探测，PS 点和 DS 点的联合探测可以使空间点密度提高 5～10 倍(Ferretti et al., 2011 ; Shi et al., 2020)，但同时也增加了多基线数据处理的复杂度。一方面，DS 点相位重建过程复杂且效率低；另一方面，点的增多增加了参数解算的负担，尤其在使用高分辨率 SAR 数据时，每平方千米解算点个数可以达到几万甚至十几万个。如何有效地实现 DS 点同质滤波和 PS 与 DS 的联合求解成为限制 DSInSAR 算法大范围应用的重要问题。本章从 DS 的统计特性出发，依次讨论 DSInSAR 时序处理算法中的几个重要问题，包括同质点选择与相干矩阵估计、相位重建以及最终的形变解算。

所谓 DS 点信号是指一个像素内所有基本散射体的散射信号相干累加和。换言之，一个像素单元包含的复信号 y(包含幅度和相位)可以写成分辨单元内若干个基础小散射体的复信号 y_i 的加权累加：

$$y = A\exp(j\psi) = \sum_i a_i \exp(\varsigma_i) = \sum_i \text{Re}(y_i) + j\sum_i \text{Im}(y_i) \tag{4.1}$$

式中，A 和 ψ 分别为像素单元复信号的幅度和相位；a_i 和 ς_i 分别为分辨单元中小散射体 i 对应的反射幅度和相位。每个小散射体相位 ς_i 为相对位置和介电特性的函数。尽管复信号 y 的相位和幅度本质上是确定性的量，即如果在相同条件下重复进行测量，它们将是不变的，但它们是不可预测的，因此无法以确定性的方式进行数学描述。所以，应采用随机模型而不是确定模型对分布式目标进行建模。假设基本散射体在分辨单元中的位置和分布是随机的，则若干个基本散射体的复信号的总和 y 是 Wiener 过程或随机游走过程产生的向量。根据中心极限理论，当分辨单元内基本散射体的个数足够多时，DS 点复向量是复高斯随机变量。Goodman(1976)证明了在一定的假设下，SLC 的复数据服从以 0 为均值的复高斯分布，这些假设如下：①每个像素单元包含的基本散射体是独立的；②对于每个基本散射体，它们的幅度和相位分布是独立的；③基本散射体的相位在 $-\pi \sim \pi$ 服从均匀分布；④所有的基本散射体的散射幅度值相近，也就是在一个分辨单元中没有主导散射体。这些假设通常适用于表面粗糙度与雷达波长相当的区域，以及分布均匀的自然景观(如农田、森林和沙漠)。DS 点基本符合上述假设，因此 DS 点的复数据服从以 0 为均值的复高斯分布。假设共有 N 景时序影像，任一 DS 点对应的复数据向量 $\boldsymbol{y} = [y_1, y_2, \cdots, y_2]^T$ 服从复高斯分布，其概率密度函数可以表示为

$$f(y) = \frac{1}{\pi^N |Q_y|} \exp\left(-\boldsymbol{y}^H Q_y^{-1} \boldsymbol{y}\right) \tag{4.2}$$

式中，$\boldsymbol{Q}_y = \boldsymbol{D}\{\boldsymbol{y}\} = \boldsymbol{E}\{\boldsymbol{y}\boldsymbol{y}^*\}$ 为 $N \times N$ 大小的复协方差矩阵，可以表示为

$$\boldsymbol{Q}_y = \begin{bmatrix} E\{|y_1|^2\} & \gamma_{1,2}\sqrt{E\{|y_1|^2\}E\{|y_2|^2\}} & \cdots & \gamma_{1,N}\sqrt{E\{|y_1|^2\}E\{|y_N|^2\}} \\ \gamma_{1,2}^*\sqrt{E\{|y_1|^2\}E\{|y_2|^2\}} & E\{|y_2|^2\} & \cdots & \gamma_{2,N}\sqrt{E\{|y_2|^2\}E\{|y_N|^2\}} \\ \vdots & \vdots & & \vdots \\ \gamma_{1,N}^*\sqrt{E\{|P_1|^2\}E\{|P_N|^2\}} & \gamma_{2,N}^*\sqrt{E\{|y_1|^2\}E\{|y_N|^2\}} & \cdots & E\{|y_N|^2\} \end{bmatrix}$$

$$\tag{4.3}$$

式中，$E\{\cdot\}$ 表示期望；γ 为复相关系数，也称为相干系数。

$$\gamma_{i,j} = \frac{E\{y_i y_j^*\}}{\sqrt{E\{|y_i|^2\}E\{|y_j|^2\}}} = |\gamma_{ij}|\exp(j\varphi_{ij}) \tag{4.4}$$

式中，$|\gamma_{ij}|$ 为两幅图像的相干系数值；φ_{ij} 为复干涉图期望的干涉相位。相干系数在 $0\sim 1$，其衡量了两个信号之间噪声的相似程度。相干系数的绝对值表示两个信号的噪声分量更接近，也就意味着干涉操作中的复共轭相乘操作可以去掉大多数的噪声信号。单纯包含复相干系数的矩阵称为相干矩阵，表示为

$$\boldsymbol{\varGamma}_y = \begin{bmatrix} 1 & \gamma_{1,2} & \cdots & \gamma_{1,N} \\ \gamma_{1,2}^* & 1 & \cdots & \gamma_{2,N} \\ \vdots & \vdots & & \vdots \\ \gamma_{1,N}^* & \gamma_{2,N}^* & \cdots & 1 \end{bmatrix} \tag{4.5}$$

相干矩阵 $\boldsymbol{\varGamma}_y$ 为 Hermitian 矩阵，协方差矩阵即相干系数矩阵和强度矩阵的 Hadamard 积：

$$\boldsymbol{Q}_y = \boldsymbol{\varGamma}_y \circ \overline{I} \tag{4.6}$$

式中，$\overline{I}$ 为目标散射信号强度的期望矩阵，$\overline{I}_{i,j} = \sqrt{E\{|y_i|^2\}E\{|y_j|^2\}}$，将信号幅度进行归一化后，估计得到的协方差矩阵即相干矩阵。

如果将复相关系数中的复干涉图的期望对应的干涉相位分解成来自两幅图像 i 和 j 对应的独立的相位，复相关系数可以改写成：

$$\gamma_{i,j} = |\gamma_{i,j}|\exp\left[j(\varphi_i - \varphi_j)\right] \tag{4.7}$$

式中，φ_i 和 φ_j 分别为对应的 SLC 数据中与距离相关的相位项和大气相位项的叠加。基

于上面的复相干系数表达，相干矩阵 $\boldsymbol{\Gamma}_y$ 的另一种表达可以写成：

$$\boldsymbol{\Gamma}_y = \boldsymbol{\Psi}\boldsymbol{\Upsilon}\boldsymbol{\Psi}^* \tag{4.8}$$

式中，$\boldsymbol{\Upsilon}$ 为相干系数矩阵；$\boldsymbol{\Psi}$ 为 $N \times N$ 大小的复对角阵，对角元素 $\Psi_{i,i} = \exp(j\varphi_i)$。因此，SLC 数据的概率密度函数可以写成：

$$f(y) = \frac{1}{\pi^N \left| \boldsymbol{\Psi}\boldsymbol{\Upsilon}\boldsymbol{\Psi}^* \circ \bar{I} \right|} \exp\left[-y^* \left(\boldsymbol{\Psi}\boldsymbol{\Upsilon}\boldsymbol{\Psi}^* \circ \bar{I} \right)^{-1} y \right] \tag{4.9}$$

式中，操作符 ∘ 表示矩阵逐元素相乘，复相干矩阵的行列式是不会随着相位矩阵 $\boldsymbol{\Psi}$ 的变化而变化的（Guarnieri and Tebaldini, 2008）。因此，上述概率密度函数可以写成条件概率的形式：

$$f(y \mid \boldsymbol{\Psi}) = a \cdot \exp\left[-y^* \left(\boldsymbol{\Psi}\boldsymbol{\Upsilon}\boldsymbol{\Psi}^* \circ \bar{I} \right)^{-1} y \right] \tag{4.10}$$

式中，a 为常量。对于幅度归一化后的复数据，矩阵 $\bar{I}$ 是全 1 矩阵，可以从上述表达式中去掉，因此数据集的概率密度函数可以转化为

$$f(y \mid \boldsymbol{\Psi}) = a \cdot \exp\left[-y^* \boldsymbol{\Psi}\boldsymbol{\Upsilon}^{-1}\boldsymbol{\Psi}^* y \right] \tag{4.11}$$

当 $N=1$ 时，复高斯分布的概率密度函数可以简化为

$$f(y) = \frac{1}{\pi 2\sigma^2} \exp\left[-\frac{\mathrm{Re}(y)^2 + \mathrm{Im}(y)^2}{2\sigma^2} \right] \tag{4.12}$$

式中，$\sigma^2 = \sigma_{\mathrm{Re}(y)}^2 = \sigma_{\mathrm{Im}(y)}^2 = 0.5\mathrm{E}\left\{ |y|^2 \right\}$。方差与 DS 点的强度期望相关，而强度期望又取决于分辨单元中散射体的雷达散射截面。因此，复数向量 y 可以用幅度 A 和相位 ψ 表示为：$y = A\exp(j\psi)$，而幅度和相位的联合概率密度函数可以表示成：

$$f(A,\psi) = \begin{cases} \dfrac{A}{\pi 2\sigma^2} \exp\left(-\dfrac{A}{2\sigma^2} \right), & A \geqslant 0 - \pi, \ \psi \leqslant \pi \\ 0, & \text{其他} \end{cases} \tag{4.13}$$

利用上述概率密度函数分别对幅度 A 和相位 ψ 进行积分，可得到幅度和相位的分布 $f(A)$、$f(\psi)$ 如下：

$$f(A) = \begin{cases} \dfrac{A}{\sigma^2} \exp\left(-\dfrac{A^2}{2\sigma^2} \right), & A \geqslant 0 \\ 0, & \text{其他} \end{cases} \tag{4.14}$$

$$f(\psi) = \begin{cases} \dfrac{1}{2\pi}, & -\pi \leqslant \varphi \leqslant \pi \\ 0, & \text{其他} \end{cases} \tag{4.15}$$

从上述公式可以看出，幅度服从瑞利分布，相位服从 $-\pi \sim \pi$ 的均匀分布，强度

$p = A^2$ 服从指数分布。

$$f(p) = \begin{cases} \dfrac{1}{2\sigma^2}\exp\left(-\dfrac{p}{2\sigma^2}\right), & p \geqslant 0 \\ 0, & \text{其他} \end{cases} \qquad (4.16)$$

4.2　同质点选择

DS 目标在 SAR 影像上表现为散射特性均一、统计分布相同的邻接像元。因此，优化 DS 点相位时需要先确定 DS 目标空间扩展结构。检测 DS 目标空间扩展结构特征的关键在于如何有效地选择目标像元的同质点集合。

基于平稳性假设，判断两个像元是否具有相同的分布特性本质上是检验样本数据之间的拟合程度，通常采用基于假设检验的方法实现。假设检验的基本思想是：若对总体的某个假设是真实的，那么不利于或者不能支持这一假设的事件 A 在一次试验中是几乎不可能发生的，如果事件 A 真的发生了，则有理由怀疑这一假设的真实性，从而拒绝该假设。假设检验是用来判断样本与样本、样本与总体的差异是由抽样误差引起的还是由本质差别造成的统计推断方法。其基本原理是先对总体的特征做出某种假设，然后通过抽样研究的统计推理对该假设应该被拒绝还是被接受做出推断。在对同质点判别时，假设可调整为判断两个点的分布是否一致。假定样本 p 与样本 q 分别来自于分布 F_p 和 F_q，则判断的原假设 H_0 和备择假设 H_1 分别为

$$H_0 : F_p = F_q, \quad H_1 : F_p \neq F_q \qquad (4.17)$$

当假设检验的验证显著水平大于设定阈值时，接受原假设；反之，接受备择假设。

在传统的两景干涉技术中，像元间的相似性检测是基于空间像元展开的，最常用的两种方法包括区域增长法(Nicolas et al., 2001)与 NL-InSAR(Deledalle et al., 2010)。区域增长法是基于 SAR 影像的强度图像服从瑞利分布的假设，利用置信区间来判断像元间的相似性的。然而，在实际中，由于 SAR 影像中相干斑的影响，实际强度值往往服从重尾分布(如重尾瑞利、K 分布等)，因此基于瑞利分布设定的置信区间很难准确地划分像元。NL-InSAR 算法则基于复数 SAR 影像中像元服从零均值高斯的假设，同时考虑幅度与干涉相位信息，于是给出了像元块间的相似性度量。利用基于该相似度检验的非局部加权滤波处理使滤波后的干涉图具有较好的降噪和边缘保持效果。

与传统的 InSAR 技术只有空间信息可以利用相比，多时序 SAR 影像中的像元信息可以看成是时间维上不规则采样得到的样本数据。进行像元相似性检测时，可以利用像元的时间维向量信息进行同质点的选择。

在实际处理中，同质点选择的基本流程如下：①时序 SAR 影像配准。构建影像间的空间位置对应关系。②幅度定标。时序 SAR 影像幅度定标分为绝对定标和相对定标。绝对定标参数依据对地物后向散射强度进行估计，而相对定标是建立影像间幅度信息的可比性。为消除由传感器与成像单元间相对位置变化导致的后向散射回波能量的波动，定标是必不可少的。在实际操作中，通常进行幅度的相对定标。③设置搜索窗口大小。通

常需要针对不同分辨率的数据设置不同的搜索窗口。一般而言，处理分辨率高的 SAR 影像时，窗口大小设置相对较大。另外，分布式目标最终获取的是目标尺度上的形变信息，因此窗口的设置需要同时考虑大气和形变相关性尺度的影响。④同质点判定。在搜索窗口内，利用选定的检验方法逐像元地检验其与目标像元间的相似性。

所选检验方法的有效性是同质点选择的关键。同质点的判别方法分为无参数方法和有参数方法。一般情况下，参数假设检验比非参数假设检验在序列样本同分布时的检测效果更好。而 SAR 时序影像幅度样本的统计性质并不确定，在实际处理中，非参数假设检验表现出更好的适用性。其中，非参数方法包括 Kullback-Leibler divergence 检验、KS 检验、AD 检验等，其中 KS 检验和 AD 检验是最常用的两种假设检验算法。下面分别对主要的检验算法进行介绍。

4.2.1　非参数同质点检验算法

利用非参数假设检验判断像元间是否具有同分布特征时，还需要注意：①在时序 SAR 影像幅度向量中，随时间变化的像元属性使得其时间维样本很难服从完全一致的分布；②在设定的显性水平条件下，检验准确度随样本数量的增加而提高。

1. Kolmogorov-Smirnov(KS)检验算法

KS 检验算法是一种易于实现的无参假设检验方法。其中，单样本 KS 检验算法可以将一个变量的累计分布函数与特定分布进行比较，如高斯(Gaussian)分布、均匀(uniform)分布、泊松(Poisson)分布、指数(exponential)分布等，从而判断变量符合哪一特定分布。而双样本 KS 检验算法不假设信号服从特定分布，而是分别比较两个变量是否符合同一分布。SqueeSAR 算法中的 Despeckle 处理就是使用双样本 KS 假设检验算法，比较两个像素时序幅度是否符合同一分布。假设一个像素 p 的复数据向量为

$$\boldsymbol{d}(p)=\left[d_1(p),d_2(p),\cdots,d_N(p)\right]^{\mathrm{T}} \tag{4.18}$$

如果在一定的显著水平(α)条件下，两个像素的数据向量 $\boldsymbol{d}(p)$ 和 $\boldsymbol{d}(q)$ 服从同样的概率分布，也就是接受 H_0 假设，则这两个像素被认为是同质点。由于 KS 检验算法只需要检验实数向量，因此取复数据的幅度信息 $x=|\boldsymbol{d}|$（x 是从小到大排序的幅度值）进行判断。因为幅度稳定性在某种程度上可以表示相位稳定性，幅度信息的累计分布函数 $F(X)$ 可以表示为

$$F(X)=\begin{cases}0, & \text{当 } X<x_1 \\ \dfrac{k}{N}, & \text{当 } x_k \leqslant X<x_{k+1} \\ 1, & \text{当 } X \geqslant x_N\end{cases} \tag{4.19}$$

KS 检验算法计算两个像素点累计分布函数的最大绝对差异 D_N：

$$D_N = \sqrt{\frac{N}{2}} \sup_{x \in R} \left| S_N^p(x) - S_N^q(x) \right| \tag{4.20}$$

D_N 的累积概率分布函数为

$$P(D_N \leqslant t) = H(t) = 1 - 2\sum_{N=1}^{+\infty} (-1)^{N-1} \mathrm{e}^{-2N^2 t^2} \tag{4.21}$$

对应的显著水平 α 为

$$\alpha = 1 - H(t) \tag{4.22}$$

KS 检验算法中，如果 $D_N < c$，则两个像素被认为是同质点，其中 c 是显著水平为 α、样本容量为 N 时的拒绝临界值。KS 检验算法利用经验分布函数来确定两个样本的分布是否是相同的分布，对样本的分布没有特定的要求，易于实现。双样本的 KS 检验算法可以直接通过 MATLAB 中的 kstest2 函数实现，其默认的显著水平为 0.05。得益于 KS 检验算法的实现简单、速度快以及无特定分布假设的优势，目前 KS 检验算法是同质点选择的最主流手段。但是 KS 检验算法对样本的尾部和分布位置不敏感，对于重尾分布模型(尾部存在差异的分布)的区分能力差并且会导致较大的误判概率。

2. Anderson-Darling(AD)检验算法

AD 检验算法和 KS 检验算法具有相同的原假设和备择假设，AD 检验算法也是利用经验累计分布函数判断像素的相关性，使用的差异度量准则可以表示为

$$D_N = \frac{N}{2} \sum_A \frac{\left[S_N^p(x) - S_N^q(x) \right]^2}{S_N^{pq}(x) \left[1 - S_N^{pq}(x) \right]} \tag{4.23}$$

式中，$S_N^{pq}(x)$ 为两个像素时序幅度合并的累计分布函数。相对于 KS 假设检验算法，AD 检验算法赋予了尾部较大的权重，提高了验证结果的可靠性。Parizzi 和 Brcic(2010)通过模拟实验表明，在相同影像个数的条件下，AD 检验算法在幅度样本同分布特性方面比 KS 检验算法具有更高的检验准确度。

图 4.3 给出了 KS 检验算法和 AD 检验算法基于不同样本个数的检验正确率。为保证结果的可靠性，每次实验重复 1 000 次。在实验中，两种算法的显著性差异水平均设为 5%。时间维幅度样本基于瑞利分布进行仿真，横坐标 σ_2/σ_1 表示两组数据间的方差比。从图 4.3 中可以看出，在同一方差比下，两者的检验准确度随着样本数的增加而提高，并且在相同样本数情况下，AD 检验算法比 KS 检验算法具有更好的效果；在相同样本数情况下，两者的检验准确度随着数组对比度的提高而增加；在小样本情况下，两者的检验准确度均较低。

由数值实验可知，当 SAR 影像数量较多时，可以获取可靠的同质点集。自适应多视处理基于同质点集进行相干估计，使参与计算的样本与中心像元具有相似的统计特征，有效地避免了点状目标在窗估计中引起的相干传播现象，使得获取的相干图可以在保持精度的同时不损失影像的分辨率。而当影像景数较少(少于 20)时，基于时间维幅度向量

的方法检验效果较差，这使得许多异质点都包含在同质点集中，造成所估相干图的精度降低和分辨率损失。

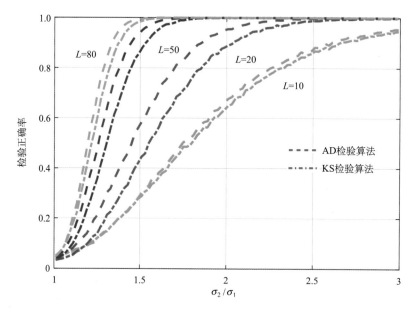

图 4.3 瑞利分布下两种检验算法的检验正确率

4.2.2 参数同质点检验算法

相对于非参数假设检验算法，参数假设检验算法判断数据样本是否服从某一特定分布，一般是基于复数据的复高斯假设，幅度值服从瑞利分布来进行判断。参数假设检验算法无须对累计分布函数进行重建，相对于非参数假设检验算法提高了计算效率。

1. 基于幅度平均值假设检验算法

幅度的瑞利分布可以表示为

$$f(A) = \frac{A}{\sigma_n^2} \exp\left(-\frac{A}{2\sigma_n^2}\right) \tag{4.24}$$

式中，期望和方差可以分别表示为

$$E\{A\} = \sqrt{\frac{\pi}{2}}\sigma_n, \quad D\{A\} = \frac{4-\pi}{2}\sigma_n^2 \tag{4.25}$$

标准差和平均幅度的比可以称为方差系数：

$$\mathrm{CV}_A = \frac{\sqrt{D\{A\}}}{E\{A\}} = \sqrt{\frac{4-\pi}{\pi}} \approx 0.52 \tag{4.26}$$

假设有 N 幅影像，幅度的平均值 $\overline{A}_P$ 可以表示为

$$\overline{A}_P = \frac{1}{N}\sum_{i=1}^{N} A_{p,i} \tag{4.27}$$

假设数据样本足够多，也就是 N 足够大，根据中心极限理论，估计的 $\overline{A}_P$ 服从高斯分布，平均值和方差分别为

$$E\{\overline{A}_P\} = u_{A_P} = \sqrt{\frac{\pi}{2}}\sigma_n, \quad D\{\overline{A}_P\} = \frac{\sigma_{A_P}^2}{N} = \frac{4-\pi}{2N}\sigma_n^2 \tag{4.28}$$

为了检验两个像素 P 和 Q 是否是同分布，原假设和备择假设分别为

$$H_0 : E\{\overline{A}_P\} = u_{A_P}, \quad H_1 : E\{\overline{A}_P\} \neq u_{A_P} \tag{4.29}$$

检验统计指标可以表示为

$$T_{\text{mean}} = \frac{(\overline{A}_P - u_{A_P})\sqrt{N}}{\sigma_{A_P}} \tag{4.30}$$

式中，T_{mean} 服从标准的正态分布，通过判断 T_{mean} 的阈值来判断两个像素是否为同质点。

2. 基于幅度方差假设检验算法

Parizzi 和 Brcic(2010) 提出了广义似然比检验算法，该算法也假设幅度服从瑞利分布，利用幅度方差进行分析，原假设和备择假设为

$$H_0 : \sigma_{A_p}^2 = \sigma_{A_q}^2, \quad H_1 : \sigma_{A_p}^2 \neq \sigma_{A_q}^2 \tag{4.31}$$

利用广义似然比方法进行统计：

$$T_{\text{var}} = N\left[2\ln\left(\sigma_{A_{pq}}^2\right) - \ln\left(\sigma_{A_p}^2\right) - \ln\left(\sigma_{A_q}^2\right)\right] \tag{4.32}$$

式中，$\sigma_{A_p}^2$ 和 $\sigma_{A_q}^2$ 分别为像素 p 和像素 q 的幅度方差；$\sigma_{A_{pq}}^2$ 为两个像素幅度结合的方差。Parizzi 和 Brcic(2010) 证明在图像数量较少的情况下，该算法比非参数算法更有效。

4.3 DS 目标的相位重建

分布式目标的相位随机性较大，提取信息之前需要先进行相位重建，以提升干涉信号的质量。部分经过相位重建的分布式目标可用于地表形变监测，从而扩大时序 InSAR 技术的应用范围。DS 目标的相位重建是从 DS 像素中提取信息的关键处理步骤。DS 目标的相位重建是指利用每个像素上若干多主图像的干涉相位来估计单主图像相位序列，所估计的相位只包含与目标和传感器之间的路径长度差异项相关的相位，从而实现对干涉相位中去相关噪声的去除。原则上，相位重建可以在相位解缠之后进行，也可以在相位解缠之前进行。在相位解缠之后进行相位重建的策略被 SBAS 算法所采用，SBAS 算法对解缠后的短基线干涉图构建线性方程，通过解线性方程的形式实现了单主图像的相位重建。与上述线性方程相比，在相位解缠之前进行相位重建显得困难得多。由于观测

相位本身的缠绕特性，观测信号与未知参数之间的函数关系是高度非线性的，因此需要更多更高级的方法。针对这个问题，很多学者提出了很多估算方法，虽然他们通过不同的观念和数学方法对缠绕相位的信号重建进行了解算，但它们之间存在很强的相似性 (Cao et al., 2015a)。无论采用的什么样的数学方法对缠绕相位进行重建，这些方法都基于相位三角性的基本假设。简而言之，对于一个像素点，相位三角性意味着对于从三个 SLC 图像获得的三个干涉相位，可以从任意两个干涉相位重建出第三个干涉相位。

4.3.1 基于最大似然估计的方法及其变体

2007 年，学者们通过分析 DS 目标的时间去相干规律，指出时间去相干主要由分辨单元内散射体的布朗运动或多个独立连续的同分布运动之和引起，并建立了指数时间衰减模型。文献借助目标像元的邻域像元进行协方差估计，并基于所估的协方差矩阵提出了应用最大似然估计进行相位重建的方法，并命名为 Phase-Linking 算法 (Guarnieri and Tebaldini, 2008)。2011 年 Ferretti 等提出了 SqueeSAR 算法，在基于 KS 检验算法检测到的同质点集的基础上自适应地进行协方差矩阵估计，并提出了一种基于最大似然估计实现相位重建的方法，并命名为 phase triangulation algorithm (Grama et al., 2003)。最大似然估计方法是基于最大化多视窗内所有 SLC 数据的联合概率密度的思想。在复高斯假设下，对于 N 景已经配准到同一坐标系下的 SAR 影像集而言，影像中任意一像元 p 幅度归一化后的后向散射序列 $z_p = \left[z_1(p), z_2(p), \cdots, z_N(p) \right]^{\mathrm{T}}$ 的概率密度可以表示为

$$f(z|\Gamma) = \frac{1}{\pi^N \det(\Gamma)} \exp\left(-z^{\mathrm{H}} \Gamma^{-1} z\right) \tag{4.33}$$

式中，Γ 为像元的复相关矩阵，由 $\Gamma = \Psi \Upsilon \Psi^{\mathrm{H}}$ 上述概率密度分布可以写成：

$$f(z|\Psi) = \frac{1}{\pi^N \det(\Gamma)} \exp\left(-z^{\mathrm{H}} \Psi \Upsilon^{-1} \Psi^{\mathrm{H}} z\right) \tag{4.34}$$

式中，$\det(\cdot)$ 代表矩阵的行列式；Υ 为 $N \times N$ 的实相关矩阵；Ψ 为包含未知相位的复对角矩阵，表示如下：

$$\Psi = \mathrm{diag}\left\{ \exp(j\varphi_0), \exp(j\varphi_1), \cdots, \exp(j\varphi_N) \right\} \tag{4.35}$$

式中，φ_i 为待求的第 i 景图像的真实相位。假设真实相位 φ_i 在多视窗口 (Ω) 内是恒定的，以及假设窗口内各个像素点是相互独立的，则窗口内 L 个像素的联合分布是各个像素概率密度函数的乘积：

$$f(z_\Omega|\Psi) \propto \prod_{k=1}^{L} \exp\left(-z_k^{\mathrm{H}} \Psi \Upsilon^{-1} \Psi^{\mathrm{H}} z_k\right) \tag{4.36}$$

式中，$z_\Omega = \left[z_1^{\mathrm{T}}, z_2^{\mathrm{T}}, \cdots, z_L^{\mathrm{T}} \right]^{\mathrm{T}}$。基于二次型的性质 $a^{\mathrm{H}} A a = \mathrm{tr}(A a a^{\mathrm{H}})$，上述公式可以写成：

$$f\left(z_{\Omega}|\Psi\right) \propto \exp\left(-\sum_{k=1}^{L} z_k^{\mathrm{H}} \Psi \Upsilon^{-1} \Psi^{\mathrm{H}} z_k\right) = \exp\left[-\sum_{k=1}^{L} \mathrm{tr}\left(\Psi \Upsilon^{-1} \Psi^{\mathrm{H}} z_k z_k^{\mathrm{H}}\right)\right] \tag{4.37}$$

利用 $\sum_i\left[\mathrm{tr}\left(A_i\right)\right] = \mathrm{tr}\left(\sum_i A_i\right)$，式(4.37)可以写成：

$$f\left(z_{\Omega}|\Psi\right) \propto \exp\left[-\mathrm{tr}\left(\sum_{k=1}^{L} \Psi \Upsilon^{-1} \Psi^{\mathrm{H}} z_k z_k^{\mathrm{H}}\right)\right] = \exp\left[-\mathrm{tr}\left(\Psi \Upsilon^{-1} \Psi^{\mathrm{H}} \sum_{k=1}^{L} z_k z_k^{\mathrm{H}}\right)\right] \tag{4.38}$$

式中，$\sum_{k=1}^{L} z_k z_k^{\mathrm{H}}$ 为利用窗口内所有的像素对复相干矩阵的估计值，若用 $\hat{\Gamma}$ 表示，则上述联合概率密度分布化简为

$$f\left(z_{\Omega}|\Psi\right) \propto \exp\left[-\mathrm{tr}\left(\Psi \Upsilon^{-1} \Psi^{\mathrm{H}} \hat{\Gamma}\right)\right] \tag{4.39}$$

对相位 φ_i 的最大似然估计可通过最大化联合概率密度分布 $f\left(z_{\Omega}|\Psi\right)$ 获得。但是复相干系数矩阵的估计 $\hat{\Gamma}$ 中只存在干涉相位，该估计问题是欠定问题。也就是说，如果获得了一组解 φ，该解的每个元素加上同一个固定的常数后仍然是原问题的解。因为只关心相位的相对值，所以为了解决上述欠定问题，不失一般性，将其中一景数据的相位设置为 0(通常是将主图像相位置为 0)。在该假设下，估计得到的相位值是相对于主图像的相位差，也就是干涉相位。从上述分析可以看出，最大似然估计的建模是针对 SLC 的相位，但是通过将主图像置 0 的操作可以实现对干涉相位的重建。为了后面表达简单，将第一景作为主图像，将主图像相位与 Ψ 中对角线的每个元素的相位相减，并用列向量 Θ 表示：

$$\begin{aligned}\Theta &= \left\{\exp\left[j\left(\varphi_0 - \varphi_0\right)\right], \exp\left[j\left(\varphi_0 - \varphi_1\right)\right], \cdots, \exp\left[j\left(\varphi_0 - \varphi_{N-1}\right)\right]\right\}^{\mathrm{T}} \\ &= \left\{1, \exp\left(-j\varphi_{01}\right), \cdots, \exp\left[-j\varphi_{0(N-1)}\right]\right\}^{\mathrm{T}}\end{aligned} \tag{4.40}$$

用向量 $\lambda = \left[\varphi_{01}, \varphi_{02}, \cdots, \varphi_{0(N-1)}\right]^{\mathrm{T}}$ 表示待求的 $N-1$ 个向量，该向量的值可以通过下述优化问题得到：

$$\hat{\lambda} = \arg\max_{\lambda} \exp\left\{-\mathrm{tr}\left[\mathrm{diag}(\Theta) \Upsilon^{-1} \mathrm{diag}(\Theta)^{\mathrm{H}} \hat{\Gamma}\right]\right\} \tag{4.41}$$

由于矩阵的迹和 Hadamard 积之间存在性质 $x^{\mathrm{T}}\left(A \circ B\right)y = \mathrm{tr}\left\{\left[\mathrm{diag}(x)A\right]^{\mathrm{T}} B \mathrm{diag}(y)\right\}$，其中 A 和 B 是相同大小的矩阵，x 和 y 是适当大小的列向量。将上述优化问题化简为

$$\hat{\lambda} = \arg\max_{\lambda}\left[\Theta^{\mathrm{H}}\left(-\Upsilon^{-1} \circ \hat{\Gamma}\right)\Theta\right] \tag{4.42}$$

因为在实际的数据处理中，真实的相干系数 Υ 是未知的，因此在参数求解时，通常用相干矩阵估计值 $\hat{\Gamma}$ 的绝对值表示相干系数矩阵 Υ 的估计，即 $\left|\hat{\Gamma}\right|$，因此优化问题转化成：

$$\hat{\lambda} = \arg\max_{\lambda} \left[\Theta^{\mathrm{H}} \left(-\left| \hat{\Gamma} \right|^{-1} \circ \hat{\Gamma} \right) \Theta \right] \tag{4.43}$$

为了对上述优化问题进行求解，首先需要将复数的表达转化成实数的表达形式。对于 $N \times N$ 的 Hermitian 矩阵 A，有 $a^{\mathrm{H}} A a = \sum_{i=1}^{N}\sum_{j=1}^{N} A_{i,j} a_i^{\mathrm{H}} a_j$。因为 $-\left| \hat{\Gamma} \right|^{-1} \circ \hat{\Gamma}$ 是 Hermitian 的，所以可以将上述优化问题的目标函数写成：

$$\begin{aligned}
\Theta^{\mathrm{H}} \left(-\left| \hat{\Gamma} \right|^{-1} \circ \hat{\Gamma} \right) \Theta &= \sum_{m=1}^{N}\sum_{n=1}^{N} -\left[\left| \hat{\Gamma} \right|^{-1} \right]_{mn} \left| \hat{\Gamma} \right|_{mn} \exp\left(j\hat{\phi}_{mn} \right) \Theta_m^{\mathrm{H}} \Theta_n \\
&= \sum_{m=1}^{N} -\left[\left| \hat{\Gamma} \right|^{-1} \right]_{mm} + 2\operatorname{Re}\left[\sum_{m=1}^{N}\sum_{n>m}^{N} -\left[\left| \hat{\Gamma} \right|^{-1} \right]_{mn} \left| \hat{\Gamma} \right|_{mn} \exp\left(j\hat{\phi}_{mn} \right) \Theta_m^{\mathrm{H}} \Theta_n \right] \\
&= N + 2\operatorname{Re}\left[\sum_{m=1}^{N}\sum_{n>m}^{N} -\left[\left| \hat{\Gamma} \right|^{-1} \right]_{mn} \left| \hat{\Gamma} \right|_{mn} \exp\left(j\hat{\phi}_{mn} + \varphi_{0n} - \varphi_{0m} \right) \right] \\
&= N + 2\sum_{m=1}^{N}\sum_{n>m}^{N} -\left[\left| \hat{\Gamma} \right|^{-1} \right]_{mn} \left| \hat{\Gamma} \right|_{mn} \cos\left(\hat{\phi}_{mn} + \varphi_{0n} - \varphi_{0m} \right)
\end{aligned} \tag{4.44}$$

第一项为常数，因此优化问题可写成：

$$\hat{\lambda} = \arg\min_{\lambda} \left[\sum_{m=1}^{N}\sum_{n>m}^{N} \left[\left| \hat{\Gamma} \right|^{-1} \right]_{mn} \left| \hat{\Gamma} \right|_{mn} \cos\left(\hat{\phi}_{mn} + \varphi_{0n} - \varphi_{0m} \right) \right] \tag{4.45}$$

注意到 $\left[\left| \hat{\Gamma} \right|^{-1} \right]_{mn} \left| \hat{\Gamma} \right|_{mn}$ 充当的是加权系数的角色。通过上述分析，最大似然方法进行相位重建的特点是利用相干矩阵，将所有的 $N \times (N-1)/2$ 个干涉组合进行了充分的应用。但是求解过程中需要用到 $\left| \hat{\Gamma} \right|$ 的逆，该矩阵由于相干矩阵估计的偏差性，较难保证矩阵 $\left| \hat{\Gamma} \right|$ 的正定性，也就是说，为了保证求解的可靠性，最大似然模型需要引入额外的因子，保证 $\left| \hat{\Gamma} \right|$ 的本征值中不存在零特征值或者负特征值（Ferretti et al., 2011）。

为了避免矩阵求逆的操作，Ferretti 引入了一种最大似然估计的变体。考虑到 $\left[\left| \hat{\Gamma} \right|^{-1} \right]_{mn} \left| \hat{\Gamma} \right|_{mn}$ 本身是加权项，可直接用相干系数 $\left| \hat{\Gamma} \right|_{mn}$ 或者其高次幂作为加权：

$$\hat{\lambda} = \arg\min_{\lambda} \left[\sum_{m=1}^{N}\sum_{n>m}^{N} \left| \hat{\Gamma} \right|_{mn}^{p} \cos\left(\hat{\phi}_{mn} + \varphi_{0n} - \varphi_{0m} \right) \right] \tag{4.46}$$

与最大似然估计的方法相比，改进的方法一方面避免了矩阵求逆的操作，提高了计算效率。另一方面，虽然上述公式中利用了全部的干涉图，但是非常容易扩展到只用部分干涉数据集的情况，只需要将不需要的干涉图对应的相干系数置 0 即可。

上面讨论了从最大似然估计出发得到的多种相位重建的优化模型，这些优化问题本身都是非线性优化问题，需要对应的优化求解算法进行求解。对于上述问题，任何非线性优化求解算法都可以用来求解，如拟牛顿法、模拟退火等。最常用的方法是 Broyden-fletcher-Goldfarb-Shanno（BFGS）。BFGS 是一种用来求解非线性问题的迭代拟牛顿法，有很多开源的 BFGS 实现可以用快速求解。但 BFGS 迭代效率较低，无法满足大规模求解的要求。

除了非线性优化算法外，Monti-Guarnieri 和 Tebaldini 提出了一种迭代闭合解方法来实现相位重建。对于每一景 SLC 数据的相位，在最大似然模型的相位重建框架下，闭合形式求解公式如下：

$$\hat{\varphi}_n^{(k)} = \angle \left(\sum_{m \neq n}^{N} \left[\left| \hat{\Gamma} \right|^{-1} \right]_{mn} \left| \hat{\Gamma} \right|_{mn} \exp \left\{ j \left[\hat{\phi}_{mn} + \hat{\varphi}_n^{(k-1)} \right] \right\} \right) \tag{4.47}$$

式中，k 为迭代步数。最终的相位重建结果通过式 (4.48) 求解得到：

$$\hat{\varphi}_{0n}^{(k)} = \angle \exp \left\{ j \left[\hat{\varphi}_n^{(k)} - \hat{\varphi}_0^{(k)} \right] \right\} \tag{4.48}$$

式中，下标 0 代表该主图像的下标。需要注意的是，尽管该方法是针对最大似然模型提出的，但是该闭合求解的方法可以用在之前提到的任意一种优化求解模型中。具体来说，只需要将模型加权部分 $\left[\left| \hat{\Gamma} \right|^{-1} \right]_{mn} \left| \hat{\Gamma} \right|_{mn}$ 用相应的加权替换即可。

不论是基于 BFGS 等非线性优化求解算法还是基于闭合解的求解方法，都需要一个初始值，进而完成后续的估计。初始相位置 0 有可能导致陷入局部解而求解结果不佳，一种有效的初始化方法是将空间多视的相位作为初始相位，这样可以在一定程度上保证求解结果的可靠性。

4.3.2　基于本征值分解的方法

基于本征值分解的相位重建方法最早是由 Fornaro 等于 2015 年在 CAESAR 框架中提出的。该方法是通过对 SLC 数据序列的协方差矩阵进行本征值分解来实现的。首先利用多视窗口内每个点的 SLC 数据 y 估计参考点的协方差矩阵：

$$\hat{Q} = \sum_{k=1}^{L} y_k y_k^{H} \tag{4.49}$$

协方差矩阵的每个元素是由相干系数、强度和多视相位共同表征的：

$$\hat{Q}_{m,n} = \hat{I}_{m,n} \left| \hat{\gamma}_{m,n} \right| \exp \left(j \hat{\phi}_{m,n} \right) \tag{4.50}$$

式中，I 为多视窗口内所有点的平均强度：

$$\hat{I}_{m,n} = \frac{1}{N} \sqrt{ \left(\sum_{k=1}^{L} \left| y_{k_m} \right|^2 \right) \left(\sum_{k=1}^{L} \left| y_{k_n} \right|^2 \right) } \tag{4.51}$$

本征值分解是协方差矩阵 $\hat{Q}_{m,n}$ 满秩正交阵 V 和对角矩阵 Λ：

$$\hat{Q} = V \Lambda V^{H}, \quad \text{s.t. } VV^{H} = 1 \tag{4.52}$$

Λ 的对角线元素为 $\hat{Q}$ 的 N 个本征值。从相位重建的角度来看，通过对协方差矩阵 $\hat{Q}$ 的本征值分解，最大的本征值对应的本征向量即相位重建结果。假定 $\hat{v}_1$ 是协方差矩阵 $\hat{Q}$ 本征值分解中最大的本征值 κ_1 对应的本征向量，则 $\hat{v}_1$ 就是如下优化问题的解：

$$\hat{v}_1 = \arg\max_v v^H \hat{Q} v \quad \text{s.t.} \ vv^H = 1 \tag{4.53}$$

拉格朗日乘子法和矩阵 $\hat{Q}$ 的本征值分解有效地解决了上述优化问题。本征值分解属于主成分分析(principal component analysis, PCA)领域。具有最大分量的特征向量被认为是最终重建的结果。因此，基于本征值分解的相位重建算法是通过利用最大本征向量实现对协方差矩阵的近似 $\hat{Q} \approx \kappa_1 v_1 v_1^H$。因为待求量是 $\hat{v}_1$ 的相位信息，可以固定 v 的绝对值与最大本征值对应的本征向量 v_1 相同，所以上述优化问题可以简化为

$$\hat{v}_1 = \arg\max_v v_1^H \hat{Q} v_1 \quad \text{s.t.} v_1 v_1^H = 1 \tag{4.54}$$

$$\begin{aligned} v_1 &= |v_1| \circ \left\{ \exp\left[j(\varphi_0 - \varphi_0) \right], \exp\left[j(\varphi_0 - \varphi_1) \right], \cdots, \exp\left[j(\varphi_0 - \varphi_{N-1}) \right] \right\}^T \\ &= |v_1| \circ \left\{ 1, \exp\left[-j\varphi_{01} \right], \cdots, \exp\left[-j\varphi_{0(N-1)} \right] \right\}^T \end{aligned} \tag{4.55}$$

将上述公式进行整合，发现优化问题可以转化成和最大似然估计类似的形式：

$$\hat{\lambda} = \arg\min_\lambda \left[\sum_{m=1}^N \sum_{n>m}^N \left[|v_1||v_1^H| \right]_{m,n} \hat{I}_{m,n} |\hat{\gamma}_{m,n}| \cos\left(\hat{\phi}_{mn} + \varphi_{0n} - \varphi_{0m} \right) \right] \tag{4.56}$$

可以看到此时加权系数变成 $\left[|v_1||v_1^H| \right]_{m,n} \hat{I}_{m,n} |\hat{\gamma}_{m,n}|$，其由平均强度信息、相干性以及主成分的幅度部分共同决定。除了利用协方差矩阵进行本征值分解之外，Cao 等(2015b)指出，可以直接对复相干矩阵 $\hat{\Gamma}$ 进行本征值分解，从而避免多景数据幅度信息的不均衡性对估计结果的影响，因此优化问题可以转化为

$$\hat{\lambda} = \arg\min_\lambda \left[\sum_{m=1}^N \sum_{n>m}^N \left[|v_1||v_1^H| \right]_{m,n} |\hat{\gamma}_{m,n}| \cos\left(\hat{\phi}_{mn} + \varphi_{0n} - \varphi_{0m} \right) \right] \tag{4.57}$$

可以看到加权项里去掉了平均强度的影响。在实际中，因为需要对协方差矩阵或者相干矩阵进行本征值分解，通常需要计算所有的干涉对。

在 Fornaro 等(2014)发表的文章中，本征值分解的方法最初被提出，用来实现对 PS 的扩展来实现信号分解。通过对复相干矩阵或者协方差矩阵的本征值分解来提取多散射体信号。在该信号分解的框架下，Wang 等(2012)提出了本征向量的鲁棒估计方法，该方法并没有采用常规的最大似然实现对复相关矩阵的估计，而是通过 M 估计实现协方差矩阵的鲁棒估计。通过该相干矩阵的鲁棒求解可以有效地抑制离群点对相干矩阵估计以及后续相位重建估计结果的影响。在此基础上，Kang 等(2017)进一步改善了相干矩阵的鲁棒分解。通过引入鲁棒 PCA 的概念，采用带有系统信号的低秩矩阵和考虑异常值的稀疏矩阵的混合方案，通过低秩和稀疏矩阵的核与 L_1 范数的约束优化的公式来实现分解。显然，这种方法以计算复杂性为代价而获得稳健性。

基于本征值分解的方法最重要的贡献是实现了瑞利分辨率下多个 PS 或 DS 散射机制

的分离。多个 PS 或 DS 散射机制在同一分辨单元内发生在多个散射体位于一个分辨率单元的情况下。因此，基于本征值分解方法最直接的应用是在层析 SAR 利用。在相位重建的范畴，本征值分解方法的优势在于它直接使用本征值分解来解决相位优化问题。在这方面，有很多成熟的数值方法以及工具可以用来完成工程实现。

4.3.3　基于整数最小二乘的相位重建方法

基于整数最小二乘的相位重建思想的出发点是将多视干涉图相位的三角性质中的缠绕符号通过引入一个额外的整数变量后去除掉。多视干涉图相位的三角性公式如下：

$$F_i\{\hat{\phi}_{mn}\} = W\{\varphi_{om} - \varphi_{on}\} \tag{4.58}$$

式中，$\hat{\phi}_{nm}$ 为观测的多视干涉相位；φ_{om} 和 φ_{on} 为待求的未知参数。通过引入整数变量 a_{mn}，可以将上述非线性方程转化为

$$E\{\hat{\phi}_{nm}\} = \begin{cases} \varphi_{om} - \varphi_{on} + 2\pi a_{mn}, & n,m \neq 0 \\ \varphi_{om}, & n = 0 \\ -\varphi_{on}, & m = 0 \end{cases} \tag{4.59}$$

因为 φ 本身是缠绕相位，$\varphi_{om} - \varphi_{on}$ 的取值范围在$-2\pi\sim2\pi$，因此 $a_{mn} \in \{-1,0,1\}$。将式(4.59)用矩阵形式表达：

$$E\left(\begin{bmatrix}\hat{\phi}_{01}\\\vdots\\\hat{\phi}_{0(N-1)}\\\vdots\\\hat{\phi}_{nm}\\\vdots\end{bmatrix}\right) = \begin{bmatrix}0&\cdots&0\\\vdots&\ddots&\vdots\\0&\cdots&0\\2\pi&&\\&\ddots&\\&&2\pi\end{bmatrix}\begin{bmatrix}\vdots\\a_{mn}\\\vdots\end{bmatrix} + \begin{bmatrix}1&&\\&\ddots&\\&&1\\-1&\cdots&1\end{bmatrix}\begin{bmatrix}\varphi_{01}\\\vdots\\\varphi_0(N-1)\end{bmatrix} \tag{4.60}$$

式(4.60)可简写成：

$$E\{y\} = Aa + Bb \tag{4.61}$$

上述方程包含了整数 a 以及实数 b 的未知量。解决这种混合型问题的一种有效途径是整数最小二乘。$[A\ \ B]$ 是已知的，并且是列满秩。上述问题的加权整数最小二乘解是

$$\breve{a},\breve{b} = \arg\min_{a\in\mathbb{Z},b\in\mathbb{R}}\|y - Aa - Bb\|_W^2 \tag{4.62}$$

式中，W 为加权矩阵，$\|\cdot\|_W^2 = (\cdot)^{\mathrm{T}}W(\cdot)$。加权矩阵用来对不同的观测给予不同的权重，干涉图的相干系数是一种不错的加权方案。考虑到 a 取值的整数限制，学者们证明了上述优化问题的目标函数可以正交地展开成三项：

$$\left\| y - Aa - Bb \right\|_W^2 = \left\| y - A\hat{a} - B\hat{b} \right\|_W^2 + \left\| \hat{a} - a \right\|_{W_a}^2 + \left\| \hat{b} \mid_a - b \right\|_{W_b}^2 \tag{4.63}$$

式中，$\hat{a}$ 和 $\hat{b}$ 为解空间在实数域的无约束的加权最小二乘的解；$\hat{b}\mid_a$ 为以 a 为条件的最小二乘解。W_a 和 W_b 的表达式如下：

$$W_b = B^\mathrm{T} W B \tag{4.64}$$

$$W_a = F^\mathrm{T} W F \tag{4.65}$$

$$F = A - B\left(B^\mathrm{T} W B \right)^{-1} B^\mathrm{T} W A \tag{4.66}$$

因为这三个问题之间的正交性，当 $\hat{a}$ 和 $\hat{b}$ 通过无约束最小二乘估计得到后，对 a 和 b 的求解转化成两个独立的优化问题：

$$\breve{a} = \arg\min_{a \in \mathbb{Z}} \left\| \hat{a} - a \right\|_{W_a}^2 \tag{4.67}$$

$$\breve{b} = \arg\min_{b \in \mathbb{R}} \left\| \hat{b} \mid_a - b \right\|_{W_b}^2 \tag{4.68}$$

要对整个优化问题进行求解，首先，在去掉 a 的整数解的限制下，通过传统加权最小二乘得到 $\hat{a}$、$\breve{b}$ 的估计结果：

$$\begin{bmatrix} \hat{a} \\ \hat{b} \end{bmatrix} = \left(\begin{bmatrix} A & B \end{bmatrix}^\mathrm{T} W \begin{bmatrix} A & B \end{bmatrix} \right)^{-1} \begin{bmatrix} A & B \end{bmatrix}^\mathrm{T} W y \tag{4.69}$$

然后，利用求解得到的 $\hat{a}$，通过一个映射算法 $S: \mathbb{R}^n \mapsto \mathbb{Z}^n$ 估计整数解 a。在映射时，浮点数 $\hat{a}$ 被映射到"最近"的整数序列，"最近"是通过 W_a 来度量的。有两种方法求解该整数优化问题：整数最小二乘和整数 bootstrapping。整数最小二乘考虑了浮点数解 $\hat{a}$ 之间的所有相关性，整数 bootstrapping 估计器只考虑了浮点数解 $\hat{a}$ 元素中的部分相关性。尽管整数最小二乘估计器更加优化，但该方法的解无法以封闭形式给出，并且与 bootstrapping 方法相比计算时间更长。因此，bootstrapping 方法更多地会被用到实际的数据处理中（Teunissen，1995）。最后，$\breve{b}$ 的求解。假设上一步求得的 $\breve{a}$ 是对真实解 a 的正确估计结果，则有 $a = \breve{a}$，因此 $\breve{b}$ 的解可以写成：

$$\breve{b} = \hat{b} \mid_a = \left(B^\mathrm{T} W B \right)^{-1} B^\mathrm{T} W \left(y - A\breve{a} \right) \tag{4.70}$$

式中，$\breve{b}$ 为待求的相位重建结果。

Samiei-Esfahany 等（2016）通过实验验证了该方法对相干系数估计中的偏差并不敏感，但是该方法存在两个缺点：一个是整数最小二乘求解带来的计算量大；另一个是如果违反了整数最小二乘假定的残余相位的高斯统计模型，则该方法的求解会受到影响。

4.4　基于二层网络的 PS 点和 DS 点联合探测

经典 SqueeSAR 算法以及以它为基础发展出的多种 PS/DS 联合处理算法的思路是将 PS 与选出的高质量 DS 点联合构网进行求解。这类算法的要求是 DS 的预处理结果质量要尽可能的高，保证达到或者接近 PS 点的水准，才可以将它们放到相同的处理框架中。

　　另一种处理算法的思路是假定预处理后的 DS 仍然在信号质量上和高质量 PS 存在一定的差距，将 PS 与 DS 放在一起构网处理可能会引起部分弧段的求解误差在网络中传递，进而导致整个网络求解误差的出现。因此，可以通过分层处理的策略，将 PS 与 DS 的形变参数求解分解到两层，从而避免信号质量之间的差异引起的误差(Zhang et al., 2019；Ma et al., 2019)。该类方法的处理流程中 DS 预处理部分和 SqueeSAR 处理基本保持一致，分为同质点选择和 DS 点相位重建两个步骤。通过同质点个数以及相位重建两个指标对 DS 候选点进行选择。在选择出 DS 候选点与 PS 候选点后，对两种类型的候选点的形变参数求解方法会与 SqueeSAR 有所差别。图 4.4 给出了基于二层网络的 PS 和 DS 点联合求解处理流程图，下面介绍该算法各个部分的具体处理流程。

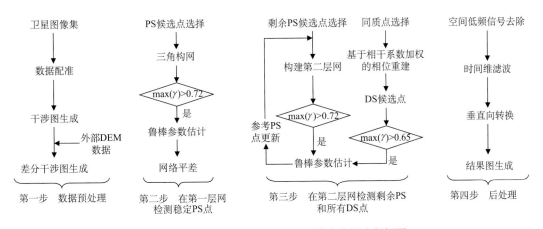

图 4.4　基于二层网络的 PS 与 DS 联合求解流程框图

　　二层网 PS/DS 联合求解算法的第一步是对获取的若干 SLC 实现数据预处理。与传统时序处理算法一致，这一步主要包括对 SLC 数据集进行配准、干涉图生成、去除平地相位以及去除地形相位等一系列预处理操作，从而为后续的时序选点与形变求解做准备。

　　和第 3 章介绍的基于二层网络的 PS 点探测方法一样，第一层网络的作用是检测最稳定的 PS 点。为了保证初选的 PS 候选点最大可能成为 PS 点，往往通过一个较为严格的幅度离差阈值对 PS 候选点进行选择。之后将选择出的 PS 候选点通过 Delaunay 三角网连接起来，该网络称为第一层网络。由于该层网络的求解结果会作为后续第二层网络求解的参考，因此需要尽可能保证该层求解结果的鲁棒性。在实际处理中，通过鲁棒的参数求解策略对第一层网络中的每个弧度进行求解。首先通过 Beamforming 得到以搜索步长为单位的解，之后结合鲁棒的 M 估计得到实数域的解，从而得到精确且鲁棒的求解结果。同时，假定一给定距离阈值范围内的大气分布是一致的，即两个测量点之间的相位差中大气噪声通过相位做差可以被有效去除。具体处理算法的理论部分，包括 Beamforming 求解与 M 估计可参见本书第 3 章内容。

　　在解决完相对参数估计及弧段筛选后，需要求解每一个监测点的绝对参数。使用网络平差来对这些相对参数进行积分，从而得到各个监测点相对于一个固定参考点的绝对参数。但是传统的网络平差算法当平差矩阵的病态问题越来越严重时，求解平差矩阵的逆变得不稳定。为了解决这个问题，应用岭估计进行网络平差。根据第 3 章介绍，岭估计在传统网络平差的基础上，在参数反演中引入了一个正则矩阵 σI（I 是单位矩阵）来保证求解的稳定性：

$$X = \left(C^{\mathrm{T}}W_R G + \sigma I\right)^{-1} G^{\mathrm{T}}W_R H \tag{4.71}$$

式中，X 包含了所有点相对于一个特定参考点的绝对残余高度和线性形变速度的估计结果；G 为平差矩阵，包含–1、0、1，其中–1 和 1 分别表示弧度的起始点和终止点，0 表示其他点；W_R 为对角加权矩阵，对角线元素是每个点的时间相干系数；H 包含上一步通过 M 估计得到的每个弧度的相对参数；正则参数 σ 可以通过 L-curve 的方法得到。岭估计相比传统的最小二乘问题可以得到更好的结果是因为岭估计中对可能的病态矩阵引入了正则项，从而得到了场景中最可靠的 PS 点，这些点作为后续剩余 PS 与 DS 点形变求解的参考点。

在平差得到第一层网络中的 PS 点之后，利用第二层网络探测剩余的 PS 点和所有 DS 点。这一步主要由三个部分组成：剩余 PS 候选点检测、DS 预处理与 DS 候选点检测、剩余 PS 与 DS 点的形变求解。在选择剩余 PS 点时，通常认为 PS 点在时间维具有较强且比较稳定的幅度信息，同时相干性也较高。因此，在这一层选取剩余 PS 候选点时，通过设置较高的平均幅度和平均相干系数两个指标综合选择剩余的 PS 候选点，以保证选取的候选点质量足够高。另外，这里并不需要选取太多的 PS 候选点，因为监测点密度可以通过后续的 DS 点进行保证。

DS 预处理由同质点选择和相位重建两部分构成。考虑到 DS 预处理是相对较为耗时的部分，因此处理算法要在效率和效果上取一些折中。采用非参数的双样本 KS 假设检验算法对场景中每个点判断周围一定区域内的同质点，选取出该点的同质点集合。与 SqueeSAR 不同的是，这里并不限制同质点与中心点必须相连，一方面是因为选择连接区域会造成耗时的增加；另一方面，在实际中同质点是否连接对后续的处理影响并不大。选择同质点后，对场景中的每个点，用对应的同质点集合，利用本章 4.2.4 节中提到的相干矩阵估计方法对该点相干矩阵进行估计。然后，针对图像中的每一个点，利用估计出的该点的复相干系数矩阵完成相位重建，从而得到优化后的相位信息。SqueeSAR 中采用的相位重建算法是在最大似然估计模型假设下的求解算法：

$$\hat{\lambda} = \arg\max_{\lambda}\left[\Theta^{\mathrm{H}}\left(-\left|\hat{\Gamma}\right|^{-1} \circ \hat{\Gamma}\right)\Theta\right] \tag{4.72}$$

该模型在理论上是最优的，但是在实际数据处理中，很难保证估计得到的相干矩阵 $\left|\hat{\Gamma}\right|$ 是满秩，特别是当选取的同质点个数小于数据获取景数 N 时，而且随着数据积累景数 N 的增加，出现 $\left|\hat{\Gamma}\right|$ 不是满秩的概率会更大。Cao 等从数学上验证了 $\left|\hat{\Gamma}\right|^{-1} \circ \hat{\Gamma}$ 是待重建相位的权重因子的事实。由于 $\left|\hat{\Gamma}\right|$ 的满秩性不易保证，并且矩阵求逆本身会带来计算量的上升，因此可以直接用衡量干涉质量的相干矩阵 $\left|\hat{\Gamma}\right|$ 作为权重因子，从而将优化问题转化为

$$\hat{\lambda} = \arg \max_{\lambda} \left(\Theta^{\mathrm{H}} \hat{\Gamma} \Theta \right) \tag{4.73}$$

这个模型本质上是对高相干性的干涉对给予更多的权重，从而增加模型的可靠性。另外，该模型避免了矩阵求逆的操作，提升了算法的稳定性及效率。SqueeSAR 采用非线性求解算法 BFGS 对上述优化问题进行求解，但 BFGS 速度相对较慢。为了保证上述优化算法能快速得到求解，采用 Guarnieri 和 Tebaldini 提出的闭合求解方法：

$$\hat{\varphi}_n^{(k)} = \angle \left(\sum_{m \neq n}^{N} \left| \hat{\Gamma} \right|_{mn} \exp \left\{ j \left[\hat{\phi}_{mn} + \hat{\varphi}_n^{(k-1)} \right] \right\} \right) \tag{4.74}$$

图 4.5 选择位于珠江口的一小块植被区来评估改进方法的性能，如图 4.5(a) 光学图所示，该区域包含城市的公路、部分建筑以及大范围的植被区域，是城镇区域的典型代表。在 Sentinel-1 图像中，该区域覆盖大小为 (300×300) 像素。图 4.5(b) 是 2015 年 6 月 15 日获得的图像的原始干涉图，图 4.5(c) 和图 4.5(d) 分别显示了 SqueeSAR 和本节改进

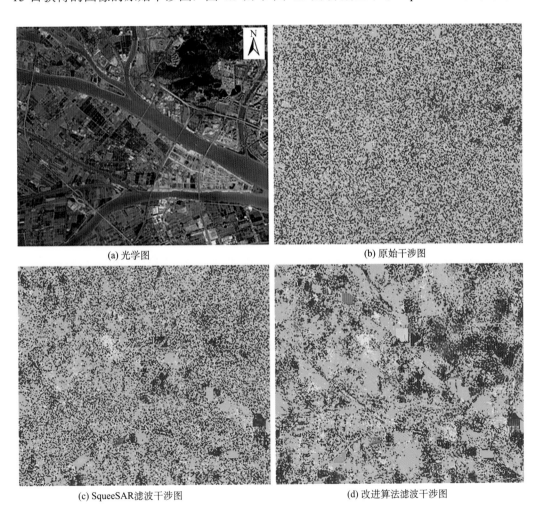

(a) 光学图　　　　　　　　　　　　　(b) 原始干涉图

(c) SqueeSAR滤波干涉图　　　　　　　(d) 改进算法滤波干涉图

图 4.5　滤波结果对比图

后的算法重建的干涉相位。观察到改进后的方法能更有效地降低噪声水平，尤其是在基础设施上，如建筑物、公路等区域，干涉相位的质量比 SqueeSAR 算法要高很多，经过相位重建后的干涉图不仅具有非常高的质量，并且图中的细节部分的干涉相位保留得很完整。同时，对植被区域进行对比可以看到，改进算法得到的干涉相位噪声更少。在计算效率上，与 SqueeSAR 算法相比，由于该算法避免了矩阵求逆以及采用更快的优化求解策略，相位重建的速度提升了近 10 倍。实验说明该算法不仅提升了数据处理效率，同时在改进算法鲁棒性上相比于 SqueeSAR 也有了很好的提升，在对大规模基础设施监测应用时具有很大的潜力。

当场景中所有点的相位重建完成后需要利用时间相干系数对相位重建结果进行评估。设定一个阈值(通常设置为 0.7)，保留大于阈值的点，可以认为这些点的相位重建结果是可靠的，也就是说，将这些点选定为 DS 候选点，输入后续的形变解算处理流程中。

接下来的步骤是将选出来的剩余 PS 候选点以及 DS 候选点通过第二层网络进行形变参数求解。扩展策略可以参照第 3 章内容。首先将剩余 PS 候选点与最近的 PS 参考点(第一层网络中得到的求解结果)相连，组成局部网络，并对该网络上的每个弧段利用与第一层网络相同的方法得到弧度的相对参数。如果该弧段时序相干系数大于某个阈值(通常设置的阈值与第一层网络的阈值相同)，则认为该点是可靠的 PS 点，将弧段的相对参数与 PS 参考点的绝对参数相加，得到该 PS 点的绝对参数，根据第 3 章介绍的全方向扩展方法，该点更新为新的参考点。通过第二层网络全方向扩展 PS 点可以在一定程度上保证 PS 点在整个场景中的均匀分布，从而为后续 DS 点的形变求解的稳定性提供先决条件。DS 点的形变求解与上述过程很类似，首先将 DS 候选点与最近的 PS 参考点相连，用相位重建后的序列替换原始序列，利用相同的方法对弧段进行求解。如果求解的时间相干系数大于某个阈值(要比 PS 的阈值设定低，通常设置为 0.65)则认为该弧段的求解结果是可靠的，并保留该点的形变求解结果。在实际处理中需要注意的一点是，当剩余 PS 候选点的形变求解结果不满足要求，同时该点也是 DS 候选点时，PS 处理后并不将该点舍弃，而是划入 DS 候选点集合中，然后进行后续处理。所有的剩余 PS 点与 DS 点求解完成后就得到了所有测量点的形变监测结果。

PS 和 DS 参数估计结果包括高度、LOS 方向的平均变形速度、时序形变量等。在一些特殊情况下，得到的形变监测结果可能会包含长波信号，这可能是由于受到轨道误差或大气效应的影响。理论上，通常假设真实变形和长波信号不相关，为了去掉这些误差的影响，可以使用二维多项式拟合去除长波信号，通过时间维高斯滤波可减轻形变监测中的大气效应的影响。由于 SAR 几何为侧视几何，监测的形变方向为 LOS 方向，当只有一轨数据的形变监测结果时，可以假定水平方向的地表形变可忽略，将视线方向形变转换到垂直方向。当有升轨和降轨的交叉轨道数据监测结果时，可以利用两轨的数据联合提取地表的三维地表沉降特征。这些都与 PSInSAR 后续处理过程类似。

4.5 本 章 小 结

本章节介绍了 DSInSAR 的基本理论以及 PS 和 DS 联合探测的方法。基于分布式目标的 DSInSAR 技术，有效地将 PSInSAR 扩展到低相干区域的地表形变监测中。基于同质滤波的 DSInSAR，在保证结果分辨率的前提下，可实现监测点数量的大幅度提升。DSInSAR 算法的性能主要是由针对分布式目标的同质点选择算法和相位重建算法两个部分决定。同质点选择方法可以分为非参数同质点检验算法和参数同质点检验算法，得益于非参数依赖以及算法实现简单的特性，基于幅度的双样本 KS 检验算法最为常用。但针对特定的数据情况往往需要选取特定的方法，以提升性能。相位重建算法的效率与效果是限制 DSInSAR 算法应用的主要因素，最大似然估计模型在理论上是最优解，但是实际数据处理场景中，该算法处理效率受限。基于相干矩阵加权的相位重建算法在算法效率和理论最优解之间实现了折中，通过闭合求解的方式可实现快速的相位重建，同时保证较高的重建质量。在完成分布式目标的预处理后，通过基于二层网络的 PS 与 DS 形变求解策略得到 PS 与 DS 联合形变监测结果。

参 考 文 献

廖明生, 卢丽君, 王艳, 等. 2006. 基于点目标分析的 InSAR 技术检测地表微小形变的研究. 城市地质, (2): 38-41.

林珲, 陈富龙, 江利明, 等. 2011. 多基线差分雷达干涉测量的大型人工线状地物形变监测. 地球信息科学学报, 12(5): 718-725.

林珲, 马培峰, 王伟玺. 2017. 监测城市基础设施健康的星载 MT-InSAR 方法介绍. 测绘学报, 46(10): 1421-1433.

Berardino P, Fornaro G, Lanari R, et al. 2002. A new algorithm for surface deformation monitoring based on small baseline differential SAR interferograms. IEEE Transactions on Geoscience and Remote Sensing, 40(11): 2375-2383.

Cao N, Lee H, Jung H C. 2015a. Mathematical framework for phase-triangulation algorithms in distributed-scatterer interferometry. IEEE Geoscience and Remote Sensing Letters, 12(9): 1838-1842.

Cao N, Lee H, Jung H C. 2015b. A phase-decomposition-based PSInSAR processing method. IEEE Transactions on Geoscience and Remote Sensing, 54(2): 1074-1090.

Deledalle C-A, Denis L, Tupin F. 2010. NL-InSAR: Nonlocal interferogram estimation. IEEE Transactions on Geoscience and Remote Sensing, 49(4): 1441-1452.

Ferretti A, Fumagalli A, Novali F, et al. 2011. A new algorithm for processing interferometric data-stacks: SqueeSAR. IEEE Transactions on Geoscience and Remote Sensing, 49(9): 3460-3470.

Fornaro G, Verde S, Reale D, et al. 2014. CAESAR: an approach based on covariance matrix decomposition to improve multibaseline-multitemporal interferometric SAR processing. IEEE Transactions on Geoscience and Remote Sensing, 53(4): 2050-2065.

Goodman J W. 1976. Some fundamental properties of speckle. JOSA, 66(11): 1145-1150.

Grama A, Kumar V, Gupta A, et al. 2003. Introduction to parallel computing. Pearson Education.

Guarnieri A M, Tebaldini S. 2008. On the exploitation of target statistics for SAR interferometry applications. IEEE Transactions on Geoscience and Remote Sensing, 46(11): 3436-3443.

Hooper A, Zebker H, Segall P, et al. 2004. A new method for measuring deformation on volcanoes and other natural terrains using InSAR persistent scatterers. Geophysical Research Letters, 31(23): L23611.

Jiang M, Ding X, Hanssen R F, et al. 2014. Fast statistically homogeneous pixel selection for covariance matrix estimation for multitemporal InSAR. IEEE Transactions on Geoscience and Remote Sensing, 53(3): 1213-1224.

Ma P, Wang W, Zhang B, et al. 2019. Remotely sensing large-and small-scale ground subsidence: a case study of the Guangdong–Hong Kong–Macao Greater Bay Area of China. Remote Sensing of Environment, 232: 111282.

Nicolas J, Tupin F, Maitre H. 2001. Smoothing speckled SAR images by using maximum homogeneous region filters: an improved approach. IEEE, 3: 1503-1505.

Parizzi A, Brcic R. 2010. Adaptive InSAR stack multilooking exploiting amplitude statistics: a comparison between different techniques and practical results. IEEE Geoscience and Remote Sensing Letters, 8(3): 441-445.

Pettitt A N. 1976. A two-sample Anderson-Darling rank statistic. Biometrika, 63(1): 161-168.

Samiei-Esfahany S, Martins J E, van Leijen F, et al. 2016. Phase estimation for distributed scatterers in InSAR stacks using integer least squares estimation. IEEE Transactions on Geoscience and Remote Sensing, 54(10): 5671-5687.

Shi G, Ma P, Lin H, et al. 2020. Potential of using phase correlation in distributed scatterer InSAR applied to built scenarios. Remote Sensing, 12(4): 686.

Teunissen P. 1995. The least-squares ambiguity decorrelation adjustment: a method for fast GPS integer ambiguity estimation. Journal of Geodesy, 70: 1-2.

Wang Y, Zhu X X, Bamler R. 2012. Retrieval of phase history parameters from distributed scatterers in urban areas using very high resolution SAR data. ISPRS Journal of Photogrammetry and Remote Sensing, 73: 89-99.

Zhang B, Wang R, Deng Y, et al. 2019. Mapping the Yellow River Delta land subsidence with multitemporal SAR interferometry by exploiting both persistent and distributed scatterers. ISPRS Journal of Photogrammetry and Remote Sensing, 148: 157-173.

第 5 章　合成孔径雷达层析成像

5.1　SAR 层析信号模型

传统 SAR 反射信号通过斜距成像到一个二维空间中，SAR 层析(SAR tomography, TomoSAR)技术通过多基线 SAR 影像在垂直斜距方向上合成孔径可以获取第三维分辨率，因此将 SAR 成像从二维空间扩展到三维空间(Reigber and Moreira, 2000; 张红等, 2010)。因其有第三维分辨率，在实际应用中可以解决 SAR 影像中的叠掩问题，根据第 1 章内容所述，叠掩问题指的是多个散射体在斜距成像模式下被投影到一个像素当中，其在高密度复杂城市环境中尤其显著，TomoSAR 技术可以分离叠掩 PS 点并反演各个散射体的物理参数。在实际应用中，很多人将叠掩 PS 点和雷达散射的多路径效应混淆，多路径效应指的是发射信号经过多次散射才被接收，本质上一个像素当中还有一个散射体。当然，叠掩和多路径效应都易发生在复杂城市环境中。值得注意的是，虽然传统 PSInSAR 方法也能提取地表三维信息，但是无法分离同一个像素内的多个叠掩散射体的高度，而 TomoSAR 技术可以分离同一个像素里不同高度的散射体。图 5.1(a)表示的是一个像素中有一个散射体的情况，PSInSAR 方法可以解决，而图 5.1(b)中一个像素有三个散射体，分别来自于地面、墙面和屋顶，这种情况就只有 TomoSAR 技术可以将其分离(Lin and Ma, 2017; 孙希龙, 2012; 林珲等, 2015)。因此，相对于传统 PSInSAR 方法获取的三维地形来说，通过 TomoSAR 技术得到的高度又称为真三维高度。

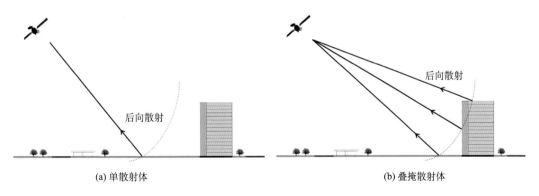

图 5.1　单散射体和叠掩散射体 SAR 成像示意图

TomoSAR 技术类似于医学中的 CT(computed tomography)技术，医学 CT 通过 360°成像获取不同角度的人体结构信息，从而对人体进行健康体检。从这层意义上讲，通过卫星数据对基础设施层析结构进行成像也类似于为城市做"体检"；不同的是，卫星照射地物时为了降低几何去相干效应，只能从某一个角度对某一侧面的设施进行层析成像，无法进行 360°全方位观测。雷达方位向的合成孔径方法以及卫星聚束模式成像方式都可以认为是层析成像，归根到底都是傅里叶变换。TomoSAR 技术受数据量的约束，以前由于星载 SAR 影像数量较少，获取的层析成像质量较低，包括层析分辨率较低、模糊度较大、旁瓣较大等，因此在应用中有很大局限性。随着卫星数量的增加和多基线数据的积累，尤其是 TerraSAR-X 和 COSMO-SkyMed 两颗高分辨率卫星的发射，TomoSAR 技术进入了一个快速发展阶段。目前，TomoSAR 技术主要应用在森林高度反演及生物量估计、城市建筑物高度及形变反演、冰川厚度测量等领域。

5.1.1　3-D SAR

TomoSAR 技术刚提出的时候假设相位模型中只有高度贡献值，可以用来重建地物目标的真三维信息，因此最早的 TomoSAR 技术又称为 3-D SAR 技术。3-D SAR 技术的提出和 PSInSAR 的提出基本是同一时间，都是 20 世纪 90 年代末。Andreas Reigber 等在文献（Reigber and Moreira, 2000）中对 SAR 层析起源及原理进行了详细阐述，并首次利用机载 L 波段多基线数据进行层析成像实验，但文中没有将 TomoSAR 称为 3-D SAR，而是将飞机绕地物做 360°观测称为 3-D SAR。随着相位模型的不断完善，将只做三维重建的 TomoSAR 称为 3-D SAR。假设卫星沿着 z 方向飞行、照射高度为 H、体散射地物目标为 V，层析成像几何可以简化为图 5.2。飞机接收的散射信号 s_r 可以表示为

$$s_r(z,n_0) = a(r_0,n_0) \cdot \exp\left[-\frac{ik}{r_0}(z-n_0)^2\right] \tag{5.1}$$

式中，z 为传感器位置；$a(r_0,n_0)$ 为在地物高度为 n_0 处的复数散射率；k 为波数 $2\pi\lambda$（λ 表示波长）。

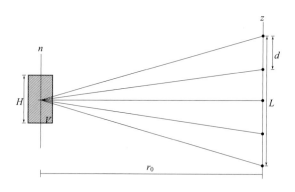

图 5.2　TomoSAR 简化结构示意图

图中：d 表示采样基线距离；L 表示总基线距；r_0 表示斜距距离

实现完美层析重建需要基线采样足够多并且均匀分布，实际中由于飞机飞行条件难以控制，很难满足这一条件。针对基线采样不足和采样不规则引起的高度估计不准问题，文中提出了整数干涉图组合方法予以解决。通过模拟实验证明该方法有效地压制了旁瓣

信号，提高了层析成像的质量。最终利用德国 Oberpfaffenhofen 地区的多极化真实数据反演了包括森林和房屋等地物目标的三维散射剖面，如图 5.3 所示。从散射剖面 Pauli 极化分解的结果来看，反演的地物目标垂直散射剖面散射率有效地保持了极化特征，其中角反射器呈现三面角反射，房屋顶部和地面汽车呈现二面角反射，屋顶二面角可能是由屋顶的特殊结构(如女儿墙)造成的，而汽车二面角可能是由汽车和地面形成的二面角造成的。通过 TomoSAR 技术反演真实散射率可以了解复杂环境中的雷达散射特征，对于研究 SAR 成像过程具有至关重要的作用。在上述地物三维剖面中可以看出，只有一个强度比较强的主导散射中心，而森林区域出现两个散射中心：一个位于树冠层；另一个靠近地面位置，并且从不同极化数据下反演的森林三维剖面呈现不同的反射率分布特征，在交叉极化中反演的森林冠层能量值明显大于同极化数据中的森林冠层能量值，这是因为交叉极化的体散射占主导优势，在同极化中靠近地面的反射能量较高，其对应的是地面和树干形成的二面角反射，利用这个信息就可以获取森林的高度。

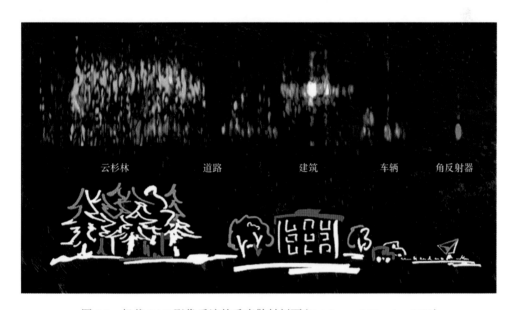

图 5.3　机载 SAR 影像反演的垂直散射剖面(Reigber and Moreira, 2000)

　　在星载数据比较稀缺的时候，层析成像主要应用在机载数据中。随着 SAR 卫星的不断发射和数据的不断积累，层析成像也逐渐应用到星载数据中(Fornaro et al., 2003)。初期由于星载 SAR 数据分辨率较低，应用效果并不理想，直到 DLR 的朱晓香和 Bamler 教授于 2010 年首次利用 1 m 分辨率的 TerraSAR-X Spotlight 影像实现了对建筑物的三维信息提取(Zhu and Bamler, 2010b)，TomoSAR 技术才进入了一个快速发展期。图 5.4 是利用 TomoSAR 技术提取的三维点云。

图 5.4 TomoSAR 技术提取的三维点云

3-D SAR 信号模型可以写成如下矩阵形式:

$$\boldsymbol{g} = \boldsymbol{R}\boldsymbol{\gamma} + \boldsymbol{e}$$

(5.2)

式中, $\boldsymbol{g} = [g_1, g_2, \cdots, g_N]^{\mathrm{T}}$, 为 N 个观测值(干涉复图像); 矩阵 $\boldsymbol{R}$ 为 $N \times M$ 的矩阵; M 为垂直斜距高度向上离散散射体采样个数, 其中 $\boldsymbol{R}_{nm} = \exp(j2\pi\xi_n s_m)$; s_m 为垂直斜距向上散射体高度, 其和垂直高度的转换关系为 $H = s_m \sin\theta$ (θ 为入射角), PSInSAR 方法里直接把 $\sin\theta$ 加入高度模型解算中; γ 为高度向上 L 个离散散射体复数反射率, 也就是反演的层析; e 为噪声因子。

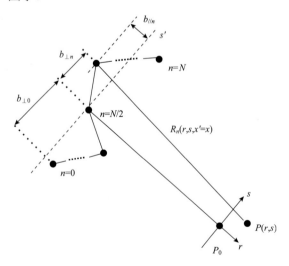

图 5.5 多基线 SAR 成像几何

　　层析分辨率 ρ_s 是衡量层析成像算法优劣的关键指标，其取决于总的垂直基线长度 Δb。假设在垂直斜距向上合成孔径(总基线长度)范围内基线均匀分布且数量密集，那么可以得到 3 dB 处垂直斜距向上的分辨率为

$$\rho_s = \frac{\lambda r}{2\Delta b} \tag{5.3}$$

式中，ρ_s 只是表示无参估计器下 3 dB 处的层析分辨率，但这并不意味着两个目标散射体的间距只有大于 ρ_s 才能分离出来，实际应用中只要两个叠掩目标的散射峰值可以区分就可以分离两个散射目标，其取决于层析成像的克拉美-罗下界(Cramer-Rao lower bound, CRLB)(Bamler and Hartl, 1998)，垂直斜距向上层析的克拉美-罗下界 σ_s 的表达式为

$$\sigma_s = \frac{\lambda r}{4\pi\sqrt{\text{NOA}} \cdot \sqrt{2\text{SNR}} \cdot \sigma_b} \tag{5.4}$$

式中，NOA 为观测值数量；SNR 为信噪比；σ_b 为基线排列的标准差。克拉美-罗下界也可以表示层析重建高度的准确性，反演的散射体高度和真实高度差在正负 3 倍 CRLB 内，就认为反演的散射体位置为较为准确。同时，层析成像对地物目标的高度可量测范围 Δs 也有要求：

$$\Delta s \ll \frac{\rho_r r}{\Delta b} \tag{5.5}$$

　　实际观测中，卫星观测斜距 r 值一般很大，所以设置的目标高度通常在理论要求的范围内。

5.1.2　4-D SAR

　　3-D SAR 的目的主要是重建目标地物的高度信息，其假设采集的数据相位中只有高度贡献。在实际应用中，只有当多基线数据可以同时获取，即单轨多基线数据，才可以重建目标高度信息。目前，星载单一轨道最多获取两幅影像(德国的 TerraSAR-X 和 TanDEM-X 双子星)，这样只能形成单基线数据，无法满足层析成像对基线数量的要求。实际使用的星载多基线数据往往是重复轨道在不同时刻获取的，在数据获取周期内，目标地物会发生微小变形，因此干涉数据相位中除了高度贡献之外还有形变相位。此时，如果还使用单一高度相位模型就可能造成估计偏差。为了提高 TomoSAR 相位模型的适应度，在 3-D SAR 高度模型的基础上加入了形变相位模型(Lombardini, 2005)：

$$g_n = \int_{-a_s}^{a_s} \int_{-a_v}^{a_v} \gamma(s,v) \exp\left(j2\pi\xi_n s + j2\pi\eta_n v\right) \mathrm{d}v\mathrm{d}s \tag{5.6}$$

式中，$\eta_n = -\dfrac{2t_n}{\lambda}$($t_n$ 为时间基线)为时间频率；$2a_s$ 和 $2a_v$ 分别为高度和形变速度的解算范围，v 为待求的形变速度。形变模型的加入使层析成像从空间维扩展到时间维，称为差分 SAR 层析(differential SAR tomography)或者 4-D SAR 方法(Fornaro et al., 2009)。基础设施结构健康主要关注变形信息，3-D SAR 只能获取三维信息，目前主要应用在森林、

冰川三维结构获取中(Tebaldini, 2010; Tebaldini et al., 2015)，而 4-D SAR 的提出才使得 TomoSAR 可以用于基础设施结构健康监测。

4-D SAR 和 PSInSAR 当应用到城市区域时都是用来联合估算高度和形变信息，相对于第 3 章介绍的 PSInSAR 算法，4-D SAR 可以分离叠掩散射体并提取它们的高度和形变信息。而 PSInSAR 方法只针对一个像素中有一个散射体的情况进行识别探测，包含叠掩散射体的像素在 PSInSAR 中被剔除，因此只能提取单个散射体的高度和形变，虽然 Ferretti 等(2005)也提到了利用 PSInSAR 方法探测一个像素中有高阶散射体的情况，但其假设是两个散射体的速度是相同的，本质上不是 TomoSAR 成像。相对于 PSInSAR，4-D SAR 理论上能获取更高的空间点密度，当然也要付出更多的时间成本。

5.1.3　5-D SAR 或扩展 4-D SAR

4-D SAR 相位模型中包含高度和线性形变速度分量，线性形变模型是描述地球表面随时间缓慢运动(如软土沉降)最常用的模型。但是在基础设施监测中，时序形变模式除了呈线性特征变化外，还经常呈非线性特征变化，如随季节性地下水抽取和注入引起的地面沉降抬升及随季节性温度变化引起的热胀冷缩，其中基础设施最典型的非线性变化就是季节性热胀冷缩的影响(Monserrat et al., 2011)。在夏季温度上升时混凝土结构出现膨胀，在冬季温度下降时出现收缩，这样结构设施的位移在时间变化趋势上会呈现出与季节性温度变化一致的特征，而且热胀冷缩变化会根据基础设施结构特征呈一定方向累计。在基础设施(如楼房和桥梁)建设时，为了避免热胀冷缩位移对结构产生的影像，通常设计热胀冷缩缝隙用以容纳随季节性温度变化而产生的热胀冷缩。如图 5.6(a)所示一个 PS 点的时序相位，其中有明显的两个周期的热胀冷缩变化。在这种情况下，4-D SAR 中单纯的线性模型无法完整地刻画时序相位，导致相位拟合度比较低，还会导致形变速度的估计偏差，如图 5.6(b)所示，本来原始时序相位中没有线性形变，但是拟合结果中线性形变速度不为 0。为了提高相位的拟合优度，在相位模型中引入实际温度数据或者弦函数来拟合周期性变形，当加入温度模型时，线性形变速度被纠正为 0，如图 5.6(c)所示。从图 5.6(d)相位残差中也可以看出，温度模型的加入明显提高了相位的拟合优度。在相位模型中对热胀冷缩的拟合将层析成像从空间和时间维扩展到温度维，因此称为 5-D SAR。部分学者认为，虽然加入温度模型但还是在时间维度，因此又将其称为扩展的 4-D SAR，而 4-D SAR 和 5-D SAR 又可统称为多维 SAR 层析技术(Ma et al., 2015b ; de Maio et al., 2009)。目前，很多城市基础设施在 InSAR 时序形变趋势中热胀冷缩效应明显，如桥梁和楼房，因此温度模型也逐渐作为一种常规模型加入基础设施形变反演中，一方面可以纠正单纯线性模型有可能产生的估计偏差；另一方面在提高相位拟合优度的同时提高了像素的时序相干系数，从而可以识别更多的 PS 点(Reale et al., 2013)。

在 4-D SAR 基础上引入温度数据，TomoSAR 信号模型就可以表示为

$$g_n = \int_{-a_s}^{a_s} \int_{-a_v}^{a_v} \int_{-a_k}^{a_k} \gamma(s,v,k) \exp(j2\pi\xi_n s + j2\pi\eta_n v + j2\pi\zeta_n k) \mathrm{d}k\mathrm{d}v\mathrm{d}s \qquad (5.7)$$

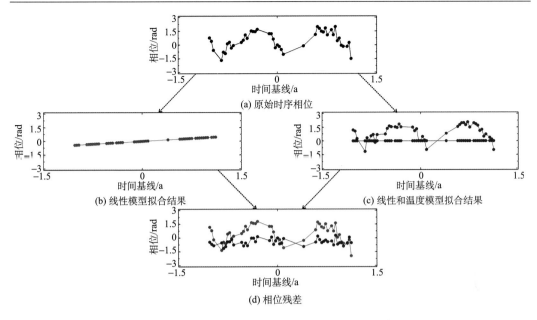

图 5.6　引入温度和不引入温度模型拟合结果比较

式中，$\zeta_n = -\dfrac{2T_n}{\lambda}$（$T_n$ 为温度基线）为温度频率；系数 k 为待求的热膨胀幅度。因此，5-D SAR 解算得到的除了高度和线性形变速度外，还有热膨胀幅度参数，其表示温度变化 1 ℃（温度单位也可以用 K 表示）时引起的形变量大小。从物理意义上，热膨胀幅度与材料的热膨胀系数相关，Monserrat 等（2011）通过 InSAR 解算得到热膨胀幅度来推导材料的热膨胀系数，其结果与典型建筑材料的热膨胀系数一致，因此热膨胀幅度有潜力被用来识别不同的建筑材料。

5.2　谱估计层析成像方法

5.1 节介绍了 TomoSAR 的信号基础，重点描述了从 TomoSAR 技术的提出到现在的三种相位信号模型以及典型应用，说明三种模型的适应场景，形成所谓的 3-D SAR、4-D SAR 和 5-D SAR 技术。要对不同相位信号模型下的层析结构进行重建，不论是在空间维、时间维还是温度维，目前最常用的算法就是谱估计计算法（Stoica and Moses, 1997）。根据目前国内外研究重点，本节将介绍五种用于层析反演的谱估计计算法，分别是波束（Beamforming）法、奇异值分解（singular value decomposition, SVD）法、自适应波束（Capon）法、多信号分类（multiple signal classification，MUSIC）法和压缩感知（compressed sensing，CS）法。其中，Beamforming、SVD 和 CS 算法都是在单视情况下进行层析成像，而 Capon 和 MUSIC 是在多视情况下进行层析成像。值得注意的是，谱估计计算法只适用于在多基线数据之间入射角变化很小时的层析反演，一旦不符合这个条件就不能用谱估计反演层析。当入射角变化较大时就得使用所谓的后向散射算法，这种情况一般出现在机载或者地基雷达信号分析中，后向散射算法在时间域和空间域转换后通过非线性估计实现层析反演，具体可参考 Frey 等在 2009 年利用时间域后向散射对不规则分布的多基线数据进行的研究(Frey et al., 2009)，本书中将不再赘述。

5.2.1　Beamforming 算法

Beamforming 算法(也就是傅里叶变换法)是最早提出用来层析成像的算法(Reigber and Moreira, 2000)。不失一般性，假设观测数据的相位模型为 3-D SAR 模型，式(5.2)中当不考虑噪声因子时，Beamforming 算法反演层析可以表示为

$$\gamma = \boldsymbol{R}^{\mathrm{H}} \boldsymbol{g} \tag{5.8}$$

式中，$(\bullet)^{\mathrm{H}}$ 表示转置共轭操作。第 m 个垂直斜距向上高度采样的散射强度可以表示为

$$|\gamma_m|^2 = \left| \boldsymbol{R}_m^{\mathrm{H}} \boldsymbol{g} \right|^2 \tag{5.9}$$

式中，$\boldsymbol{R}_m (m = 0,1,\cdots,M)$ 为 $\boldsymbol{R}$ 的列向量。当散射能量越大时，表示该位置有强散射体存在，在城市区域可能对应 PS 点，在森林区域可能对应冠层体散射或者地面和树干形成的二面角强反射。总之，根据反演的散射能量即可识别多个叠掩散射体点，这也是层析识别叠掩散射体的基本理论方法。Beamforming 算法是目前最常用的层析重建方法，当观测数据均匀采样时其本质是傅里叶变换，但由于卫星获取的多基线 SAR 数据垂直基线一般不是均匀分布，因此实际上 Beamforming 算法是对不均匀采样的数据进行傅里叶变换。作为一种无参估计算法，Beamforming 算法主要有两个优势：一个是无须对 SAR 影像进行多视操作，反演的层析结构只反映单个像素的垂直散射情况，因此最终的参数估计结果中保证了较高的细节信息，这对基础设施的精细化监测应用具有至关重要的作用。另一个是计算相对简单，直接对矩阵进行转置共轭操作，效率比较高。但是由 Beamforming 算法构建的层析结构受不规则基线采样影响，一般旁瓣噪声比较大，容易对最终的参数估计造成不确定性影响，另外重建的垂直斜距向的层析结构分辨率受瑞利分辨率约束，无法实现超分辨率成像，即无法分离垂直斜距向上比较近的两个点。

5.2.2　SVD 算法

SVD 算法是由 Fornaro 等(2003)第一次提出可以用于层析重建的算法，它是一种无参的线性反演算法，和 Beamforming 算法一样不需要进行多视操作，因此可以保持基础设施细节信息。根据式(5.2)，直接求逆可以表示为

$$\gamma = \boldsymbol{R}^{-1} \boldsymbol{g} \tag{5.10}$$

由于矩阵 $\boldsymbol{R}$ 在一般情况下非方阵，因此求逆过程中要使用 SVD 算法求伪逆，首先对 $\boldsymbol{R}$ 矩阵进行 SVD 分解：

$$\boldsymbol{R} = \boldsymbol{U} \boldsymbol{\Sigma} \boldsymbol{V}^{\mathrm{T}} = \sum_{n=1}^{N} \boldsymbol{u}_n \sigma_n \boldsymbol{v}_n^{\mathrm{T}} \tag{5.11}$$

式中，u_n 和 v_n 分别为奇异值分解后左边和右边的正交向量；$U = (u_1, \cdots, u_N)$ 和 $V = (v_1, \cdots, v_N)$ 为包含正交列向量的矩阵，$U^T U = V^T V = I_N$；$\sigma = (\sigma_1, \cdots, \sigma_N)$ 为按大小降序排列的特征值。通过 SVD 算法求逆后得到：

$$\gamma = \sum_{n=0}^{N} \sigma_n^{-1} \left(u_n^T g \right) v_n \tag{5.12}$$

当观测值中有噪声时，SVD 算法反演的层析容易受噪声的影响，主要原因就是分解得到的特征值 σ_n 可能出现很小值，因此求逆后很大，会放大观测值噪声的影响。为了解决这个问题，采用 SVD 算法重建层析时需要正则化处理，最简单的就是利用截断 SVD（truncated SVD, TSVD）算法，在反演垂直散射剖面时不利用全部的特征值和特征向量，从降序的 N 个特征值中选取前 Q 个比较大的特征值进行求解，Q 表示矩阵 R 的有效秩，截断去掉比较小的 $N-Q$ 个特征值，从而避免了小的特征值求逆导致的噪声信号的增大。

除了截断 SVD 算法外，Zhu 和 Bamler（2010b）提出了基于正则化的 SVD 算法反演层析：

$$\hat{\gamma}_{\mathrm{MAP}} = \left(\Sigma^T \Sigma + |\varepsilon|^2 I \right)^{-1} V \Sigma^T U^T g \sum_{n=1}^{N} \sigma_{n,\mathrm{Wiener}}^{-1} \left(u_n^T g \right) v_n$$

$$\sigma_{n,\mathrm{Wiener}}^{-1} = \frac{\sigma_n}{|\sigma_n|^2 + |\varepsilon|^2} \tag{5.13}$$

该算法通过引入一正则化因子解决了求逆矩阵的病态问题，且相比截断 SVD 算法具有更高的稳定性，类似于维纳（Wiener）滤波算法，该算法称为 SVD-Wiener 层析重建算法。

5.2.3　Capon 算法

Capon 算法也叫自适应 Beamforming 算法，由 Lombardini 等（2001）第一次提出用于层析构建，其也是一种无参估计算法。Capon 算法需要基于协方差矩阵重建层析结构，协方差矩阵 C_{gg} 在第 4 章 DSInSAR 节中已经介绍过。与 DSInSAR 算法不同的是，TomoSAR 中使用的协方差矩阵一般是通过矩形窗口求取，而 DSInSAR 算法使用的是同质点求取协方差矩阵。非同质点得到的协方差矩阵会影响层析反演精度，为了提高协方差矩阵估计精度，可以使用同质点求取再进行层析成像。在这里仅为了说明谱估计算法还是使用矩形窗口，假设多视窗口 N_L，$g_{n_l} (n_l = 1, \cdots, N_L)$ 表示观测影像数据，因此协方差矩阵的表达式为

$$C_{gg} = \left\langle g_{n_l} \cdot g_{n_l}^{\ T} \right\rangle \tag{5.14}$$

式中，$\langle \cdot \rangle$ 表示窗口中取平均操作。基于 Capon 算法的垂直斜距向上的散射强度就可以表示为

$$|\gamma_m|^2 = \frac{1}{R_m^{\mathrm{H}} C_{gg}^{-1} R_m} \tag{5.15}$$

与传统 Beamforming 算法相比，Capon 算法通过设置基于数据的 2-D 空值可以剔除信号和噪声里的干扰信息，避免主信号泄露，有效抑制了旁瓣效应，提高了层析分辨率，从这方面讲，Capon 算法具有一定的超分辨率能力(Lombardini, 2005)。但是因其是一种基于多视处理的层析重建方法，在多视降噪的同时容易模糊基础设施细节信息，Lombardini 等(2013)中提出可以在单视条件下实现全分辨率 Capon 成像，但是需要先验知识对基线进行插值。总的来说，在数据信噪比可以保证的情况下，如果要保留基础设施细节信息，Beamforming 算法要优于 Capon 算法。另外，Capon 算法重建得到的散射率不是真实散射率，而是伪散射率，因此不能用在 RELAX 算法中反演双散射体的时序信号(Fornaro et al., 2009)。

5.2.4 MUSIC 算法

MUSIC 算法是一种基于模型的有参谱估计算法，由 Gini 等(2002)第一次引入 TomoSAR 领域。在用 MUSIC 算法反演层析前，首先需要假设在垂直斜距向散射中心个数为 K，这个可以作为先验知识预先知道，也可以根据协方差矩阵 C_{gg} 的特征值求出。MUSIC 算法假设信号模型是正弦模型嵌入加性白噪声中，然后估计其频率。和 Capon 算法类似，MUSIC 算法也要使用多视协方差矩阵。首先将协方差矩阵进行特征值分解，特征值按降序可以表示为 $\{\lambda_1,\cdots,\lambda_k\}$，分解的特征值可以分为两个子集，在假设没有乘性噪声的情况下，特征值具有以下特征：

$$\begin{cases} \lambda_k > \sigma_v^2, & k=1,\cdots,K \\ \lambda_k = \sigma_v^2, & k=K+1,\cdots,N \end{cases} \tag{5.16}$$

式中，$N>K$；σ_v 为噪声方差。用 $\{S_1,\cdots,S_K\}$ 表示前 K 个特征值对应的特征向量，用 $\{g_{K+1},\cdots,g_{N-K}\}$ 表示剩余特征值对应的特征向量。根据噪声和信号正交特性，就可以由最小的 $(N-K)$ 个特征值的特征向量求得噪声的子空间向量 G，然后基于 MUSIC 算法的层析强度谱就可以表示为

$$|\gamma_m|^2 = \frac{1}{R_m^H GG^T R_m} \tag{5.17}$$

MUSIC 算法反演层析的分辨率和旁瓣能量值都优于 Capon 算法，但是和 Capon 算法相同都要使用多视操作，因此不利于基础设施精细结构信息的提取。值得注意的是，MUSIC 算法在真实信号和噪声信号相关性比较低的时候表现比较好，因为这样可以将信号子空间和噪声子空间有效分离，当相关性比较高的时候，会影响到真实散射体个数的判断，最终会干扰到成像效果。

5.2.5 CS 算法

层析分辨率是 TomoSAR 成像质量的一个关键的衡量指标，Beamforming 算法反演层析时本身受瑞利分辨率的限制，Capon 算法和 MUSIC 算法虽然能在一定程度上突破

瑞利分辨率的局限，但是还是无法实现真正意义上的超分辨率成像。相对而言，CS 算法是唯一具有超分辨率层析成像能力的方法(Budillon et al., 2010 ; Zhu and Bamler, 2010a)，通过超分辨率层析成像可以分离高度比较接近的叠掩散射体点。另外，CS 算法突破了香农采样定理的限制，理论上可以在有限条基线数据的情况下实现层析的完美重建。CS 算法是基于稀疏信号假设的一种谱估计器，它重建的层析不是一个连续谱信号，而是一个离散信号，需要有相干的稳定点。而在对城市基础设施监测时，因为城市建筑设施散射中心点(PS)主要对应于面散射和二面角散射等强散射，如屋顶产生的强散射、墙面和路面形成的二面角强散射，这些在垂直散射剖面上都可以看作是离散信号，满足 CS 算法的稀疏性假设，所以 CS 算法适应于城市层析结构的解析。CS 算法本身需要矩阵 $\boldsymbol{R}$ 满足有限等距性质(restricted isometry property, RIP)和非相干性(incoherence)两个条件，RIP 指的是矩阵列向量之间接近正交，而非相干性要求稀疏信号能够在另一个转换域中散开，降低对采样不足的敏感度。要得到稀疏解，CS 最优的数学算法是 L_0 数：

$$\boldsymbol{g} = \boldsymbol{R}\gamma, \min_{\gamma}\|\gamma\|_{L_0} \tag{5.18}$$

式中，$\|\bullet\|_{L_0}$ 表示 L_0 范数。L_0 范数搜索的是稀疏点个数最少的解，在实际运算中，L_0 范数是一个 NP 难问题，因此一般使用 L_1 范数替代 L_0 范数来得到稀疏解：

$$\boldsymbol{g} = \boldsymbol{R}\gamma, \min_{\gamma}\|\gamma\|_{L_1} \tag{5.19}$$

式中，$\|\bullet\|_{L_1}$ 表示 L_1 范数。CS 算法由 Zhu 和 Bamler(2010a)首次引入 TomoSAR 领域，并利用高分辨率 TerraSAR-X Spotlight 影像验证该方法的超分辨率成像能力，通过对单个像素点分别利用 SVD-Wiener 算法和 CS 算法进行层析成像可以发现，SVD-Wiener 算法连续层析谱中能分离高度相差比较大的叠掩散射体，但是无法分离高度相近的散射体，而 CS 算法得到的稀疏层析谱中可以分离高度相近的叠掩散射体，证明了其超分辨率成像能力的优势。接着 Zhu 和 Bamler(2012)对压缩感知在层析成像和参数解算方面的鲁棒性进行了论证并提出了基于压缩感知的 SL1MMER(scale-down by L1 norm minimization, model selection, and estimation reconstruction)处理方法，最终实现基于 TomoSAR 的 PS 点探测及参数估计，CS 算法也成为 TomoSAR 领域接下来几年的研究热点。总的来说，CS 算法相对于其他谱估计器具有以下特点：①CS 算法重建的层析谱不是连续的而是稀疏的，具有超分辨率成像能力；②理论上，在层析成像后无须进行后处理就可以直接通过取非零值识别有效散射体点和估计参数；③相对于 Capon 算法和 MUSIC 算法，无须进行多视处理即可实现超分辨率成像；④通过与非线性最小二乘参数估计方法比较，CS 算法的效率和鲁棒性要优于非线性最小二乘法，在单散射体和高斯噪声模型假设下，CS 算法的参数估计精度和非线性最小二乘法相当。

在理想情况下，CS 算法可以直接重建出稀疏的散射体，无须后处理即可得到估计参数，但实际上由 L_1 范数得到的层析往往不能得到真正的稀疏解，会出现很多小的非零异常值，这些异常值增加了真实散射体识别中的虚警率。异常值的出现主要是 L_1 范数约束条件下不平等的罚规则导致的，L_1 范数最小化的是所有稀疏解的强度值之和，因此会鼓励强度比较小的解，压制强度比较大的解，造成最终稀疏结果中有很多小的异常值。

SL1MMER 方法中利用压缩感知得到的稀疏层析进一步进行模型阶次判断来识别真实散射体，但是过程比较复杂。Ma 等(2015a)提出了迭代加权 L_1 范数方法来纠正 L_1 范数不平等的罚规则，从而提高反演层析的稀疏性，具体步骤如下。

(1)设定迭代次数为 $l=0$，初始权重矩阵 $\boldsymbol{W}$ 为单位阵：

$$\boldsymbol{W}^{(l=0)} = \boldsymbol{I}_M \tag{5.20}$$

(2)解算加权 L_0 范数问题：

$$\hat{\gamma}^{(l)} = \arg\min \left\| \boldsymbol{W}^{(l)} \times \boldsymbol{\gamma} \right\|_{L_1} \quad \text{subject to} \quad \left\| \boldsymbol{g} - \boldsymbol{R}\boldsymbol{\gamma} \right\|_{L_2} \leqslant \delta \tag{5.21}$$

式中，$\arg\min(\cdot)$ 表示最小化操作；$\|\cdot\|_{L_2}$ 表示 L_2 范数；δ 为噪声上限；δ 表示可选解的范围，可以从矩阵 $\boldsymbol{R}$ 的噪声子空间获取，首先对矩阵 $\boldsymbol{R}$ 进行奇异值分解：

$$\boldsymbol{A} = \boldsymbol{U}\boldsymbol{\Sigma}\boldsymbol{V}^{\mathrm{H}} \tag{5.22}$$

式中，$\boldsymbol{U} = (u_1, \cdots, u_N)$ 和 $\boldsymbol{V} = (v_1, \cdots, v_M)$ 分别为左边和右边的奇异向量；$\boldsymbol{\Sigma}$ 为特征值矩阵；$(\cdot)^{\mathrm{H}}$ 表示转置共轭操作。δ 可以表示为

$$\delta = \sqrt{\frac{N}{n}\sum_{i=N-n+1}^{N} \left| \beta_i \right|^2} \tag{5.23}$$

式中，$\beta_i = u_i^{\mathrm{H}} y$ 表示观测值在左奇异向量中的投影；n 为信号和噪声子空间的截断数。

(3)利用重建的稀疏层析结果更新权重矩阵：

$$W_i^{(l+1)} = \frac{1}{\left| \hat{\gamma}_i^{(l)} \right| + \rho}, \quad i = 1, \cdots, M \tag{5.24}$$

式中，W_i 为权重矩阵 $\boldsymbol{W}$ 中的第 i 个对角元素值；ρ 为一个非常小的数，其用途是保证当 $\hat{\gamma}_i^{(l)}$ 为 0 时权重值不至于无限大。ρ 的选择对最终异常值剔除效果的影响比较大，当 ρ 设置较小时，小强度值的真实散射体会被错误地归为异常值被剔除，当 ρ 设置较大时，又不能有效地剔除异常值，因此需要合理地设置 ρ 值才可以有效地提高解的稀疏性，ρ 一般可以用式(5.25)计算：

$$\rho = \max \left\{ \left| \hat{\gamma}^l \right|_{i_0}, 10^{-3} \right\} \tag{5.25}$$

式中，$\left| \hat{\gamma} \right|_{(i)}$ 为 $\left| \hat{\gamma}_i \right|$ 的降序排列值；$i_0 = \dfrac{N}{4\log\left(\dfrac{M}{N}\right)}$。

(4)当迭代解算结果达到稳定时，停止迭代，否则 $l = l+1$，转到第 2 步重新加权解算。在实际中，某些像素要达到稳定状态需要迭代的次数较多，为了保证计算效率，也可设置当迭代次数达到给定的最大次数时(如 10 次)，停止迭代。

上述加权 L_1 范数通过迭代操作重新设置了罚规则，对反演得到的散射值较小的稀疏解分配一个较大的权重，而对较大的稀疏解分配一个较小的权重，这样不同强度大小的

稀疏解在最小化操作时更平等，加权操作更趋向于剔除小的解来提高稀疏性。Ma 等 (2015a) 利用模拟数据对加权 L_1 范数对稀疏性提高上的作用做了系统分析，图 5.7 是 L_1 范数和加权 L_1 范数对模拟单散射体和双散射体的重建情况。其中，基线配置使用的是香港 2008 年 11 月～2010 年 12 月的 41 景 TerraSAR-X 影像的基线，相位模型使用的是 3-D SAR 模型。在模拟单散射体时，设置其高度为–20 m，信噪比为 5 dB，图信号和噪声子空间截断数为 36，设定的 ρ 值为 0.005。从图 5.7(左上) 中可以看出，在重建的稀疏散射剖面中，利用 L_1 范数求解得到两个非零解，一个对应的是真实散射体，另一个是异常值，而经过加权 L_1 范数求解之后，异常散射体被剔除，说明加权 L_1 范数提高了解的稀疏性。在双散射体模拟时，一个散射体高度设为–20 m，另一个设为 10 m，信噪比同样设为 5 dB，两个散射体的散射值比为 1.2，从结果中可以看出，L_1 范数重建的稀疏散射剖面出现了三个异常的非零值点，而加权 L_1 有效地剔除了三个点。尤其值得注意的是，在去除的异常点中，有一个散射值强度要高于真实的散射体强度，因此可以说明加权操作不但可以去掉小的异常值点，也可以去掉大的异常值点。加权 L_1 范数对稀疏性的提高受迭代次数和噪声水平的影响，为了定量化研究这种影响，将模拟数据在不同迭代次数和不同信噪比情况下的层析重建情况进行了统计分析，结果如图 5.8 所示。图 5.8(a) 显示了迭代次数在 0～9 时层析稀疏性的提高情况，设置信噪比分别为 1 dB、5 dB 和 10 dB，为了获取统计结果每次试验分别重复了 5000 次。从结果中看，随着迭代次数的增加，解算结果的真实稀疏性概率逐渐提高，尤其是前两次迭代对稀疏性提高的效果最为明显。具体来说，在单散射体情况下，经过两次迭代加权，信噪比为 1 dB 时真实稀疏概率可以达到 94.6%、5 dB 时可以达到 99.8%、10 dB 时就可以得到完美稀疏解。在双散射体情况下，信噪比为 1 dB 时真实稀疏概率可以达到 76.8%、5 dB 时可以达到 95.4%、10 dB 时也是 100%

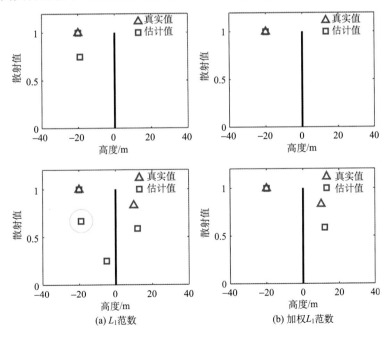

图 5.7　模拟数据的稀疏层析成像结果

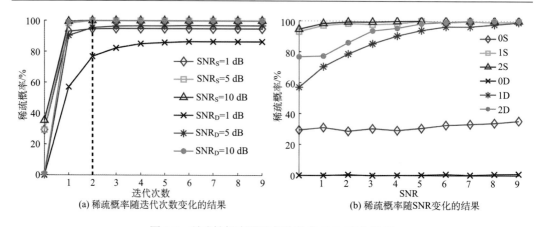

图 5.8 稀疏性概率随迭代次数和 SNR 变化结果

稀疏，说明在高信噪比情况下，加权 L_1 范数无论在单散射体还是双散射体重建中都可以得到完美稀疏解。图 5.8(b) 显示了当迭代次数为 2 时，解的稀疏概率随着信噪比的变化情况，设置的信噪比范围为 1~10 dB。可以看到，L_1 范数随着信噪比的提高层析重建结果的稀疏概率基本变化不大，而加权 L_1 范数随着信噪比的提高解的稀疏概率也在提高，因此可以说明，在 L_1 范数解中，即使很小的噪声水平也能影响最终的稀疏性。上述实验表明，加权 L_1 范数可以明显提高解的稀疏性，使从 CS 算法的层析成像结果中直接估计参数成为可能。

值得说明的是，迭代加权 L_1 范数提高了解的稀疏性，但是同时增加了计算负担，其实计算效率问题一直是 CS 算法的劣势，在 4-D SAR 或者 5-D SAR 中，随着层析反演维度的提高效率会变慢，因此目前大多基于 CS 算法的层析成像研究都注重在理论方法层面，还未用于工程应用中的参数反演。当然值得期待的是，将来 L_1 范数实现效率提高之后，CS 算法凭借其超分辨率优势有可能会大规模被应用，类似于傅里叶变换一开始出现的时候由于计算量太大也没有立即推广开来，随着快速傅里叶变换算法的提出才被大量使用。

5.3 基于二层网络的单 PS 和双 PS 联合探测

TomoSAR 可以识别一个像素中有一个 PS 点的情况，同时也能分离一个像素中有多个 PS 点的情况，而 PSInSAR 只能识别一个像素中有一个 PS 点的情况，从这层意义来讲，PSInSAR 是 TomoSAR 的一个特例。TomoSAR 凭借其识别叠掩 PS 点的能力可以用于对复杂城市环境中的基础设施健康监测，但是其处理过程复杂、计算效率比较低。另外，在城市 SAR 影像中，大多数情况是一个像素中有一个 PS 点的情况，也就是单 PS 点，因此在实际应用中 TomoSAR 一般需要和相对成熟的 PSInSAR 方法结合起来使用，用以联合探测单 PS 和叠掩 PS 点 (Wang et al., 2014 ; Ma and Lin, 2016)。在叠掩 PS 点中，一个像素中有两个 PS 点的情况又占大多数，也就是双 PS 点，如楼房墙壁和地面构成的双散射体叠掩，因此为了保证计算效率，一般只从层析成像结果中识别双 PS 点的情况，对于再高阶的散射体不再做进一步判别。

第 3 章中介绍了如何利用二层网络探测最稳定的 PS 点和扩展 PS 点，第 4 章中在干涉图同质滤波的基础上发展了二层网络，可以联合探测研究区的 PS 和 DS 点，本节将介绍如何利用二层网络联合探测单 PS 和双 PS 点，将 PSInSAR 和 TomoSAR 有机结合实现复杂城市环境中基础设施的有效监测 (Ma and Lin, 2016 ; Ma et al., 2019)。基于像素分类的层析处理方法需要准确估计全局的大气相位，然而根据之前所描述的，时空滤波估算大气方法在实际应用中有很多的不确定性，往往不能完美地估算大气噪声。例如，时空滤波时如果要合理地设置参数需要由真实大气时间和空间分布特征来决定，但是这类信息往往无法预先知道。不适当的参数设置可能无法有效地估算和去除大气甚至有可能错误地剔除真实信号，如铁路路轨在火车经过时产生的震动和桥梁随风的摆动，这些真实形变和大气噪声类似，都是在空间上低频、时间上高频，因此，时间维高频滤波会错误地除掉这些形变信息。另外，大气空间插值滤波方法假设大气在空间上为低频信号，也就是临近位置大气一致性原则，但是不适用于大气在空间上陡变的情况。根据之前所描述的大气特征，大气会随高度的变化而变化，由于 SAR 影像叠掩现象的存在，在监测城市高楼时，高楼屋顶和附近地面虽然在 SAR 二维坐标系下空间距离接近，但是大气却完全不同，这样 APS 在 SAR 影像坐标系下空间插值会得到错误的估算结果，从而影响最终的层析成像结果。为了降低时空滤波估算和去除大气噪声的不确定性影响，本节将层析成像引入用于探测 PS 和 DS 点的二层网络中来实现，以包含单 PS 点的像素点为参考点，通过网络弧段将包含叠掩 PS 点的像素连到参考点像素，减去参考点相位可以去除用于层析成像的像素点的大气噪声，这样无须利用时空滤波方法在全局范围内估算并去除噪声就可以实现相位定标，使计算方法更简便有效。基于二层构网的方法最终可以实现 PS、DS 和叠掩 PS 点的一体化联合探测，但为了简便起见，下面只介绍 PS 点和双 PS 点的联合探测方法，方法流程图如图 5.9 所示。

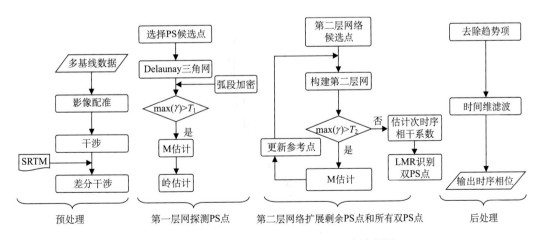

图 5.9　二层网络方法探测 PS 和双 PS 点流程图

5.3.1 幅度和相位定标

除影像配准等干涉的一般预处理之外，很多层析文章会介绍层析成像前需要进行幅度定标和相位定标。其实在所有 SAR 干涉处理(如 PSInSAR)前都需要幅度定标，目前大多数在轨卫星获取的 SAR 影像都已经定标，无须再做幅度定标。但是对于以前的卫星数据(如 ALOS-1)，还需要做幅度定标。幅度定标又可以分为绝对定标和相对定标，绝对定标需要已知卫星的地面辐射参数，一般比较麻烦，实际应用中相对定标即可满足多基线数据处理要求，幅度相对定标可以表示为

$$b = a / \bar{a} \tag{5.26}$$

式中，b 为像素幅度定标后的结果；a 为原来的幅度信息；$\bar{a}$ 为研究区平均幅度值。TomoSAR 相位定标一般包括干涉处理和去大气相位，根据前面所述，基于二层网络的层析成像算法无须估计全局大气噪声，因此配准后的 SAR 影像经过干涉和去平地处理即可作为输入数据进行层析成像，也可以利用 SRTM 高程数据进行差分处理后作为输入数据进行层析成像。另外，在利用机载多基线 SAR 影像进行层析成像时，相位定标包括去斜等操作(Reigber and Moreira, 2000)。

5.3.2 第一层网络探测最稳定 PS 点

识别包含双 PS 点的像素也需要单 PS 点作为参考点来去除大气噪声，因此也需要根据第 3 章所述的第一层网络构建方法去探测研究区最稳定的 PS 点。在这里使用 Beamforming 算法进行层析成像，其区别于周期图法的是在解算的时候既利用了相位信息又利用了幅度信息。根据 de Maio 等(2009)的研究，当引入幅度信息时散射体的探测率略优于不使用幅度信息时的探测率，这主要是因为幅度的引入改变了求解时的权重，幅度大的观测值一般对应的信噪比比较高，因此赋予权重比较大，提高了整体探测效果。使用同一时序相干系数阈值判断网络中弧段是否保留，将基于 Beamforming 算法的层析成像结果做归一化处理：

$$\gamma = \frac{\left| R_m^H g \right|}{\left(\left\| R_m^H \right\|_2 \left\| g \right\|_2 \right)} \tag{5.27}$$

在这里，层析重建的相位模型根据需要监测的基础设施运动特征可以选择 4-D SAR 或 5-D SAR 模型，其中 4-D SAR 模型最为常用。当监测高楼、桥梁等受热胀冷缩效应比较明显的目标时，可以使用 5-D SAR 模型。值得注意的是，当使用 5-D SAR 模型时，因为是在空间、时间和温度三个维度上反演层析，计算效率会比较低，一般可以通过增大高度、线性形变速度和温度解搜索空间的步长来减少采样和提高计算效率。当求解的时序相干系数大于设定阈值时保留弧段，并根据第 3 章介绍的第一层网络 PS 参数稳健估计算法，进一步通过 M 估计和岭估计获取第一层网络中 PS 点的物理参数。

5.3.3 第二层网络扩展双 PS 点

在探测双 PS 点之前首先要选取有可能包含双散射体的像素作为候选点，前面介绍了采用幅度离差、相干系数等方法来选取高相干的像素点并作为单 PS 候选点，包含双 PS 点的像素点是内部每个散射体复散射率的积分。因为两个散射体的散射率、高度、形变、噪声等信息不同，积分后的结果不具有时序相位稳定性，所以无法利用相干性方法选取双 PS 点候选像素。目前，大多数 TomoSAR 处理流程就是对实验区预处理后的影像的所有像素点进行层析成像，不需要预先选取候选点，但这样会增加计算负担，尤其是在沿海城市中有水的研究区域。为了避免计算 SAR 影像中的无效像素点，如水域、阴影区等，在第二层网络中可以使用强度阈值进行 TomoSAR 候选点的选取。根据前面介绍，虽然包含双 PS 点的像素没有相位稳定性特征，但是具有强散射性质，因此利用强度阈值可以将此类点有效地选取出来。具体方法是首先计算时序影像的平均强度图，然后设定一合适阈值进行掩膜，当然如果要尽可能多地选择一些候选点可以将强度阈值设得较小。从 TomoSAR 方法探测叠掩 PS 点的意义来讲，平均强度阈值分割应用在复杂大城市环境中更有优势，而全球大型城市一般都分布在沿海地区，因此通过强度阈值分割来剔除水域部分对 TomoSAR 探测叠掩 PS 点在实际应用中还是十分有效的。

在选取包含双 PS 点候选像素之后需要构建网络来去除大气并解算参数，根据第 3 章第二层网络构建方法，同样地，第二层网络中还可以继续扩展双 PS 点。由于包含双 PS 点的像素中的大气相位是多个叠掩散射体的大气相位积分，此类像素点无法做参考点用来去除大气，只能作为连接弧段中的解算点。因此，在第二层网络中，双 PS 点候选点只能与参考单 PS 点定向连接实现参数解算，并且被识别为双 PS 点的像素不能像单 PS 点一样被更新为参考点来实现空间连续扩展。图 5.10(a) 是以第一层网络探测的 PS 参考点为基础构建的第二层网络弧段，图 5.10(b) 和图 5.10(c) 分别显示的是被识别为单 PS 像素点和双 PS 像素与参考点连接的有效弧段，无效像素点已经被剔除。结合第 3 章和第 4 章介绍的内容，第二层网络中由于可以同时扩展 PS、双 PS 和 DS 点，扩展优先级不同会导致结果的扩展不同。从理论上讲，对于同一个像素来说，如果其包含双 PS 点，那么求解的时序相干系数要小于包含相同信噪比的单 PS 点的时序相干系数。但实际当中，由于不同地物目标散射能量不同，一个包含叠掩散射体的像素求解的时序相干系数有可能大于另一个包含单 PS 点像素的时序相干系数，这样在使用同一个时序相干系数阈值判断像素点是否是单 PS 点还是双 PS 点时就取决于判断的优先级。如果要尽可能地探测双 PS 点，那么层析成像和双 PS 点判断可以放在单 PS 点判断之前，如果只要探测单 PS 点以降低计算复杂度，双 PS 点判断可以放在单 PS 点之后、DS 点之前判断，如果在已知研究区双 PS 点不多时 (如简单城市场景)，双 PS 点的判断可以放在 PS 点和 DS 点之后再判断，从而避免重复计算。一般在实际基础设施监测中，单 PS 点分布会比较多，估算的参数质量也比较高，因此一般第二层网络中层析成像放在单 PS 点判断之后再进行，DS 点由于相位经过处理，可以放在双 PS 点判断之后再进行判别和解算。

(a) 第二层网络弧段　　　　　(b) 识别为单PS点　　　　　(c) 识别为双PS点

图 5.10　第二层网络探测单 PS 点和双 PS 点

红色为第一层网络探测的 PS 参考点

　　在将强度阈值选取的候选点连接参考点剔除大气噪声之后，就可以利用 Beamforming 算法进行层析成像，当然也可以利用其他的谱估计算法。图 5.11 显示的是图 5.10（c）中箭头所示的一个包含双 PS 点的像素基于 Beamforming 算法的层析成像结果，由于监测的是楼房，受热胀冷缩效应明显，因此使用的是 5-D SAR 相位模型。图 5.11（a）显示的是当热膨胀幅度为 0 时在空间和时间维的层析切面散射强度，图 5.11（b）显示的是当线性形变速度为 0 时在空间和温度维的层析切面散射强度。从两个切面上都能明显地发现两个散射峰值点，对应的就是两个叠掩 PS 点位置，通过测量其高度差异为 24 m，根据两个 PS 点的高度差异和实际地物特征可以判断，一个点来源于墙壁；另一个来源于屋顶。另外，层析切面上除了两个明显的峰值还有散射值较小的峰值存在，这些峰值点的存在会影响到真实 PS 点的识别。

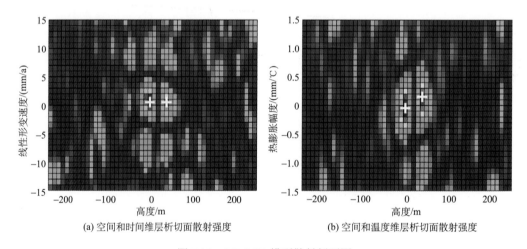

(a) 空间和时间维层析切面散射强度　　　　　(b) 空间和温度维层析切面散射强度

图 5.11　5-D SAR 模型散射剖面图

5.3.4　基于局部极大值比提取双 PS 点

　　通过 Beamforming 算法获取像素的层析成像结果之后，根据层析理论，通过模型阶次判别，识别层析结构中的真实散射体个数，然后再通过参数估计方法解算出每个散射体的物理参量。根据前面介绍，在复杂城市环境中，一个像素中有可能包含两个、三个甚至四个叠掩 PS 点，在目前的层析成像研究中一般探测双 PS 点情况，也就是一个像素中有两个 PS 点。即使有第三个叠掩散射体也不再继续判断，以保证计算效率。在这里假设需要识别的散射体最高阶次为 2，那么可以构建一种简便的基于散射强度局部极大值的参数估计方法，该方法通过识别层析成像中两个最大的散射极值点来提取双 PS 点，无须判别散射体模型阶次，该方法称为局部极大值比(local maximum ratio, LMR)法(Ma and Lin, 2016)。由于层析散射值都经过归一化处理，最大的散射值点对应的数值即时序相干系数。首先通过时序相干系数阈值判断主导散射体的位置信息，然后再识别层析结构中的第二个极大值点，其数值暂且称为次时序相干系数，通过判断次时序相干系数与时序相干系数的比来判断第二个极大值点是否对应真实叠掩 PS 点。如果两者比值大于一个给定阈值，那么该像素点为双 PS 点，对应次时序相干系数的 PS 称为非主导 PS 点，在实际应用中，这个比值要根据实验区的散射情况而设定。图 5.12 是根据 0.7 比值阈值探测出的双 PS 点高度信息，该结果中的双 PS 点主要来源于三种情况，红色椭圆内双 PS 点分别来源于楼房墙壁和屋顶，绿色椭圆内分别来自于墙壁和地面，蓝色椭圆内分别来自于墙壁高的位置和另一栋楼房墙壁矮的位置。

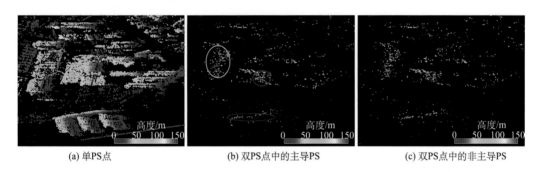

(a) 单PS点　　　　　　(b) 双PS点中的主导PS　　　　　(c) 双PS点中的非主导PS

图 5.12　PS 点高度结果

图 5.13 显示了利用单轨 TerraSAR-X Stripmap 模式影像探测的香港九龙地区所有单 PS 点和双 PS 点结果，其中包含双 PS 点的像素个数大约为包含单 PS 点的像素个数的 1/20，也就是说，双 PS 点探测的 PS 点个数是单 PS 点的 1/10，这小于利用 TerraSAR-X Spotlight 模式影像探测的双 PS 点在总测量点中的比例(Wang et al., 2014)。这其中一方面是由于 Spotlight 数据分辨率高于 Stripmap，增大了叠掩区域；另一方面 Wang 等(2014)使用超分辨率层析成像方法，将高度接近的双 PS 点也有效分离出来。当然，双 PS 和单 PS 点的比例也与探测双 PS 点时用的方法和参数有关，如当设置时序相干系数和次相干系数的比值阈值越大时，探测的双 PS 点越少，但是参数估计质量越高，反之阈值越小时，双 PS 点越多，噪声点也就越多。

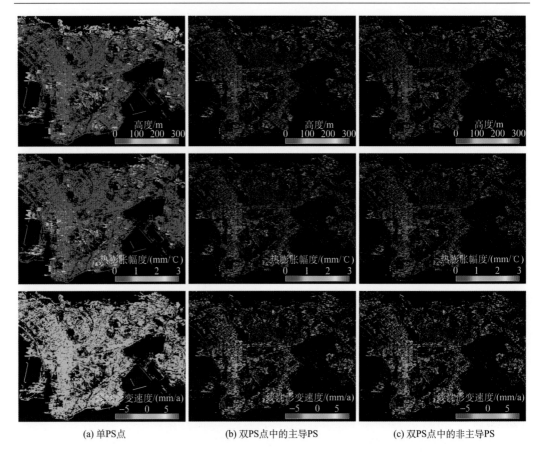

(a) 单PS点　　　　　　(b) 双PS点中的主导PS　　　　　(c) 双PS点中的非主导PS

图 5.13　单 PS 点和双 PS 点高度、热膨胀幅度和线性形变速度结果

另外，值的注意的是，目前大多数谱估计器只能反演伪散射值，利用 Beamforming 算法重建的层析也做了归一化处理，因此无法利用 RELAX 方法估计双散射体的时序形变，因此在这里不再展示，如果要获取研究区形变的时序趋势，可参照周边单 PS 点的时序形变趋势。

5.4　本章小结

本章首先介绍了 TomoSAR 发展过程中的基本信号模型，包括 3-D SAR、4-D SAR 和 5-D SAR。接着介绍了五种用于层析反演的谱估计算法，包括 Beamforming、SVD、Capon、MUSIC 和 CS 算法，Beamforming、SVD 和 CS 算法是基于单视操作的反演方法，相比基于协方差矩阵反演层析的 Capon 和 MUSIC 算法能保持基础设施的细节信息。其中 Beamforming 算法是稳定性和效率方面综合水平最优的谱估计器，但是其受瑞利分辨率限制无法分离相近的散射体，Capon 和 MUSIC 算法具有一定的超分辨率成像能力，基于稀疏假设的 CS 算法具有完全超分辨率成像能力。在实际应用中，基于 L_1 范数的 CS 算法反演的层析受异常值的影响无法得到真实的稀疏解，加权 L_1 范数可以有效地提高层析稀疏性。在基础设施监测中，TomoSAR 一般和 PSInSAR 联合使用探测单 PS 和双 PS 点，本章介绍了基于二层网络的 PS 和双 PS 点探测方法，可以在无须预估全局大气噪声的情况下实现叠掩散射体的分离。

相比 PSInSAR 算法，TomoSAR 可以识别叠掩 PS 点，提高了 InSAR 技术对复杂城市环境雷达影像的解译能力，但在面向基础设施监测应用中，是否需要探测叠掩 PS 点要根据实际情况确定。在大多数情况下，叠掩 PS 点周围已经有了很多单 PS 点，如在高分辨率 SAR 影像中单 PS 点个数可以达到 10 万/km^2，在这种情况下，TomoSAR 增多的双 PS 点实际意义并不大，因为单 PS 点通常已经足够表征基础设施的运动机制。从这层意义上讲，在基础设施监测中，TomoSAR 技术的理论贡献往往要大于实际应用效果，而 TomoSAR 在森林层析重建中应用其实更能凸显技术本身的优势。

参 考 文 献

林珲, 马培峰, 陈旻, 等. 2015. SAR 层析成像的基本原理、关键技术和应用领域. 测绘地理信息, 40(3): 1-5.

孙希龙. 2012. SAR 层析与差分层析成像技术研究. 长沙: 国防科学技术大学硕士学位论文.

张红, 江凯, 王超, 等. 2010. SAR 层析技术的研究与应用. 遥感技术与应用, 4(2): 282-287.

Bamler R, Hartl P. 1998. Synthetic aperture radar interferometry. Inverse Problems, 14(4): R1.

Budillon A, Evangelista A, Schirinzi G. 2010. Three-dimensional SAR focusing from multipass signals using compressive sampling. IEEE Transactions on Geoscience and Remote Sensing, 49(1): 488-499.

de Maio A, Fornaro G, Pauciullo A. 2009. Detection of single scatterers in multidimensional SAR imaging. IEEE Transactions on Geoscience and Remote Sensing, 47(7): 2284-2297.

Ferretti A, Bianchi M, Prati C, et al. 2005. Higher-order permanent scatterers analysis. EURASIP Journal on Applied Signal Processing, (20): 3231-3242.

Fornaro G, Reale D, Serafino F. 2009. Four-dimensional SAR imaging for height estimation and monitoring of single and double scatterers. IEEE Transactions on Geoscience and Remote Sensing, 47(1): 224-237.

Fornaro G, Serafino F, Soldovieri F. 2003. Three-dimensional focusing with multipass SAR data. IEEE Transactions on Geoscience and Remote Sensing, 41(3): 507-517.

Frey O, Magnard C, Ruegg M, et al. 2009. Focusing of airborne synthetic aperture radar data from highly nonlinear flight tracks. IEEE Transactions on Geoscience and Remote Sensing, 47(6): 1844-1858.

Gini F, Lombardini F, Montanari M. 2002. Layover solution in multibaseline SAR interferometry. IEEE Transactions on Aerospace and Electronic Systems, 38(4): 1344-1356.

Lin H, Ma P. 2017. Urban infrastructural health diagnosis with satellite-terrestrial sensing technologies. Annals of GIS, 23(2): 1-8.

Lombardini F. 2005. Differential tomography: a new framework for SAR interferometry. IEEE Transactions on Geoscience and Remote Sensing, 43(1): 37-44.

Lombardini F, Cai F, Pasculli D. 2013. Spaceborne 3-D SAR tomography for analyzing garbled urban scenarios: single-look superresolution advances and experiments. IEEE Journal of Selected Topics in Applied Earth Observations and Remote Sensing, 6(2): 960-968.

Lombardini F, Gini F, Matteucci P. 2001. Application of array processing techniques to multibaseline InSAR for layover solution. IEEE, 210-215.

Ma P, Lin H. 2016. Robust detection of single and double persistent scatterers in urban built environments. IEEE Transactions on Geoscience and Remote Sensing, 54(4): 2124-2139.

Ma P, Lin H, Lan H, Chen F. 2015a. On the performance of reweighted L1 minimization for tomographic SAR imaging. IEEE Geoscience and Remote Sensing Letters, 12(4): 895-899.

Ma P, Lin H, Lan H, Chen F. 2015b. Multi-dimensional SAR tomography for monitoring the deformation of newly built concrete buildings. ISPRS Journal of Photogrammetry and Remote Sensing, 106: 118-128.

Ma P, Liu Y, Wang W, Lin H. 2019. Optimization of PSInSAR networks with application to TomoSAR for full detection of single and double persistent scatterers. Remote Sensing Letters, 10(8): 717-725.

Monserrat O, Crosetto M, Cuevas M, et al. 2011. The thermal expansion component of persistent scatterer interferometry observations. IEEE Geoscience and Remote Sensing Letters, 8(5): 864-868.

Reale D, Fornaro G, Pauciullo A. 2013. Extension of 4-D SAR imaging to the monitoring of thermally dilating scatterers. IEEE Transactions on Geoscience and Remote Sensing, 51(12): 5296-5306.

Reigber A, Moreira A. 2000. First demonstration of airborne SAR tomography using multibaseline L-band data. IEEE Transactions on Geoscience and Remote Sensing, 38(5): 2142-2152.

Stoica P, Moses R L. 1997. Introduction to Spectral Analysis. Upper Saddle River, NJ: Prentice Hall.

Tebaldini S. 2010. Single and multipolarimetric SAR tomography of forested areas: A parametric approach. IEEE Transactions on Geoscience and Remote Sensing, 48(5): 2375-2387.

Tebaldini S, Nagler T, Rott H, et al. 2015. L-band 3D imaging of an alpine glacier: results from the AlpTomoSAR campaign. IEEE International Geoscience and Remote Sensing Symposium (IGARSS), 5212-5215.

Wang Y, Zhu X X, Bamler R. 2014. An efficient tomographic inversion approach for urban mapping using meter resolution SAR image stacks. IEEE Geoscience and Remote Sensing Letters, 11(7): 1250-1254.

Zhu X X, Bamler R. 2010a. Tomographic SAR inversion by L1-norm regularization—The compressive sensing approach. IEEE Transactions on Geoscience and Remote Sensing, 48(10): 3839-3846.

Zhu X X, Bamler R. 2010b. Very high resolution spaceborne SAR tomography in urban environment. IEEE Transactions on Geoscience and Remote Sensing, 48(12): 4296-4308.

Zhu X X, Bamler R. 2012. Super-resolution power and robustness of compressive sensing for spectral estimation with application to spaceborne tomographic SAR. IEEE Transactions on Geoscience and Remote Sensing, 50(1): 247-258.

第6章　城市大型线状地物监测

城市大型线状地物(如地铁、桥梁、大坝、公路)是城市的生命线,它们的安全运维对经济和社会发展具有重要作用(林珲等, 2017, 2011 ; Chen et al., 2012)。由于线状地物独特的结构特征,InSAR 测量点也将呈线性分布,从而对参数解算提出了新的挑战:一方面,大型线状地物的线性结构容易导致解算误差沿同一方向传递,最终可能出现趋势性误差;另一方面,线状地物除了线性形变外,一般还具有非线性形变特征,如随季节性温度变化的热胀冷缩形变,传统的线性形变模型无法精准表达其运动规律,往往需要引入非线性模型进行参数解算。本章通过介绍深圳湾大桥、京石高铁桥梁(石家庄段)和香港沙中线(土瓜湾站)三个监测案例,来讨论 InSAR 在城市大型线状地物形变监测中的应用情况。

6.1　深圳湾大桥

6.1.1　实　验　区　域

跨海大桥是跨越海湾、海峡、深海、入海口或其他海洋水域的桥梁,一般有较长跨度和线路,短则几千米,长则几十千米。由于跨海大桥深入的海洋环境自然条件复杂恶劣,因此跨海大桥能体现桥梁工程的顶级技术。深圳湾大桥是连接深圳南山区和香港元朗区的跨海大桥,如图 6.1 所示。深圳湾大桥于 2003 年动工建设,2007 年正式通车,线路全长 5 545 m,桥面宽 38.6 m,全桥桩柱共 457 支,斜拉索共 12 对,呈不对称布置,独塔单索面钢箱梁斜拉桥,为目前国内最宽、标准最高的公路大桥。深圳湾大桥为连接深圳与香港两地的深港西部通道主体工程,是继罗湖、皇岗和沙头角之后第 4 条跨境通道,连接深圳蛇口与香港元朗,为我国公路干线网中唯一与香港连接的高速公路大桥,也是广东沿江高速公路的咽喉。深圳蛇口到香港只有 10~15 分钟的车程,待广东沿江高速开通后,广州与香港的距离将缩短至 100 km。如图 6.1(a)深圳湾大桥光学图所示,全桥路段大致呈南北方向布置的 S 形。深圳湾大桥通航孔桥采用倾斜式独塔单索面钢箱梁斜拉桥,钢箱梁采用倒梯箱形,与非通航孔混凝土箱梁外形协调一致。塔、墩梁固成体系,塔柱采用混凝土箱形结构。边跨与中跨的斜拉索呈不对称布置,利用塔身自重平衡主跨荷载,存在较大范围无索区,索面呈现光线折射般的视觉效果。非通航孔桥采用等跨等截面预应力混凝土连续梁,分为两联。换道立交桥在海中与通航孔桥相接处采用一联变宽度连续梁,在其余匝道桥均为预应力混凝土连续梁。

(a) 光学图　　　　　　　　　　　　(b) 时序SAR影像平均强度图

(c) 深圳湾大桥照片

图 6.1　深圳湾大桥

　　跨海大桥可能产生的形变主要是由自然条件及其变化、桥梁本身应力以及人为设计、施工不合理等引起的，在各种外界因素作用下，桥梁变形表现为动态非线性变形状态。自然条件变化指的是风力、海浪、温度的变化引起的形变，跨海大桥常常面临恶劣的风环境，高风速条件下，大跨径桥梁在结构选型和构造设计中必须考虑风致破坏问题。跨海大桥位于恶劣的海洋环境中，在这种环境下，混凝土结构的腐蚀状况要比其他环境下的严重得多，防止钢筋锈蚀、延长结构使用寿命、确保跨海大桥的耐久性是十分突出的问题(孙红尧等，2011)。在温度变化时温度力的影响下，大桥钢结构会发生热胀冷缩，如何合理地设计热胀冷缩缝隙是避免桥梁裂缝的关键。另外，要注意桥梁的安装季节和水面温度的温度效应，大跨度钢箱梁斜拉桥的施工工艺对于温度效应的依赖性较强，这是钢结构变形对于温度变化非常敏感造成的，跨海大桥的长度可观，斜角角度也较大，而钢结构的细微变形都有可能影响整个跨海大桥的稳固和质量。桥梁本身应力包括车辆行驶过程中产生的载荷、在斜拉索作用下产生的收缩徐变应力等。近年来，随着我国经济的发展，城市现代化水平逐渐提高，许多大型高架、跨海桥梁不断被建设，不仅使交通运输更加便利，也完善了基础设施。如今，我国已成为世界第五大桥梁大国，由于其结构复杂，作用重大，因此大型桥梁的施工和运营安全问题受到社会各界的广泛关注。

6.1.2　实验数据和方法

该实验使用 2013 年 10 月 4 日～2016 年 5 月 1 日获取的 30 景 COSMO-SkyMed 降轨数据对大桥的形变特性进行分析，数据扫描模式为条带模式，分辨率为 3 m，极化方式为 HH 极化，中心点入射角为 32.3°。从整幅 SAR 影像中裁剪出包含深圳湾大桥的研究区，深圳湾大桥的 SAR 影像矩形范围大约为 30 km^2，时序 SAR 影像平均强度图如图 6.1(b) 所示，可以看到，连接桥梁两段的城市区域和桥梁部分呈高亮散射，不同的桥梁段落散射强度不同，可能是桥梁特殊的结构(如斜拉索)引起的，周边水域区域呈低散射，水域里的高亮散射目标对应着鱼排等设施。COSMO-SkyMed 数据的时间和空间基线信息见表 6.1，主影像拍摄时间为 2014 年 12 月 6 日，最大垂直基线长度为 1 480 m。在进行 InSAR 时序分析之前，通过查看干涉图信息可以大致分析基础设施的形变特征以及大气的分布状况。图 6.2 展示了其中三幅 SAR 影像去平地干涉图，为了更好地展示干涉信号，使用 Golstein 滤波压制噪声，在后续时序处理的时候为了保证不损失信息，使用的还是未滤波的去平地干涉图。通过图 6.2 可以发现，水域区域相位全是噪声信号，在图 6.2(b) 中水域中的高亮散射鱼排在干涉图中也没有有效干涉信息，主要是由于鱼排并不是在所有的 SAR 影像中都出现，只是在某几幅 SAR 影像中出现。而在桥梁上发现

表 6.1　**COSMO-SkyMed 数据集基本信息，主影像为 2014-12-06**

影像级别：单视复数影像(SLC)

获取模式：条带

极化方式：HH

编号	日期(年-月-日)	垂直基线/m	编号	日期(年-月-日)	垂直基线/m	编号	日期(年-月-日)	垂直基线/m
1	2013-10-04	−568.686	11	2014-08-04	282.917	21	2015-06-20	−634.968
2	2013-10-16	168.838	12	2014-09-17	−758.05	22	2015-07-02	−627.225
3	2013-11-17	−406.133	13	2014-10-03	−682.340	23	2015-08-03	257.063
4	2013-12-19	−432.499	14	2014-11-20	−538.068	24	2015-09-08	255.795
5	2014-01-08	446.978	15	2014-12-06	0	25	2015-10-10	564.051
6	2014-02-21	192.533	16	2015-01-23	−203.803	26	2015-11-23	−118.931
7	2014-03-13	378.480	17	2015-02-08	−33.408	27	2015-12-09	481.76
8	2014-05-28	−315.571	18	2015-03-12	598.433	28	2016-01-14	722.376
9	2014-06-29	−608.704	19	2015-04-29	7.909	29	2016-03-18	573.058
10	2014-07-19	−544.493	20	2015-05-31	−452.02	30	2016-05-01	−134.014

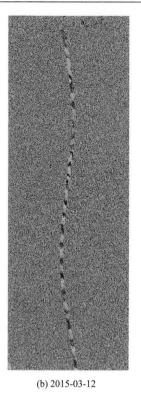

　　(a) 2014-03-13　　　　　　　(b) 2015-03-12　　　　　　　(c) 2015-11-23

图 6.2　去平地干涉图

沿桥梁方向的相位条纹，虽然有大气噪声的存在，但也能明显地看到在桥梁方向上呈周期性变化特征，而且在三幅干涉图中一个周期变化对应的桥梁长度有所不同，这些周期性特征是水平方向上的热胀冷缩效应导致的（Crosetto et al., 2015），具体的运动机制将在6.1.3 节结果分析中详细介绍。

　　该实验利用第 3 章介绍的基于二层网络的稳健估计算法探测大桥上的 PS 点并估算变形，从最终结果上看，单纯 PS 点密度已经能够完整地表达桥梁的运动特征，因此该实验中没有探测 DS 和叠掩 PS 点。在该研究区内，由于桥梁容易发生变形，为了保证参考点的稳定性，该实验将参考点选在桥梁一端的地面上。在构建第一层网络中，首先利用 Delaunay 三角网将 PS 候选点连接。为了进一步提高网络的连通性，在 Delaunay 三角网之上加密弧段构建冗余网。根据第 3 章介绍的内容，加密网中有自适应加密和全加密两种方法，因为跨海大桥的 PS 点本来就比较少，为了最大限度地增加网络连通性，直接使用了全加密方法对 Delaunay 三角网进行加密（Ma et al., 2019b）。根据研究区的大气分布和 Delaunay 三角网弧段连接情况，加密冗余弧段的两个同心圆的半径分别设为 1 000 m 和 200 m，加密百分比设为 100%，意味着圆环内所有 PS 候选点都进行连接。当然为了保证一定的计算效率，最大加密点数设为 100。当圆环内 PS 候选点数少于 100 时，全部连接，当大于 100 时，随机连接其中 100 个。Delaunay 三角网和全加密构网前后的结果如图 6.3（a）和（b）所示，Delaunay 三角网连接弧段数量为 11 541，全加密冗余网弧段数为

400 694，比 Delaunay 三角网弧段数量增加了近 40 倍，有效地提高了第一层网络的连通性。通过全加密构网将 PS 候选点连接，然后利用周期图法进行相位稳定性分析，识别质量差的弧段并剔除。在剔除弧段时，设置剔除弧段距离阈值为 1 000 m，直接剔除长度超过 1 000 m 的弧段，距离过长会导致弧段连接两点之间的大气相位噪声增加，这样可以避免距离过长而导致的参数精度低的问题。剩下的弧段再进行相位稳定性判别，时序相干系数阈值设为 0.7，当时序相干系数值小于 0.7 时剔除弧段，当时序相干系数值大于 0.7 时，保留弧段并利用 M 估计器估算最终的相对参数(Huber, 1964)。图 6.3 同时给出

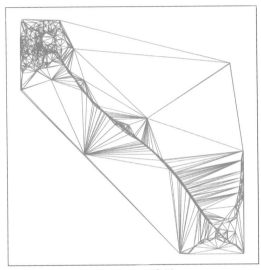

(a) Delaunay三角网

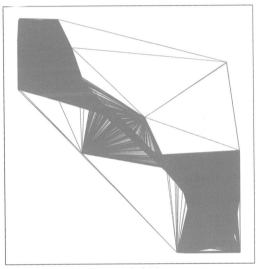

(b) 全加密网

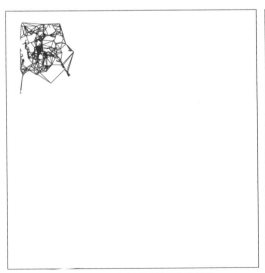

(c) Delaunay三角网得到的最大连通网

(d) 全加密网得到的最大连通网

图 6.3　Delaunay 三角网和全加密网结果比较

了弧段剔除后的保留弧段中的最大连通网，从图 6.3(c) 中可以看出，Delaunay 三角网在剔除无效弧段后产生了大量的孤立弧段而导致最大连通网没有实现全局连通，识别出来的 PS 点只覆盖了桥梁一段的城区部分，说明桥上的弧段剔除的比较多。而全加密冗余网在剔除弧段后的最大连通网仍然覆盖整个桥梁，证明全加密冗余网在桥梁 InSAR 监测中的有效性。虽然全加密冗余网计算时间比 Delaunay 三角网增加了大约 8 min，但是由于桥梁上需要解算的 PS 点并不多，总的时间成本也不高，因此，相对于提高的网络连通性效果来说是可以接受的。因此，可以得出结论，当采用 InSAR 监测沿海城市跨海大桥、海上输电塔等离岸设施时，由于研究区大部分区域为水域，总的 PS 点比较少，因此可以直接使用全加密网最大限度地提高网络连通性，同时也能够保证比较高的计算效率。

6.1.3　结　果　分　析

为了验证在时序形变估计时温度模型引入的有效性，本书研究比较了使用单纯线性模型和使用线性加温度模型拟合相位的时序残差大小。当单纯使用线性模型进行参数解算时，去除高度和形变速度相位贡献值后的残差时序相位的标准差为 2.2 mm，要大于使用线性加温度模型时的残差标准差 1.8 mm，这说明线性加温度模型对时序相位的拟合度更高。图 6.4 中给出了利用单纯线性模型和线性加温度模型估计的平均形变速度。相比而言，使用单纯线性模型求得的形变速度在沿着桥梁走向方向上具有周期特征，跟干涉图相位走势一致。这说明，在使用单个线性形变模型时，季节性热胀冷缩变形被错误地估计到了线性形变速度中，使得形变速度不为 0，而且在沿桥梁走向的水平方向也呈现

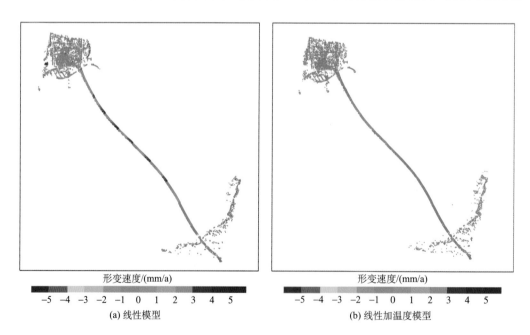

(a) 线性模型　　　　　　　　　　　　　　(b) 线性加温度模型

图 6.4　单纯线性模型和线性加温度模型解算的形变速度比较

出周期性特征。而使用线性加温度模型时，求解的线性形变速度基本为 0 而且没有周期性特征，说明热胀冷缩变形和线性形变被有效地分离开来。因为桥梁热胀冷缩一般是正常的形变，当利用形变速度图试图识别异常形变时，线性模型对季节性热胀冷缩的不当拟合有可能使得非 0 形变速度被识别为异常性变形，因此增加了异常形变的虚警率，而温度模型的引入有效地避免了这个问题。值得注意的是，当引入温度模型时，需要保证线性模型和温度模型的相关性比较低，否则无法有效地分离线性形变和季节性形变。线性模型和温度模型的相关性随着 SAR 影像时间跨度变长而降低，一般来说，一年时间的温度函数只有一个周期，和线性形变具有较大的相关性，无法对线性形变和热胀冷缩进行有效的分离，其一般要求使用数据的时间跨度要尽可能长。该实验数据时间跨度为两年半，线性函数和温度函数的相关性计算约为 0.1，因此可以对线性形变和热胀冷缩进行有效分离。

接下来分析 InSAR 解算的热膨胀幅度，桥梁解算的在 LOS 向的热膨胀幅度范围为 –2.2～2 mm/℃。热膨胀幅度正数表示当温度上升时，LOS 向位移朝向卫星，负数表示当温度上升时，LOS 向位移远离卫星。从图 6.5 中可以看到，沿着大桥方向上热膨胀幅度大致呈现周期性变化特征，与前面展示的干涉图中的相位变化特征一致，这是热胀冷缩变形在水平方向上的积累效应导致的。具体而言，当季节性温度升高时(主要是在 7～8 月)，梁体混凝土发生膨胀，梁体的线性结构而导致水平移动，相邻两段梁体是不直接连接的，在建造桥梁时，各段梁体之间会有一个热胀冷缩缝隙称为伸缩缝，使得梁体可以自由地伸展。一般梁体的一端固定，另一端可以移动，或者中间锁定，两个端点部位可以水平移动。水平运动会向梁体可移动的一端积累，由于积累效应伸缩缝位置可移动的一端发生的位移最大，不可移动的一端发生的位移最小，因此形变在一段梁体水平方向上呈现出线性累计变化特征。多段梁体形变会出现周期性变化特征，而伸缩缝位置就对应着周期跳变的位置。伸缩缝保证了热胀冷缩时桥梁可以自由伸缩，如果没有伸缩缝，两段梁体直接相连，膨胀的时候会导致桥面隆起，而收缩的时候桥面会有裂缝，从而危及桥梁安全。桥梁热胀冷缩产生的位移与钢筋混凝土的热膨胀系数、梁体长度和温度变化幅度有关，当温度变化为 1℃时，热胀冷缩位移与热膨胀系数和梁体长度呈线性关系：

$$m = L \cdot \alpha \tag{6.1}$$

式中，m 为位移；L 为线性设施长度；α 为热膨胀系数。由于深圳湾大桥的几何结构呈 S 形弯曲状态，而且每段梁体的长度不同，根据卫星和桥梁的几何关系，每一段梁体的纵向位移在 LOS 向投影不同，因此周期性变化范围在每一段上并不相同。例如，在图 6.5 中的 A 段周期和 B 段周期区域，两个周期对应桥梁的长度分别为 476 m 和 468 m，长度基本一致，因此在桥梁纵向上热胀冷缩值大小理应一致。但是在 A 段，监测到的 LOS 向热膨胀幅度为 –1.1～1.3 mm/℃，而在 B 段，热膨胀幅度从 –1.1 mm/℃ 变化到 1.7 mm/℃。A 段计算的热膨胀幅度差绝对值要小于 B 段。由卫星的航向角为 –169.2° 可知，A 段与 LOS 方向的夹角要大于 B 段，也就是说，虽然 A 段和 B 段在纵向方向上的位移相等，但是在 LOS 向的投影 A 段要小于 B 段，这就导致了 A 段热膨胀幅度差异绝对值要小。另外，A 段和 C 段梁体走向基本一致，但是长度不同，C 段长度为 573 m，要长于 A 段长度，热胀冷缩位移在水平方向上的积累 C 段也要大于 A 段，C 段热膨胀幅度从–1.5 mm/℃变化到 1.2 mm/℃，其变化幅度的确大于 A 段，也证明了前面的推断。InSAR 解算的热膨胀幅度可以用来求解材料的热膨胀系数(Ma et al., 2015)，这里首先要假设桥梁只有沿着纵向方向上的热胀冷缩位移(这点可以通过桥梁的线性形变速度基本为 0 证明)，这样可以把 InSAR 解算得到的 LOS 向变形通过卫星和桥梁的几何关系转换到沿桥梁纵向上，然后求得 A 段和 B 段的热膨胀系数约为 11.1×10⁻⁶/℃。在工程建设中不同配比的钢筋混凝土的热膨胀系数范围为 8×10⁻⁶～12×10⁻⁶/℃，虽然深圳湾大桥具体的建筑材料类型和配比未知，但是大致可以看出，通过 InSAR 解算的热膨胀幅度求得的热膨胀系数与实际情况基本相符，从而也证明了热膨胀幅度参数解算的可靠性。不同的热膨胀系数可能是不同建筑材料导致的，因此通过 InSAR 热膨胀幅度解算得到的热膨胀系数有潜力用以不同基础设施建筑材料分类，当然这里要排除也可能是 InSAR 解算误差导致的，针对 InSAR 计算的热膨胀系数进行不同建筑材料分类也是未来比较有挑战性的一个研究课题。

图 6.5 桥梁的热膨胀幅度

随温度变化的热胀冷缩是基础设施结构的正常变形，温度模型的引入有效地分离了基础设施季节性变形和线性形变，如果桥梁存在异常变形，会通过线性形变速度表现出来，因此相比热膨胀幅度图，形变速度图更值得关注。如图 6.4(b)所示，由线性加温度模型解算出的深圳湾大桥 PS 点平均速度在 LOS 向的变化范围为–1.2～2.3 mm/a，正值表示靠近卫星方向形变，负值表示远离卫星方向形变。桥梁形变速度统计的标准差为 1.5 mm/a，在 2 倍标准差范围内的点占总点数的 96%，也就说明大部分 PS 点的形变速度都在 0 附近，因此可以得出深圳湾大桥在监测期内基本呈现稳定状态，没有发生大的异常变形，这点从图 6.4(b)中监测点基本都呈绿色也可以判断出来。

为了研究大桥形变随时间的变化特征，图 6.6 展示了桥梁上 PS 点的时序形变。这里分别选取了一段桥梁周期的两端 PS 点（$P_1 \sim P_4$）展示其时序形变，P_1 和 P_2 点的时序形变特征与季节性温度变化呈负相关关系，而 P_3 和 P_4 点的时序形变特征与温度变化呈正相关关系。这说明在 P_1 和 P_2 点，当夏季温度上升时，热胀冷缩纵向上积累在 LOS 向上的运动投影分量是远离卫星方向的，当冬季温度下降时，LOS 向上的运动投影分量是朝向卫星方向的。而 P_3 和 P_4 恰好相反，当夏季温度上升时，其是朝向卫星方向上的移动的。假设该实验选择的参考点是绝对稳定的，而解算的梁体两段的热胀冷缩方向不一致，那么可以由此推断出梁体的中间部位被锁定，两端可以移动。当然该实验中有可能选择的参考点也发生了变形，导致解算的形变不是绝对量，这可能影响到桥梁水平移动方向的判断，如果要明确判断则需要进一步的地面数据支撑才可以。

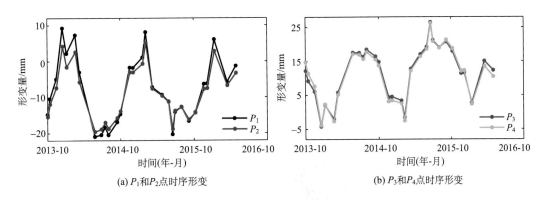

(a) P_1和P_2点时序形变　　(b) P_3和P_4点时序形变

图 6.6 深圳湾大桥 PS 点 LOS 向时序形变

6.2 京石高铁桥梁（石家庄段）

6.2.1 实 验 区 域

相对于普通铁路而言，高速铁路具有高运输能力、低能耗、结构优良等优势，因此被广泛建设。尤其在中国，据统计，2007～2017 年高铁的总长度从 1 250 km 增长到 25 000 km，占世界总高铁长度的 48%，在 2020 年时将达到 30 000 km（Jiao et al., 2017）。这其中，京石客运专线是中国京广高速铁路的一项工程，连接北京市及河北省省会石家庄，总长度为 283.7 km，是中国铁路中长期铁路网规划"四纵四横"客运专线网络中京港客运专线的组成部分（金莉，2017）。京石铁路于 2012 年 12 月投入运行，设计最高时速为 350 km/h。京石客运专线位于燕山南麓、太行山东麓的山前冲洪积平原，沿线表覆第四纪地层，其成因类型可分为人工堆积层、冲洪积层、风积层、坡洪积层；石太直通线西部位于低山丘陵区，出露或勘探揭示的基岩有奥陶系石灰岩、白云岩等。为了保证高铁的平稳运行，其中京石全线的 78.6%建造于桥梁之上，采用双线无砟轨道。以 32 m 简支箱梁为主，以 24 m、20 m 简支箱梁为辅的原则，全桥梁跨统一，有利于预制架设、维修养护，同时整体景观效果较好。当 32 m 简支梁跨不能满足净宽要求时，则采用大跨度预应力混凝土连续梁、大跨连续刚构和钢管拱等，其中连续梁跨度有(32+48+32)m、(40+56+40)m、(40+64+40)m、(48+80+48)m、(60+100+60)m、(80+128+80)m；连续刚构跨度有(60+100+60)m 及(48+80+80+48)m；钢管拱跨度有 92 m、(71.8+104+71.8)m。该实验研究区域位于河北省石家庄段高铁桥梁，总长度约 8 km，总共跨越三条河流，研究区周边建筑物较少，大致走向为南北向，呈 S 形，如图 6.7 所示(Ma et al., 2019a)。

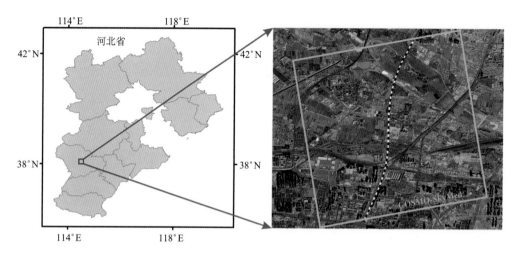

图 6.7　研究区域

高铁桥梁的稳定性对于高铁的安全运维具有至关重要的作用，如何控制好梁体变形是高铁安全运行的关键。在不同的作用力下，高铁桥梁往往可能发生不同形式的变形，如在桥梁建设初期，由于混凝土的固结作用会发生变形，这种变形会随着时间推移慢慢变小。运行的火车会和桥梁发生相互作用，容易使桥梁产生垂直向或者横向位移，横向位移一般小于竖直向位移(Fiore et al., 2013)，在火车和桥梁相互作用时，一方面火车运行产生的作用力会影响到桥梁的稳定性；另一方面桥梁位移会影响火车的平稳运行，因此火车和桥梁相互作用产生的位移也是高铁监测中最重要的一个方面。在季节性温度变化时，桥梁会产生纵向温度应力，因而沿着高铁方向上会发生热胀冷缩效应。在传统铁路的有砟轨道上，每隔一段距离会设置一个热胀冷缩缝隙，因而以前坐火车时会经常听到"咣当"声音，就是火车在热胀冷缩缝处与轨道作用的结果。热胀冷缩缝隙造成轨道不平稳，火车提速时会有安全隐患，而且影响轨道寿命，为了满足现代高铁要求，一般使用的是无缝轨道。无缝轨道将短的钢轨连接成长的钢轨，通常可以达到几百米甚至几千米，在长钢轨内不设置缝隙，这样可以消除车轮对钢轨接头的冲击，使列车运行更加平稳，提高轨道的可靠性，也正因为如此，火车速度可以大幅度提高。由于没有设置热胀冷缩缝，因此在季节性温度变化时长钢轨内部要承受巨大的温度力作用，为了解决热胀冷缩，一般方法是用钢轨联结零件加以强制性固定，使之紧扣于钢筋混凝土轨枕之上，称为锁定线路。锁定线路时的钢轨温度称为锁定温度。这样，在温度变化时，钢轨不能自由伸缩，只能在钢轨内部产生温度应力。在选择锁定温度时，应使钢轨在冬季和夏季所受的最大温度应力尽量接近，一般将稍高于本地区中间轨温作为锁定温度比较适宜。为了保证高铁的安全运维，需要长期、定期对高铁路线变形进行监测，InSAR 技术也已经被引入来监测高铁稳定性(Ge et al., 2010；Qin et al., 2017；Huang et al., 2017)。

6.2.2　实验数据和方法

该实验使用 36 景高分辨率(3 m)COSMO-SkyMed 数据，时间跨度为 2014 年 11 月～2017 年 11 月。图 6.7 展示了切割的影像覆盖范围，影像时间间隔基本为一个月，极化方式为 HH，中心点入射角为 30°。在数据处理中采用 2016 年 11 月 15 日获取的影像作为主图像进行干涉配对，见表 6.2。根据前面表述，桥梁在纵向、横向和竖向力的作用下分别会发生纵向位移、横向位移和竖向位移，根据卫星飞行方向和铁路夹角可以得出纵向位移、横向位移、竖向位移及 LOS 向位移的变换关系：

$$V_{\text{LOS}} = -V_{\text{L-N}} \times \sin\alpha\sin\beta \quad V_{\text{LOS}} = -V_{\text{L-E}} \times \cos\alpha\sin\beta \quad V_{\text{LOS}} = -V_{\text{S}} \times \cos\beta \tag{6.2}$$

式中，V_{LOS} 为 LOS 向形变；$V_{\text{L-N}}$ 为纵向朝北形变；$V_{\text{L-E}}$ 为横向朝东形变；V_{S} 为竖向下沉；α 为卫星飞行方向和铁路纵向方位夹角；β 为卫星入射角。通过上述变换关系可以求得，当发生朝北的 1 mm 纵向位移时，会导致远离卫星传感器向变形，根据桥梁几何形状，最大 LOS 向变形为 0.29 mm，最小为 0.09 mm；当发生朝东的 1 mm 横向位移时，也会产生远离卫星传感器向位移，最大为 0.5 mm，最小为 0.41 mm；当桥梁发生 1 mm 沉降时，同样会产生远离卫星传感器向位移，在桥梁每个位置的位移值都相等，为 0.86 mm。沿铁路走向的纵向位移一般是季节性温度变化导致的热胀冷缩引起的，通过 InSAR 时序分析可以将其和竖向(沉降或抬升)、横向(垂直纵向的水平向)发生的线性位移区分开，但是竖向和横向位移很难区分。从前面介绍可知，一般高铁桥梁横向位移要远小于竖向位移，而且在转换到 LOS 向时，同等大小的横向位移产生的 LOS 向变形也小于竖向位移产生的 LOS 向变形，因此该实验中假设横向位移为 0，这样可以对竖向位移精度进行定量化分析。

表 6.2 COSMO-SkyMed 数据集基本信息，主影像为 2016-11-15

影像级别：单视复数影像(SLC)

获取模式：条带

极化方式：HH

编号	日期(年-月-日)	垂直基线/m	编号	日期(年-月-日)	垂直基线/m	编号	日期(年-月-日)	垂直基线/m
1	2014-11-02	551.34	13	2015-11-09	−500.95	25	2016-12-17	439.70
2	2014-12-12	1019.02	14	2015-12-11	−449.52	26	2017-01-14	134.88
3	2015-01-13	−142.25	15	2016-01-12	−143.76	27	2017-02-11	897.33
4	2015-02-10	−443.45	16	2016-02-29	207.68	28	2017-03-15	−18.57
5	2015-03-14	−410.94	17	2016-03-20	531.22	29	2017-04-08	216.87
6	2015-04-15	617.26	18	2016-04-05	−223.66	30	2017-05-06	471.35
7	2015-05-13	257.93	19	2016-05-03	−216.02	31	2017-06-07	−448.48
8	2015-06-06	−905.12	20	2016-06-04	693.48	32	2017-07-05	478.55
9	2015-07-08	−533.93	21	2016-08-07	890.17	33	2017-08-14	299.53
10	2015-08-05	−1106.49	22	2016-09-12	396.92	34	2017-09-15	−133.14
11	2015-09-10	−394.18	23	2016-10-10	441.26	35	2017-10-17	−40.58
12	2015-10-12	−66.83	24	2016-11-15	0	36	2017-11-10	−812.58

该实验使用第 3 章和第 4 章介绍的基于二层网络的形变稳健估计方法探测研究区的 PS 和 DS 点，没有使用 TomoSAR 方法探测叠掩 PS 点(Ma et al., 2019a；Zhang et al., 2019)。虽然该研究区主要为城区，但是也有大量 DS 点存在，如路面和小的植被，这也是引入 DS 点探测的原因。另外，PS 和 DS 点的分布可以辅助判别桥梁上测量点的具体来源，这部分将在结果分析中讲述。因为大气噪声随着空间距离的增加而增大，为了避免较大的大气噪声带来的误差传递，该实验参考点选在离铁路较近的位置，参考点幅度离差值为 0.18，如图 6.9 白色三角形所示位置。利用 0.3 幅度离差阈值选择 PS 候选点，第一层网络中采用自适应加密网提高网络的连通性，因为该区域 PS 候选点比较密集，所以没用全加密网加密弧段，判断弧段保留的时序相干系数阈值设为 0.7。由于高铁桥梁受热胀冷缩效应明显，为了提高相位模型的适应度，在这里引入温度模型进行参数估计，使用的温度数据是当地日平均温度。为了验证时序形变与温度变化的相关性和温度模型的适应性，图 6.8(b) 给出了其中一个 PS 点的时序形变趋势，可以看出与当地的日平均温度变化具有很高的相关性，在三年数据的时间跨度内基本呈现三个周期变化，在夏季温度上升时，产生靠近卫星方向变形，在冬季温度下降时，产生远离卫星向变形。从温度模型引入前和引入后的相位残差标准差直方图[图 6.8(c)]可以看出，在温度模型引入前残差标准差为 2.5 mm，大于引入后 2.1 mm 的残差标准差，这说明温度模型的引入减小了残差，提高了模型适应度。

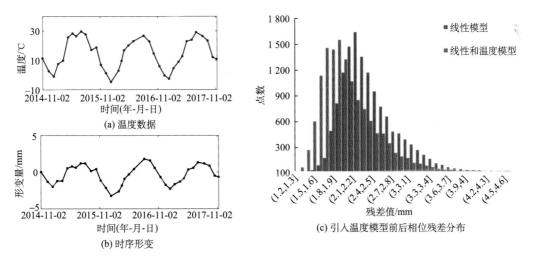

图 6.8 线性和非线性相位模型的比较

6.2.3 结果分析

1. 桥梁热胀冷缩

通过 PS 和 DS 的联合探测，在高铁桥梁上总共识别出 34 538 个点，大约每平方千米 4 000 个点，其分布如图 6.9(a)所示。从图 6.9(d)中高铁沿线 InSAR 测量点的三维高度图可以清楚地看到桥梁的结构，甚至桥梁上的电杆也能被重建出来。探测的 PS 和 DS 点高度大多在 10 m 左右或超过 10 m，整体高于地面高度，因此可推断测量点大多位于桥梁表面。这可能是由于桥下地面多为裸土，散射较弱，而桥墩椭圆形结构也不易产生后向散射，这些都未被识别为有效点。图 6.9(a)显示的是高铁桥梁的热膨胀幅度，反演的热膨胀幅度范围为–0.01～0.27 mm/℃，且大部分数值为正。根据前面介绍，桥梁的热胀冷缩主要是在温度变化下温度力产生的纵向位移，热膨胀幅度为正数表示当温度上升时，纵向位移在 LOS 向投影为正，也就是朝向卫星方向。再根据卫星和桥梁几何结构的相对关系可知，在 LOS 向投影为正的纵向位移朝南，因此说明当温度上升时，桥梁纵向位移朝南。与深圳湾大桥热膨胀幅度不同的是，该高铁桥梁热膨胀幅度在沿桥梁方向上并没有表现出很明显的周期变化特征，一方面可能是卫星和桥梁几何关系导致纵向位移累计差异在 LOS 向投影较小，显示并不明显；另一方面可能是铁轨和桥梁的相互作用产生了额外的应力作用，抵消了部分热膨胀引起的位移，使得水平位移累计效应并不明显。图 6.9(b)展示的是热膨胀幅度值沿着高铁走向上的剖面，可以看出桥梁的热膨胀幅度值在整条线路上并非一成不变。在 C1 位置，热膨胀幅度值从 0.1 mm/℃ 增加到 0.28 mm/℃，而在 C2 位置，又降到了–0.02 mm/℃，这是桥梁高度变化引起的纵向位移在 LOS 向投影变化而导致的。具体而言，从图 6.9(c)估计的高度剖面图可以看出，在 C1 位置，桥梁的高度从 10 m 增长到 22 m，在上坡几何条件下纵向位移产生了竖直向上的分量，而竖向位移在 LOS 向的投影分量要大于同等大小的水平位移在 LOS 向的投影分量，如箭头

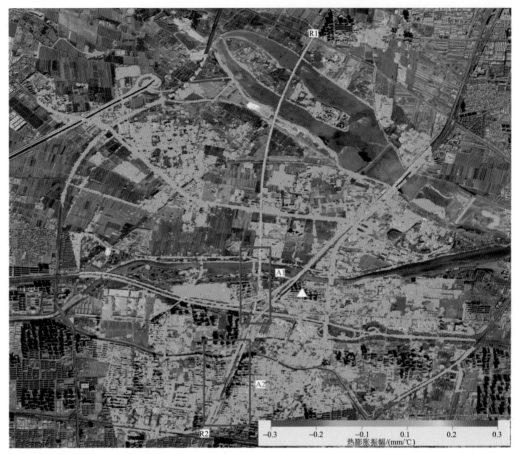

(a) 热膨胀幅度图

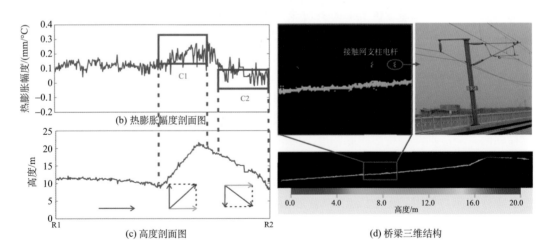

(b) 热膨胀幅度剖面图

(c) 高度剖面图

(d) 桥梁三维结构

图 6.9　桥梁热膨胀幅度与高度相关性

所示。在 C1 位置，1 mm 纵向水平位移大约可以造成 0.16 mm 的 LOS 向位移，而 1 mm 竖向位移造成的 LOS 向位移大小为 0.86 mm，因此纵向朝南位移在 C1 位置的热膨胀幅度要大于水平位置的热膨胀幅度。相反，在 C2 位置，纵向位移产生了竖直下沉的分量，其在 LOS 向投影的位移为负数，和纵向水平向南位移产生的正数 LOS 分量产生了抵消作用，因此 C2 位置热膨胀幅度值变小。热膨胀幅度的变化很好地反映了桥梁高度的变化。

2. 桥梁线性形变速度

在引入温度模型分离季节性热胀冷缩产生的位移之后，解算得到的线性形变速度只表示持续性的形变。在这里，持续性的形变指的是一段时间内朝着一个方向发生的形变，与之对应的是瞬时形变，指的是大小和方向经常改变的变形。根据上面描述，一般横向变形要小于竖向变形，在该实验中假设横向变形为 0，认为解算得到的线性形变只是由垂直形变在 LOS 向投影引起的，因此可以直接将 LOS 向变形转换到竖直向。转换得到的沉降结果如图 6.10(a)所示，正数表示抬升，负数表示下沉。从图 6.10(b)桥梁线性形变速度剖面可以看出，桥梁剖面的形变速度范围为−4～1.7 mm/a，平均值为−0.5 mm/a，标准差为 1.0 mm/a。桥梁剖面点的形变速度均值为负数并不能说明桥梁处于不稳定状态，从图 6.10(b)中可以看出，平均值为负数是由于其中一些点发生了比较大的沉降，除去沉降的点后大部分 InSAR 测量点的形变速度又都接近 0，也就是说，桥梁整体还是处于稳定状态。从形变速度剖面上可以发现，桥梁五个位置可能发生了异常形变，其中 C1、C3、C4、C5 都发生了沉降，速度分别为(1.8±0.7)mm/a、(2.6±0.8)mm/a、(1.2±0.5)mm/a 和(2.9±0.7)mm/a，而 C2 位置发生了抬升，速度为(0.7±0.3)mm/a。在形变速度剖面上的五个异常形变位置分别对应区域图 6.10(a)中 A1～A5。通过查看 Google Earth 历史光学影像，在 InSAR 监测期内这五个异常形变的位置附近都有在建工程。例如，在 A2 区域，2015 年 11 月光学图中没有建筑，从 2017 年 3 月光学影像中能看到在建工程，从 2018 年 5 月光学影像中能看到楼房已经建成，因此推断五个区域异常的沉降和抬升可能与工程建设相关。为了进一步验证该结论，图 6.11 给出了桥梁上点时序形变(已去除季节性热胀冷缩)和周边点时序变化特征。从图 6.11 中可以看出，桥梁点和周边点随时间变化发生的沉降或抬升特征一致，也间接证明了桥梁的异常形变是周边工程建设引起的。其中，沉降主要是地基开挖导致周边地面承重力降低，而地下水抽取会进一步加剧地面沉降，在建设过程中地下水补给又会导致地面隆升(Attanayake and Waterman, 2006)。值得注意的是，本节对异常形变的分析都属于定性范畴，定量化的精度将在后面继续讨论。

3. PS 和 DS 点来源

过去对高铁桥梁 InSAR 的研究大多集中在对区域性变形的揭示和解译，并没有揭示 InSAR 测量点对应桥梁的哪个部件。这其中有两方面原因：一方面由于过去 SAR 影像分辨率较低无法分辨出高铁的细节部件；另一方面高铁桥梁表面结构复杂，PS 和 DS 点高度估计误差的存在导致定位不准，而且在没有外部信息引入时无法实现精确定位，因此不易于将 InSAR 点对应到具体桥梁的结构上去。要实现对高铁桥梁形变的精准解译，首先要知道测量点对应的具体散射目标，假如探测的 InSAR 点一部分不来源于桥梁，而只来源于铁轨，那么监测形变结果不能用来作为桥梁的变形结果进行分析。

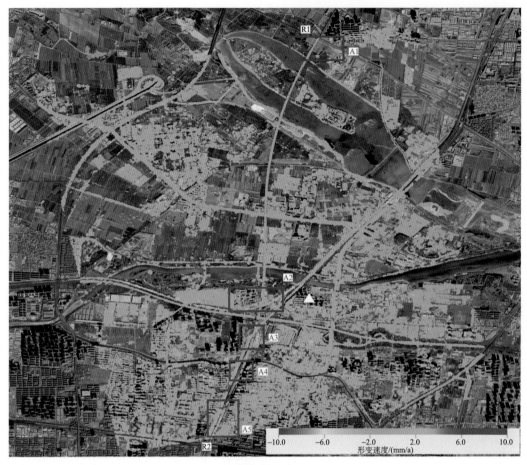

(a) 线性形变速度图

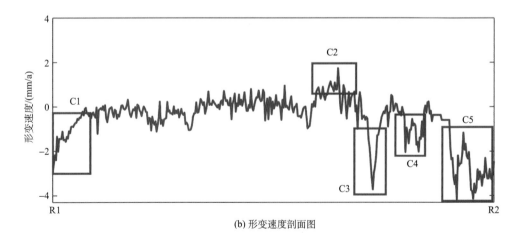

(b) 形变速度剖面图

图 6.10　桥梁线性形变速度

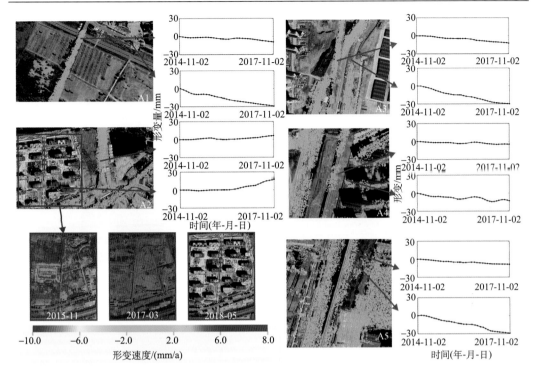

图 6.11 桥梁异常形变区域 A1～A5 与周边其他建筑形变的关系

下面首先从高铁桥梁的结构特征分析可能产生 PS 和 DS 点的结构部件。图 6.12(a)显示了高铁桥梁的结构部件,大致可以分为上面部分和下面部分,上面部分包括钢轨、轨道板和滑动层,下面部分包括箱梁、支座、桥墩和地基。钢轨和轨道板锁定在一起不会因为热胀冷缩而发生变形,滑动层的存在使得轨道板和箱梁之间在温度应力或者其他纵向力的牵引下可以发生相对位移,支座可以使箱梁独立于桥墩自由移动,一般设置一边支座是固定的,也就是箱梁和桥墩不能发生相对位移;另一边是活动的,箱梁和桥墩之间可以发生位移。箱梁之间会设置热胀冷缩缝隙来应对温度变化导致的桥梁热胀冷缩,如图 6.12(b)所示。桥梁表面复杂的结构特征可以产生多个 PS 和 DS 强散射点,根据桥梁表面结构和材料,其中 PS 点可由钢轨与轨道板、轨道板与桥面、保护层与桥面形成的二面角产生,而 DS 点可由混凝土的箱梁面产生。为了确定 PS 和 DS 点的具体来源,首先分析了 PS 和 DS 点在本书研究中桥梁表面空间上的分布。如图 6.12(c)所示,桥梁上提取的 PS 点分布大致为两条白色平行线,在已知钢轨具有强散射信息的情况下,很容易将 PS 点形成的两条平行线对应桥梁的两条轨道,但是仍然无法确定 PS 点是由钢轨与轨道板、轨道板与桥面、保护层与桥面中的哪两部分结构部件形成的二面角产生的。为了进一步判断 PS 点的来源,图 6.12(d)又展示了所有 PS 点的时序形变信息,该时序形变包含热胀冷缩分量、线性形变分量和残差分量,可以看出所有的 PS 点都呈现出明显的季节性热胀冷缩。根据前面描述,由于无砟轨道钢轨和轨道板在扣件作用下不会随温度变化而变形,因此排除了 PS 点是由钢轨与轨道板形成的二面角产生的,因而 PS 点最有可能是由轨道板与桥面、保护层与桥面产生的。另外,如图 6.12(e)所示,DS 和 PS

点同样在时序形变上受热胀冷缩效应比较明显，也证明了 DS 点来源于桥体表面。因此，得到结论是，InSAR 探测到的 PS 和 DS 点都来源于桥面，可以使用解算出的点形变对桥梁的变形特征进行后续分析。

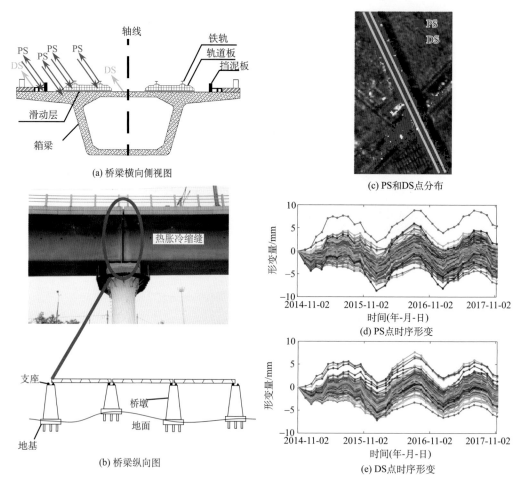

图 6.12　高铁桥梁上 PS 和 DS 点分布特征及来源

4. 精度评价

　　为了保证高铁的平稳运行，高铁桥梁设计得一般比较稳定，也就是变形比较小，因此在高铁桥梁监测中一般要求亚毫米的监测精度。InSAR 在亚毫米级监测中的案例研究并不多，Ferretti 等（2007）利用距离相近的角反射器验证了 InSAR 形变监测精度可以达到亚毫米级，但是这是在比较完美的条件下得到的精度。其设计的角反射器是比较完美的 PS 点，信噪比比较高，另外角反射器布置的空间距离较短，大气噪声的影响也可以忽略不计，在实际地物目标监测中也很难证明 InSAR 具有亚毫米级精度。

　　下面将会集中讨论该实验案例中 InSAR 监测亚毫米形变的可行性与局限性。该实验利用监测期内 38 个点的水准数据验证 InSAR 监测的沉降结果，如图 6.13(a)所示。每个水准点两次高度测量数据的获取时间分别是 2017 年 5 月 5 日和 2017 年 8 月 15 日，水准点的空间间隔大约为 50 m。通过对两个时间的高度测量数据求差可以得到该时间段内的沉降量和抬升量，38 个点中的最大沉降量为 2.1 mm，最大抬升量为 1.5 mm。一般来说，InSAR 形变精度验证包括形变速度精度验证和形变量验证，该实验将分别讨论。首先来衡量 InSAR 测得的形变速度精度，InSAR 求解的形变速度是一段时间内持续性变形的平均速度。而在火车运行与桥梁相互作用下高铁桥梁很容易发生瞬时变形，因此利用两次水准数据求得的形变速度不是持续性变形的速度，因此不能用来与 InSAR 解算的速度进行比较，只能从定性角度上讨论 InSAR 形变速度的精度。对图 6.13(b)线性形变速度剖

(a) 水准点位置

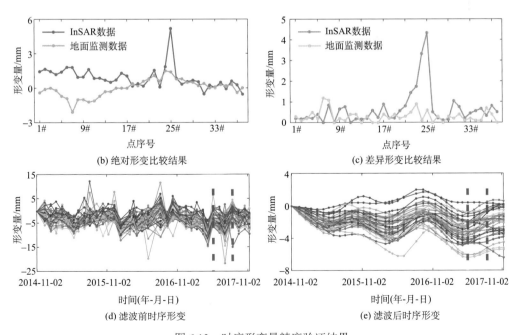

(b) 绝对形变比较结果

(c) 差异形变比较结果

(d) 滤波前时序形变

(e) 滤波后时序形变

图 6.13　时序形变量精度验证结果

面分析可知，高铁桥梁大部分都处于稳定状态，也就是形变速度接近于 0。而根据前面讨论，五个区域的异常形变速度通过与周边其他设施时序形变的对比也从一定程度上佐证了 InSAR 监测到的异常形变真实性。其中，C2 区域形变速度为 (0.7±0.3) mm/a，C4 区域形变速度为 (1.2±0.5) mm/a，这两个区域的形变速度都达到了每年亚毫米级的水平，尤其是 C2 区域平均形变速度 (0.7 mm/a) 就达到了亚毫米级水平。通过这样的定性分析，可以认为在该案例中，利用 COSMO-SkyMed 卫星数据获取的形变速度已经达到了每年亚毫米级的水平。

在定性分析完线性形变速度精度之后再对垂直方向上时序形变量进行定量分析。水准测得的沉降或抬升包含桥梁的持续性沉降或抬升和瞬时性沉降或抬升，而水准结果中无法将两者进行分离，因此在和 InSAR 时序形变比较时，也是与 InSAR 总的时序形变量进行比较。由于水准点和 InSAR 测量点的位置不完全一致，在此选择最邻近的点进行比对。在数据获取时间上水准数据和 InSAR 数据也不一致，在这里选择最邻近的时间点数据进行对比，选择对比的 InSAR 数据采集时间为 2017 年 5 月 6 日和 2017 年 8 月 14 日，当然 InSAR 数据和水准数据的空间距离差异和时间差异都可能对最终的对比结果带来不确定性。除了对比绝对形变之外，还对比了差异形变量，差异形变量指的是空间上相邻两个水准测点的形变差异的绝对值。分别对绝对形变和差异形变量计算最小差异值、最大差异值、平均绝对误差 (mean absolute error，MAE)、均方根误差 (root mean square error，RMSE) 和平均绝对百分比误差 (mean absolute percentage error，MAPE) 来对结果精度进行总体评价，其中 MAE 和 RMSE 表示所有测量点的总体精度。由于基于二层构网得到的时序形变中存在大气噪声，在输出时序形变时需要利用滤波方法对大气噪声进行去除，而时序滤波方法和窗口设置对输出的时序形变量起到关键作用。该实验使用高斯滤波来去除大气噪声。图 6.13 (b) 和 (c) 给出了当 $\sigma = 0.2$ 时的绝对形变和差异形变比较结果，绝对形变的 MAE、RMSE 和 MAPE 分别为 1.1 mm、1.5 mm 和 234.5%，差异形变的 MAE、RMSE 和 MAPE 分别为 0.4 mm、0.9 mm 和 283.5%。为了研究不同滤波窗口对最终形变量精度的影响，表 6.3 给出了高斯时序滤波器在不同 σ 设置下的形变验证精度，σ 越大，表示高斯滤波窗口越大。从结果中可以看出，时序形变量的精度对 σ 的敏感性很高。总体而言，σ 设置越大，得到的精度越高，这主要是由于水准测得的桥梁真实形变量都很小，当 σ 设置越大时，时序形变趋势越接近于稳定，测得的 InSAR 形变量也很小，因此两者很相近。另外，在结果中，差异形变 MAE 和 RMSE 都小于绝对形变的 MAE 和 RMSE，说明差异形变精度要高于绝对形变精度，这主要是因为差异形变量测的是相邻点的变形，在相邻点 InSAR 变形反演时受大气噪声影响较小，因此具有更高的精度 (Rucci et al., 2012)。虽然在一些结果中 MAE 和 RMSE 小于 1 mm，表面看起来达到了亚毫米的精度，但是它们的 MAPE 都大于 100%，而 MAPE 表示的是测量误差与真实形变的比，超过 100% 是因为高铁本身的真实形变就很小，而误差量已经大于了真实值。因此，虽然 MAE 和 RMSE 小于 1 mm，但也不能证明其具有亚毫米时序形变量测量精度。

表 6.3　精度验证结果

项目	σ(a)	最小差/mm	最大差/mm	MAE/mm	RMSE/mm	MAPE/%
绝对形变	0.0	0.2	5.0	2.4	2.8	728.6
	0.1	0.0	6.7	1.8	2.2	500.4
	0.2	0.0	3.9	1.1	1.5	234.5
	0.3	0.0	3.4	0.9	1.1	210.1
	1.0	0.1	2.9	0.8	0.9	170.2
差异形变	0.0	0.1	4.5	1.7	2.5	568.4
	0.1	0.0	4.9	0.9	1.8	494.2
	0.2	0.0	3.7	0.4	0.9	283.5
	0.3	0.0	2.8	0.3	0.7	236.1
	1.0	0.0	1.8	0.3	0.6	164.3

另外，在形变量精度验证过程中，不确定性因素会极大地影响评价的精度，下面列出主要的不确定因素。

(1)水准测量数据误差会对比对造成一定的影响。水准测量一般使用数字水准仪，在应用时其本身就会产生一定的误差。按照《工程测量规范》(GB50026—2007)，在二等水准网中，高铁绝对高程和相对高程水准测量值的 RMSE 分别为 0.5 mm 和 0.3 mm，读数精度为 0.1 mm。该案例中高铁桥梁的水准测量就是按照二等水准网的精度来布控的，其本身的误差会影响到 InSAR 形变的亚毫米级精度评级。

(2)水准数据和 InSAR 数据获取的时间和空间位置差异会影响对比精度。通过计算，该实验中 38 个 InSAR 点和水准点的空间距离平均值为 2.4 m，但是因为形变在桥梁表面空间上同质性比较高，因此可以认为这么小的距离差异引起的不确定性较小。但是在时间差异方面，虽然 InSAR 和水准数据获取的起始时间只相隔 1 天，但是因为每天都有火车通过，不断产生的压力导致瞬时形变，因此即使是相隔一天也可能变形完全不同。也就是说，InSAR 测量的是缓慢性变形，但是水准测量的数据中包含瞬时变形，因此时间差异在比对中会造成比较大的不确定性。

(3)因为桥梁横向变形和竖向变形在 LOS 向上的投影无法在 InSAR 解算结果中分离，该实验根据横向变形一般小于竖向变形的基本假设，将桥梁横向形变设为 0，最终的桥梁变形只包括纵向热胀冷缩和竖向沉降或抬升。但是在实际中，当火车通过时，在铁路拐弯处会产生横向应力导致横向变形，当横向形变不为 0 时，会造成 InSAR 解算误差，从而影响精度评价。根据前面描述的，1 mm 横向变形会产生 0.41~0.5 mm 的 LOS 向变形，转换到竖向是 0.48~0.58 mm 的沉降误差。

(4)在时序形变量验证时，在输出时序形变量时利用高斯滤波去除大气噪声，根据前面实验可知，大气噪声去除程度很大方面依赖于设置的滤波窗口参数。当滤波窗口设置较小时，可能不能完全去除大气噪声，当窗口设置较大时，又有可能错误地去除瞬时变形，因此当选用不合适的滤波方法或滤波参数时，比对结果会完全不同。为了说明大气噪声对时序形变量的影响,图 6.13(d)给出了未去除大气的原始时序形变趋势,可以看到,曲线在–20～13 mm 变动剧烈,严重影响了亚毫米级精度的验证。

(5)为了分离高铁桥梁纵向上热胀冷缩和竖向变形,在时序形变分析时引入了温度模型,但是在图 6.13(e)所示滤波后的时序形变中仍然能够看到季节性热胀冷缩残差,说明热胀冷缩变形并没有被完全去除。该案例中温度函数和线性函数的相关系数为 0.1,所以可以排除热胀冷缩残差是由温度函数和线性函数相关性引起的。而在引入温度模型拟合热胀冷缩导致的相位变化时,采用的是当地的日平均温度,实际上应该使用卫星拍摄的桥梁的温度。两个温度值并不相等,因此有可能是这个原因导致在分离纵向热膨胀和线性形变时会产生残差。

该实验精度验证结果只是基于该实验使用的 SAR 数据、处理方法和验证方法得到的结果,有可能在其他条件下得到更高的精度。例如,当 SAR 影像数据量变多时,可以进一步提高估计的精度和稳健性,或者采用更先进的处理算法也可能会提高监测精度,这些将在之后的工作中继续深入研究。

6.3　香港沙中线(土瓜湾站)

6.3.1　实　验　区　域

城市地铁凭借其强大的运输能力,可以大大地提升城市中心与周边的运行速度,加速城市各个区域内的彼此沟通,对于城市周边经济的带动以及彼此区域的发展平衡起到很大的作用。由于地铁大多建在地下,安全、稳定,更是一个城市不可或缺的人防工程。地铁建设过程中挖掘岩层容易造成地下水的变化,导致周边地面和基础设施发生沉降,更有严重的有可能引发地陷(Ng et al., 2018;Ma et al., 2019c)。该实验选取在建的香港沙中线为案例,研究地下工程建设引起的地面沉降。香港沙中线(土瓜湾站)位于马头围道地底,部分位置穿过高楼底部,月台及隧道深至地底逾 30 m,低于高楼桩脚,因此要进行大规模地抽取地下水及开挖等工程,土瓜湾站工程 2012 年展开,车站主体结构于 2016 年 12 月大致完成。2018 年 8 月 8 日,香港媒体揭发 2017 年中港铁撰写的顾问内部报告,指出土瓜湾站附近出现大规模沉降。报告显示,工程开展前有拟定周边地面、建筑物及地下喉管的可容许沉降上限。不同建筑物状况,其上限有所不同,并按屋宇署作业备考建议,将沉降幅度划分成 3 个级别,即预警(需加强监测)、行动(须检讨施工方法减低沉降),以及等同上限的警报(停工)级别。而 2015～2017 年监测数据发现,工程建设引发多达 23 幢周边楼房及地下管线沉降并超出容许上限,于是引起社会广泛关注。其中,情况最严重的宝马大厦沉降量最大,达到 62.9 cm,超出上限逾三成,旁边的土瓜湾市政大厦沉降也达到了 51 cm,超出上限五成,楼房的差异性沉降已经引起了墙壁开裂等,如图 6.14 所示。

图 6.14　香港沙中线(土瓜湾站)地下工程建设引发地面和楼房沉降

6.3.2　实验数据和方法

为了研究地下工程建设引发的沉降,该实验在 SAR 影像中选取土瓜湾站及周边建筑设施为感兴趣区域。由于土瓜湾站附近楼房比较高也比较密,如图 6.15 所示,在 SAR 影像中造成很多的叠掩和阴影区域,叠掩问题可以通过 TomoSAR 技术来解决,但是阴影区域使得在使用单轨 SAR 影像时容易造成监测盲区。为了克服单轨 SAR 影像阴影效应的影响,该实验采用了升轨 TerraSAR-X 和降轨 COSMO-SkyMed 数据提取研究区相干点目标,从而减少监测盲区。截取的 TerraSAR-X 和 COSMO-SkyMed 影像覆盖范围如图 6.15 红色框和蓝色框所示。TerraSAR-X 数据时间跨度为 2012 年 3 月 21 日～2014 年 3 月

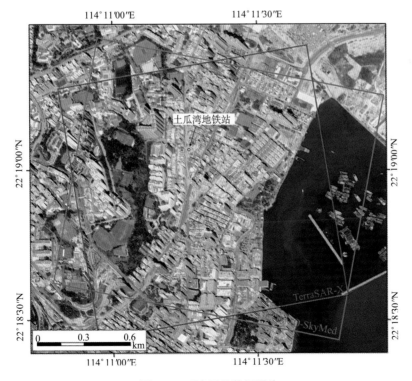

图 6.15　研究区及数据覆盖

28 日，选择的主影像获取时间为 2013 年 4 月 21 日，TerraSAR-X 数据的时间跨度覆盖土瓜湾站工程建设的中前期。COSMO-SkyMed 时间跨度为 2014 年 1 月 28 日～2016 年 3 月 22 日，选择的主影像获取时间为 2015 年 1 月 15 日，COSMO-SkyMed 数据的时间跨度覆盖土瓜湾站工程建设的中后期。该实验中使用的 TerraSAR-X 和 COSMO-SkyMed 数据的时间跨度不同主要是两颗卫星在研究区的存档数据不同而导致的，虽然两个数据的时间跨度不同，但是可以通过时序分析分别用以研究工程建设初期和后期的地面沉降情况。另外，升降轨解算得到的形变可以进行交叉验证，在缺少地面测量数据时，可以保证测量点的精确度。TerraSAR-X 和 COSMO-SkyMed 干涉数据参数分别见表 6.4 和表 6.5。该实验使用第 3 章介绍的基于二层网络的形变稳健估计方法分别处理 TerraSAR-X 和 COSMO-SkyMed 数据，以探测研究区的 PS 点，其中 TerraSAR-X 和 COSMO-SkyMed 数据处理时使用的参数一致。

表 6.4　TerraSAR-X 数据集基本信息，主影像为 2013-04-21

影像级别：单视复数影像（SLC）

获取模式：条带

极化方式：HH

编号	日期(年-月-日)	垂直基线/m	编号	日期(年-月-日)	垂直基线/m	编号	日期(年-月-日)	垂直基线/m
1	2012-03-21	115.227	14	2013-04-10	70.517	27	2013-10-14	49.420
2	2012-04-01	−91.918	15	2013-04-21	0	28	2013-10-25	3.571
3	2012-04-12	−159.81	16	2013-05-02	−38.567	29	2013-11-05	59.748
4	2012-04-23	5.294	17	201305-13	−69.547	30	2013-11-16	104.741
5	2012-05-04	−91.204	18	2013-05-24	170.887	31	2013-11-27	30.601
6	2012-05-15	23.127	19	2013-07-07	−38.191	32	2013-12-08	−141.040
7	2012-05-26	−99.225	20	2013-07-18	−127.660	33	2013-12-19	40.459
8	2012-06-06	71.071	21	2013-07-29	122.751	34	2013-12-30	−100.118
9	2012-06-17	−177.048	22	2013-08-09	39.308	35	2014-01-21	−72.305
10	2012-09-13	−62.860	23	2013-08-20	57.288	36	2014-02-01	−114.238
11	2012-09-24	−115.775	24	2013-08-31	55.503	37	2014-02-12	78.068
12	2012-10-05	−258.739	25	2013-09-22	25.883	38	2014-02-23	119.394
13	2013-03-08	202.722	26	2013-10-03	83.483	39	2014-03-28	138.180

6.3.3　实验结果

该实验在时序相位分析时只用了线性模型，因此得到的结果只有高度和形变速度。图 6.16 显示了 TerraSAR-X 和 COSMO-SkyMed 数据得到的测量点高度结果，TerraSAR-X 和 COSMO-SkyMed 分别探测了 228 420 个和 204 102 个 InSAR 点，TerraSAR-X 测得的高度范围为–69.7～152.3 m，COSMO-SkyMed 测得的高度范围为–76.0～150.8 m。由于两颗卫星的照射方向不同，因此同一栋楼房在两种数据上的测量点分布不相同。升轨

TerraSAR-X 卫星照射的是楼房西边的墙壁和屋顶，而降轨 COSMO-SkyMed 卫星照射的是东边的墙壁和屋顶。因为测量点来源于建筑物不同的侧面，所以无法直接比较高度结果。为了更有效地比较两种数据估计的高度，在这里手动选择了研究区 10 栋楼房的最高点高度数值进行对比，结果见表 6.6，两种数据得到的高度结果的 RMSE 为 9.8 m，高度值相关系数达到了 0.9。在这里，虽然相关系数比较高，但是数值误差较大，可能是楼房屋顶阁楼位置不同导致不同侧面得到的 InSAR 点高度不同。

表 6.5　COSMO-SkyMed 数据集基本信息，主影像为 2015-01-15

影像级别：单视复数影像（SLC）

获取模式：条带

极化方式：HH

编号	日期(年-月-日)	垂直基线/m	编号	日期(年-月-日)	垂直基线/m	编号	日期(年-月-日)	垂直基线/m
1	2014-01-28	112.089	11	2014-11-12	489.044	21	2015-08-11	−365.005
2	2014-02-13	−696.124	12	2014-11-28	−629.842	22	2015-08-27	−299.176
3	2014-03-01	−884.107	13	2014-12-30	205.353	23	2015-09-12	138.095
4	2014-04-02	−213.739	14	2015-01-15	0	24	2015-10-14	153.897
5	2014-06-21	−917.417	15	2015-02-16	−899.404	25	2015-10-30	−457.799
6	2014-08-08	−576.943	16	2015-03-04	−504.453	26	2015-11-15	393.533
7	2014-08-24	−132.472	17	2015-04-21	−401.722	27	2016-01-02	−145.746
8	2014-09-09	−80.525	18	2015-05-07	546.961	28	2016-01-18	656.964
9	2014-09-25	−517.367	19	2015-06-08	701.118	29	2016-03-06	604.425
10	2014-10-11	−257.716	20	2015-07-26	48.028	30	2016-03-22	−175.4

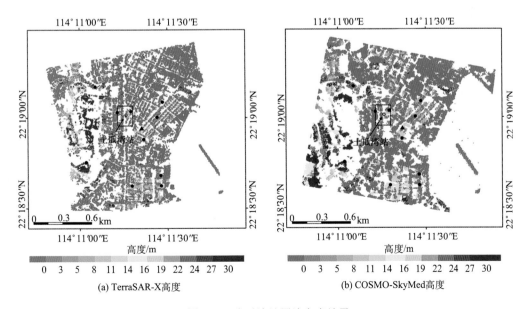

图 6.16　土瓜湾站周边高度结果

黑色圆点表示选择的高度验证的 10 栋建筑位置

表 6.6　TerraSAR-X 和 COSMO-SkyMed 测量得到 10 栋楼房最高点高度值对比　　（单位：m）

楼房编号	1	2	3	4	5	6	7	8	9	10
TerraSAR-X	33.0	12.9	11.1	54.4	57.4	10.3	8.4	10.8	24.6	15.5
COSMO-SkyMed	48.6	14.7	13.0	78.9	55.5	8.6	8.5	14.1	14.7	13.9

从图 6.17 中 TerraSAR-X 和 COSMO-SkyMed 数据得到 LOS 向上的形变速度可以看出，大部分测量点都呈现出稳定状态。但是在两个数据集得到的结果中，土瓜湾站周边地面和建筑物都发生了不同程度的变形，如图 6.17(b) 中黑框所示。其中，TerraSAR-X 数据结果中测得的 LOS 向变形范围为–20.4～10.5 mm/a，标准差为 6.2 mm/a，COSMO-SkyMed 数据结果中测得的 LOS 向变形范围为–15.5～7.8 mm/a，标准差为 3.9 mm/a。正数表示靠近卫星方向上的变形，而负数表示远离卫星方向上的变形。根据经验，地下工程建设期间容易造成地面下沉，一般不会引起地面抬升，当地面发生沉降时，在 TerraSAR-X 和 COSMO-SkyMed 数据中测量的地面点的 LOS 向变形都是负数。而除此之外，工程建设引发的差异沉降又会引起周边建筑物倾斜，当建筑物朝西倾斜时，在升轨 TerraSAR-X 数据中测得的 LOS 向变形为正数，而在降轨 COSMO-SkyMed 数据中测得的 LOS 向变形为负数；反之，当建筑物朝东倾斜时，在升轨 TerraSAR-X 数据中测得的 LOS 向变形为负数，而在降轨 COSMO-SkyMed 数据中测得的 LOS 向变形为正数。从图 6.17(a) 中可以看出，土瓜湾站西边的测量点为红色，表示位移是远离 TerraSAR-X 卫星方向，说明该位置地面下沉或者楼房朝东方向倾斜，而土瓜湾站东边的测量点呈现蓝色，表示变形靠近卫星方向，说明楼房朝西方向倾斜。从图 6.17(b) 中可以看出，土瓜湾站西边测量点为绿色，表示基本稳定，土瓜湾站东边测量点为红色，表示变形靠近 COSMO-SkyMed 卫星方向，说明地面沉降或者楼房朝西方向倾斜。COSMO-SkyMed 在土瓜湾站西边测得的形变比较小，可能是由于 COSMO-SkyMed 数据时间跨度覆盖工程建设中后期，在该时间段内该区域已趋向稳定，而 TerraSAR-X 和 COSMO-SkyMed 在土瓜湾站东边区域测量点形变方向都表明该区域楼房可能朝西方向倾斜，因此也相互验证了结果。

当建筑物发生倾斜时，一般还会同时发生沉降，这样形变从 LOS 向变换为垂直或水平方向形变时难度比较大，虽然利用升降轨数据可以分解得到东西向和竖直向变形，但是由于该区域楼房几何结构导致的倾斜方向并非是单纯东西向，还有南北向位移，因此在这里不对升降轨数据进行分解。为了交叉验证 TerraSAR-X 和 COSMO-SkyMed 结果，下面只对沉降的地面点进行分析，地面测量点的选择是根据估计的高度信息来实现的。假设地面点只发生沉降，那么可以将地面的两种数据得到的 InSAR 点 LOS 向变形直接转换为垂直向上的变形。地面点变形转换到竖直向后可以得到，TerraSAR-X 数据时间跨度内地面沉降最大值为 12.6 mm/a，而 COSMO-SkyMed 数据时间跨度内地面沉降最大值为 10.1 mm/a。TerraSAR-X 中沉降速度要大于 COSMO-SkyMed 中得到的沉降速度，这可能主要是由于 TerraSAR-X 数据获取时间是土瓜湾站建设中前期，一般建设初期地面沉降比较大，而处于建设中后期的 COSMO-SkyMed 数据中的沉降结果要小。两种数据得到的沉降结果可以交叉验证，该方法中将 TerraSAR-X 和 COSMO-SkyMed 探测的邻近

InSAR 点作为同名点进行比较，如图 6.17（c）所示，TerraSAR-X 和 COSMO-SkyMed 两种数据得到的沉降速度求得的相关系数为 0.7。由此可以看出，虽然两种数据的时间跨度不同，但是得到的沉降速度结果呈现出比较好的一致性。虽然 TerraSAR-X 测得的最大沉降速度要大于 COSMO-SkyMed 测得的最大沉降速度，但是总体速度变化不大，因此也验证了解算结果。

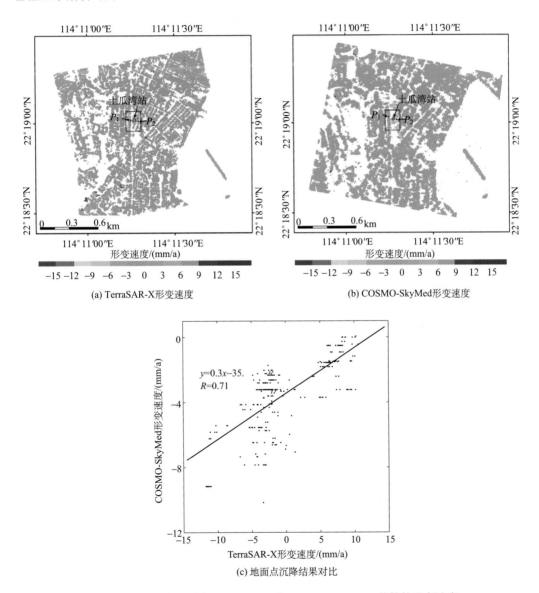

图 6.17　土瓜湾站周边 TerraSAR-X 和 COSMO-SkyMed 估算的形变速度

高分辨率 SAR 数据获取的 InSAR 点云数据可以用以重建楼房的三维结构，因此可以反演楼房在不同高度上的形变，以此来判断楼房的运动状态以及地铁建设对其运动的影响。图 6.18 显示了将 TerraSAR-X 测得的点云投影到 Google Earth 中的结果，展示的是 LOS 向变形，可以看到土瓜湾站西边的楼房整体呈现远离卫星方向变形(红色点表示)，而且在不同高度 PS 点有不同的形变速度，沿高度基本呈线性特征，屋顶的位置形变速度要大于屋底位置，两者速度相差近 1 cm/a，由此证明该楼房往东方向倾斜。

图 6.18　TerraSAR-X 中楼房变形

　　分别选取了土瓜湾站东西两边各一个点(P_1 和 P_2)，如图 6.17 所示，研究其在两个数据集中的时序形变趋势。图 6.19 显示的是 TerraSAR-X 和 COSMO-SkyMed 结果中的 LOS 向时序形变结果。从 TerraSAR-X 结果中可以看到，2012 年 2 月～2013 年 3 月，P_1 和 P_2 形变不大，总的变形量不到 5 mm，而 2013 年 3 月之后，出现明显的变形，2013 年 3 月～2014 年 3 月一年时间里发生的变形量约达到了 15 mm，大约是之前一年的 3 倍。

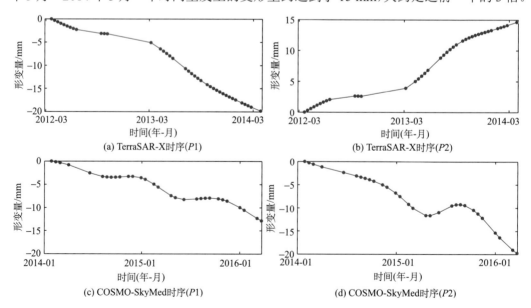

图 6.19　土瓜湾站周边变形点时序变化趋势

从 LOS 向形变变化趋势上看，P_1 点主要发生远离卫星方向的变形，说明 P_1 点形变主要是沉降和楼房朝东向倾斜引起的，而 P_2 点 LOS 向变形是靠近卫星方向的，因此推断主要是楼房朝西倾斜引起的。据查证，土瓜湾站地下建设动工时间大约是 2013 年 5 月，因此 TerraSAR-X 捕捉到的变形开始时间与建设动工时间基本吻合，也证明了土瓜湾站周边建筑沉降是地铁建设引起的。在 COSMO-SkyMed 数据结果中，P_1 和 P_2 在时间序列上一直在持续变形，说明在建设中后期地面点也一直在变形。尤其是 $P1$ 点虽然在图 6.17(b) 中显示为绿色，但从时间序列中也发现了变形，只不过变形速度较小。

6.4　本　章　小　结

城市中的大型线状地物是一类具有特殊形状和形变特点的结构设施，是城市的生命线工程，需要持续监测其结构健康安全状况。本章通过对深圳湾大桥、京石高铁桥梁(石家庄段)和香港沙中线(土瓜湾站)三个应用案例进行探讨，揭示了 InSAR 在此类设施监测应用中的表现以及局限性。使用的方法就是本书介绍的基于二层网络结构的测量点探测方法，识别的点包括 PS、双 PS 和 DS 点。在深圳湾大桥和京石高铁桥梁(石家庄段)案例中，重点介绍了桥梁混凝土水平方向上的热胀冷缩累计变形在 InSAR 监测结果中的表现，以及如何利用外部温度数据加以分离，从而得到线性形变结果，再从线性形变结果中提取感兴趣的变形特征。香港沙中线(土瓜湾站)周边地面和基础设施变形结果揭示了形变与工程建设的关系，监测得到的结果不但为工程沉降预警提供重要信息，而且通过沉降时空演化关系还可以确定楼房沉降的真正原因，对于责任认定具有重要的参考作用。

参　考　文　献

金莉. 2017. 京石客运专线桥梁设计综述. 铁道建筑技术,(3): 32-36.

林珲, 陈富龙, 江利明, 等. 2011. 多基线差分雷达干涉测量的大型人工线状地物形变监测. 地球信息科学学报, 12(5): 718-725.

林珲, 马培峰, 王伟玺. 2017. 监测城市基础设施健康的星载 MT-InSAR 方法介绍. 测绘学报, 46(10): 1421-1433.

孙红尧, 傅宇方, 陆采荣, 等. 2011. 海港工程浪溅区和水位变动区结构的防腐蚀技术回顾. 腐蚀与防护, 32(9): 716-720.

Attanayake P M, Waterman M K. 2006. Identifying environmental impacts of underground construction. Hydrogeology Journal, 14(7): 1160-1170.

Chen F, Lin H, Li Z, et al. 2012. Interaction between permafrost and infrastructure along the Qinghai-Xizang Railway detected via jointly analysis of C-and L-band small baseline SAR interferometry. Remote Sensing of Environment, 123: 532-540.

Crosetto M, Monserrat O, Cuevas-González M, et al. 2015. Measuring thermal expansion using X-band persistent scatterer interferometry. ISPRS Journal of Photogrammetry and Remote Sensing, 100: 84-91.

Ferretti A, Savio G, Barzaghi R, et al. 2007. Submillimeter accuracy of InSAR time series: experimental validation. IEEE Transactions on Geoscience and Remote Sensing, 45(5): 1142-1153.

Fiore A, Foti D, Monaco P, et al. 2013. An approximate solution for the rheological behavior of non-homogeneous structures changing the structural system during the construction process. Engineering

Structures, 46: 631-642.

Ge L, Li X, Chang H-C, et al. 2010. Impact of ground subsidence on the Beijing-Tianjin high-speed railway as mapped by radar interferometry. Annals of GIS, 16(2): 91-102.

Huang Q, Crosetto M, Monserrat O, et al. 2017. Displacement monitoring and modelling of a high-speed railway bridge using C-band Sentinel-1 data. ISPRS Journal of Photogrammetry and Remote Sensing, 128: 204-211.

Huber P J. 1964. Robust estimation of a location parameter. The Annals of Mathematical Statistics, 35(1): 73-101.

Jiao J, Wang J, Jin F. 2017. Impacts of high-speed rail lines on the city network in China. Journal of Transport Geography, 60: 257-266.

Ma P, Li T, Fang C, et al. 2019a. A tentative test for measuring the sub-millimeter settlement and uplift of a high-speed railway bridge using COSMO-SkyMed images. ISPRS Journal of Photogrammetry and Remote Sensing, 155: 1-12.

Ma P, Lin H, Lan H, et al. 2015. Multi-dimensional SAR tomography for monitoring the deformation of newly built concrete buildings. ISPRS Journal of Photogrammetry and Remote Sensing, 106: 118-128.

Ma P, Liu Y, Wang W, et al. 2019b. Optimization of PSInSAR networks with application to TomoSAR for full detection of single and double persistent scatterers. Remote Sensing Letters, 10(8): 717-725.

Ma P, Wang W, Zhang B, et al. 2019c. Remotely sensing large-and small-scale ground subsidence: a case study of the Guangdong-Hong Kong-Macao Greater Bay Area of China. Remote Sensing of Environment, 232: 111282.

Ng A, Wang H, Dai Y, et al. 2018. InSAR reveals land deformation at Guangzhou and Foshan, China between 2011 and 2017 with COSMO-SkyMed data. Remote Sensing, 10(6): 813.

Qin X, Liao M, Zhang L, et al. 2017. Structural health and stability assessment of high-speed railways via thermal dilation mapping with time-series InSAR analysis. IEEE Journal of Selected Topics in Applied Earth Observations and Remote Sensing, 10(6): 2999-3010.

Rucci A, Ferretti A, Monti Guarnieri A, et al. 2012. Sentinel 1 SAR interferometry applications: the outlook for sub millimeter measurements. Remote Sensing of Environment, 120: 156-163.

Zhang B, Wang R, Deng Y, et al. 2019. Mapping the Yellow River Delta land subsidence with multitemporal SAR interferometry by exploiting both persistent and distributed scatterers. ISPRS Journal of Photogrammetry and Remote Sensing, 148: 157-173.

第 7 章　沿海城市填海区沉降监测

填海造陆是缓解城市用地不足最直接有效的方法，特别是沿海城市，填海陆地占很大比重，对填海平台的监护是保障城市基础设施健康稳定的关键一环。目前，我国很多沿海城市都有大量填海陆地，如香港、深圳、厦门和上海等城市。以香港为例，截至 2013 年 3 月，香港从填海工程获得的土地面积逾 67 km^2，占土地总面积约 7%，容纳了 27% 的香港人口和 70% 的商业活动。香港填海区按功能大致可以划分为住宅(沙田填海、青山湾填海)、商业(九龙半岛、中环填海)、娱乐(竹篙湾迪士尼)和交通(香港国际机场、港珠澳大桥人工岛)等。通常，在基建项目施工之前，必须保证填土平台已具备进行土建工程的条件，即填土层地基已趋于稳定。这往往需要经过漫长的填土材料压实固结过程，时间长达几年甚至几十年。填充材料(包括海底沉积物及填土/砂)的压实固结主要依赖其本身自重和外部人工施压，如真空排水预压、额外土方荷载等(Nash, 2001 ; Walker and Indraratna, 2009 ; 孙立强等, 2010)。一般来说，压实固结过程按照其压缩幅度及速率大致可以分为两个阶段：第一阶段，也是发生沉降量最大的时段，通常持续时间较短，在填土完成后的几个月或是几年内完成。这期间由于填充材料的可压性较大，不论是土层压实幅度还是速度都比较大，表现出的地表沉降一般为非线性过程(Mimura et al., 1990 ; Tan et al., 1991 ; Shi et al., 2019)。第二阶段，土层压实则要缓和许多，地面沉降量及沉降速度都比第一阶段要小很多，最明显的区别是，第二阶段的固结压实会持续几年甚至是几十年之久(Berry, 1983 ; Kim et al., 2010 ; Mimura et al., 1990)。在第二阶段后期，填土平台基本趋于稳定，符合土建工程的实施要求，故绝大多数在填海平台上进行的基础设施建设均是在第二阶段后期完成的。对于已完成开发的填海区，国内外已有不少学者利用 InSAR 技术对其进行了研究并获得了可靠的沉降监测结果(Kim et al., 2010 ; Shi et al., 2018 ; 刘国祥等, 2001 ; Zhao et al., 2019)。

7.1　香港国际机场填海区沉降

7.1.1　实　验　区

香港国际机场(Hong Kong International Airport，HKIA)位于香港大屿山以北的人工岛上，如图 7.1 所示，总面积约为 12.5 km^2，其范围包括原赤鱲角岛(又称香港赤鱲角国际机场)、榄洲岛和填海陆地。填海工程始于 1989 年，于 1995 年结束。香港国际机场于 1998 年 7 月 6 日启用，启德机场同时关闭。机场主要有两条跑道(南跑道和北跑道)及 173 个停机坪。在北跑道南面，与北跑道平行，为使降落北跑道的飞机尽快离开跑道而设的下滑行道 A1～A12，其连接北跑道、A 滑行道及 B 滑行道。在南跑道北面，与南跑道平行，为使降落南跑道的飞机尽快离开跑道而设的下滑行道 J1～J11，其连接南跑道、J 滑行道，滑行道 J3 及 J6 延长至连接及 H 滑行道。在南跑道南面，与南跑道平行，为通往货运及商用停机坪而设的下滑行道 K1～K7，其连接南跑道。其中，南北跑道是机场最重要的基础设施之一，它们主要位于填海区，而填海区容易发生沉降会对飞机滑行的平稳性产生影响，因此对它们的监测十分必要。

香港国际机场填土类型主要包括四类，其来源于陆地和海上，见表 7.1。填土厚度为 3～29 m，填土厚度大致从南到北递增。在填海陆地固结压实过程和海水渗透等作用下，填海陆地容易发生缓慢沉降，不同填土类型和填土厚度导致的差异性沉降直接威胁机场跑道以及地面设施的安全运维。从工程地质角度，填海陆地压实过程主要分为三个阶段（Tosen et al., 1998）：第一阶段一般是在填海工程完工后三年内，填海陆地处于快速压实阶段，沉降速度比较快；第二阶段是填土和填土层下淤泥压实的阶段，一般持续 30～40 年；第三阶段是填土的压实徐变阶段，此时沉降缓慢趋于稳定。第一阶段沉降速度比较快，沉降随时间变化的趋势呈现出非线性规律，传统 PSInSAR 的线性形变模型在拟合时序形变上存有缺陷。第二阶段和第三阶段沉降速度比较缓慢，沉降的时间变化趋势也基本呈线性或弱非线性，PSInSAR 中的线性形变模型足以拟合此时的时序形变。为尽可能全面地监测机场平台沉降信息，确保机场设施的安全管理，香港国际机场管理局在整个

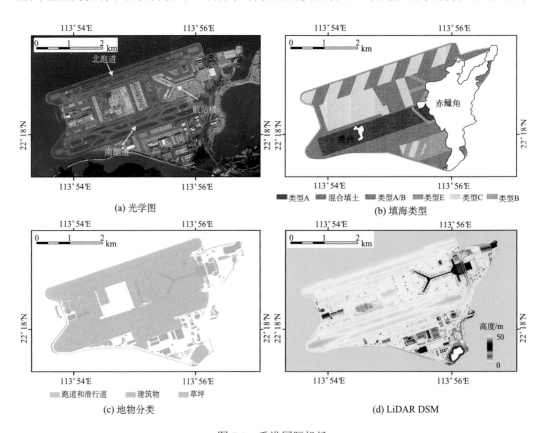

图 7.1　香港国际机场

机场布设了超过 5 000 个水准测量点，利用水准测量方法定期采集地面沉降数据。即使这样，两个水准点之间的距离也要几十米，无法全面地对机场进行监测。另外，由于机场白天有飞行安排，机场测量人员无法进入测量，测量工作一般都在凌晨 2：00 到 6：00 之间进行，每次只能测量少数水准点，无法做到所有点的同步测量。而且恶劣天气(如台风)时机场测量人员又无法外出作业，最终导致每个水准点一年测量次数一般不超过两次。此外，测量水准点需要耗费大量人力和财力，成本比较高。

表 7.1　香港国际机场填土类型

填土类型	平均蠕变参数(α)/%	空间分布	说明
类型 A	0.35(0.2~0.5)	南跑道	岩石，最大尺寸为 2 000 mm，细粒极限为 5%
类型 B	0.45(0.2~0.7)	车辆、公用隧道和堆放区	挖掘的土壤或岩石，最大尺寸为 300 mm，称为可堆放材料
类型 A/B	0.50(0.2~1.0)	北跑道和大部分的开垦区域	类型 A 和类型 B 的混合
类型 C	0.60(0.5~0.8)	将要开发的区域，以及整个填海区作为封顶填料	细度为 20% 或以下的海洋砂

7.1.2　实验数据和方法

该实验使用的整景 COSMO-SkyMed 和 Sentinel-1 数据的覆盖范围如图 7.2 所示(Ma et al., 2019)。数据信息和基线配置分别见表 7.2 和表 7.3，其中 38 景 COSMO-SkyMed 数据时间跨度为 2013 年 10 月~2017 年 8 月，选择 2014 年 12 月 6 日获得的影像为主影像，数据集总的基线长度为 1 860 m。54 景 Sentinel-1 数据时间跨度为 2015 年 6 月~2017

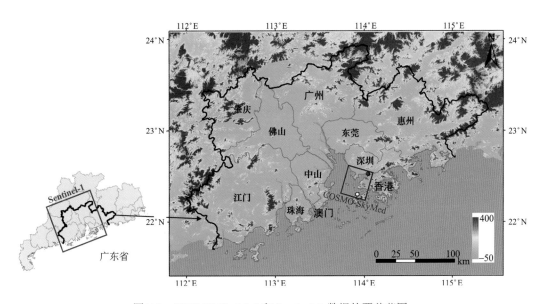

图 7.2　COSMO-SkyMed 和 Sentinel-1 数据的覆盖范围

表 7.2　COSMO-SkyMed 数据集基本信息，主影像为 2014-12-06

影像级别：单视复数影像(SLC)

获取模式：条带

极化方式：HH

编号	日期(年-月-日)	垂直基线/m	编号	日期(年-月-日)	垂直基线/m	编号	日期(年-月-日)	垂直基线/m
1	2013-10-04	−570.241	14	2014-11-20	−538.318	27	2015-12-09	482.715
2	2013-10-16	167.670	15	2014-12-06	0	28	2016-01-14	723.120
3	2013-11-17	−407.89	16	2015-01-23	−203.340	29	2016-03-18	573.265
4	2013-12-19	−434.378	17	2015-02-08	−32.423	30	2016-05-01	−134.348
5	2014-01-08	446.205	18	2015-03-12	600.738	31	2016-11-29	726.431
6	2014-02-21	192.593	19	2015-04-29	10.404	32	2017-02-01	−167.946
7	2014-03-13	378.835	20	2015-05-31	−450.116	33	2017-02-17	721.141
8	2014-05-28	−315.39	21	2015-06-20	−632.819	34	2017-04-18	30.175
9	2014-06-29	−608.542	22	2015-07-02	−625.462	35	2017-05-24	843.267
10	2014-07-19	−543.676	23	2015-08-03	260.107	36	2017-06-21	−332.140
11	2014-08-04	284.413	24	2015-09-08	259.022	37	2017-07-07	−947.457
12	2014-09-17	−757.162	25	2015-10-10	567.200	38	2017-08-28	−1017.140
13	2014-10-03	−681.432	26	2015-11-23	−118.311			

年 8 月，主影像为 2016 年 9 月 13 日拍摄的数据，总的基线长度为 212 m。从 COSMO-SkyMed 和 Sentinel-1 两个数据集基线来看，COSMO-SkyMed 数据总的基线长度要远大于 Sentinel-1 数据，说明 COSMO-SkyMed 数据相位的高度敏感性要高于 Sentinel-1 数据，而形变敏感性要低于 Sentinel-1 数据。在垂直基线角度上，COSMO-SkyMed 数据反演的高程信息理论上更准确，而 Sentinel-1 数据反演的形变信息更准确，但是最终参数反演精度不但与基线相关，还与数据大气噪声、热噪声、去相干等因子相关，因此不能一概而论。

该实验对 COSMO-SkyMed 和 Sentinel-1 数据进行单独处理，为了探测更多的 InSAR 测量点，在预处理中都使用单视处理。具体时序解算方法可参考第 3 章和第 4 章基于二层构网方法的 PS 和 DS 点探测。InSAR 测量的是相对变形，因此在时序影像分析前需要选择一个相对稳定的像素作为参考点，在该实验区内赤鱲角岛和榄洲岛不是填海形成的，因此相对稳定，榄洲岛位于飞行区不易进入地面测量，于是将参考点选在了赤鱲角。据机场管理局近 20 年地面测量数据可知，填海地面没有明显的水平向位移，因此将 COSMO-SkyMed 和 Sentinel-1 数据得到的 LOS 向形变直接转到垂直向沉降。在输出时序结果时，通过高斯时序滤波器抑制大气噪声的影响得到最终的时序形变趋势。

表 7.3　Sentinel-1A 数据集基本信息，主影像为 2016-09-13

影像级别：单视复数影像(SLC)

获取模式：IW

极化方式：VV

编号	日期(年-月-日)	垂直基线/m	编号	日期(年-月-日)	垂直基线/m	编号	日期(年-月-日)	垂直基线/m
1	2015-06-15	−11.965	19	2016-03-29	−47.299	37	2017-01-23	36.350
2	2015-06-27	−109.423	20	2016-04-22	19.418	38	2017-02-04	12.570
3	2015-07-09	100.897	21	2016-05-04	30.659	39	2017-02-16	37.116
4	2015-07-21	−45.846	22	2016-05-16	−13.258	40	2017-02-28	64.217
5	2015-08-02	−9.451	23	2016-05-28	−11.014	41	2017-03-12	15.751
6	2015-08-14	38.645	24	2016-06-09	5.837	42	2017-03-24	42.768
7	2015-08-26	−37.367	25	2016-07-03	−20.692	43	2017-04-05	−16.747
8	2015-09-07	−69.156	26	2016-08-20	−3.963	44	2017-04-17	−74.886
9	2015-09-19	−27.754	27	2016-09-13	0	45	2017-04-29	23.853
10	2015-10-01	20.080	28	2016-10-07	−25.506	46	2017-05-11	−37.090
11	2015-10-13	25.038	29	2016-10-19	53.137	47	2017-05-23	29.958
12	2015-12-12	−10.557	30	2016-10-31	34.608	48	2017-06-04	−34.511
13	2015-12-24	103.131	31	2016-11-12	34.460	49	2017-06-28	0.799
14	2016-01-05	36.373	32	2016112-4	−3.722	50	2017-07-10	56.311
15	2016-01-17	3.117	33	2016-120-6	−41.243	51	2017-07-22	50.395
16	2016-0129	95.301	34	2016-121-8	−27.799	52	2017-08-03	−15.371
17	2016-02-10	81.663	35	2016-123-0	−8.338	53	2017-08-15	−65.928
18	2016-03-05	−28.300	36	2017-01-11	52.429	54	2017-08-27	−25.660

7.1.3　PS 和 DS 监测结果

图 7.4 展示了 COSMO-SkyMed 和 Sentinel-1 数据提取的香港国际机场沉降数据，红色点代表地面沉降，绿色点代表稳定，蓝色点代表地表抬升。两组数据获取时间都处于填海陆地第二个沉降阶段，即填土内部压实和填土层下淤泥的压实阶段。COSMO-SkyMed 数据总共探测了 1541210 个 PS 和 DS 点，平均每平方千米超过了十万个测量点，DS 点的加入相比于单纯 PS 点探测来说，总的 InSAR 测量点数增加了 5 倍以上，主要增加了在机场跑道和滑行道的测量数据。虽然 DS 算法能够探测比较矮的草坪，但是在该实验两个数据结果中机场草坪的 InSAR 点依然比较稀少，可能是机场草坪经常进行人工维护而引起的失相干导致的。在 COSMO-SkyMed 数据获取时间段内最大的沉降速度为 26.4 mm/a，在地面没有抬升的情况下，大于 0 的形变速度值可以认为是由解算误差引起的，因此所有形变速度大于 0 的测量点速度统计的标准差可以衡量形变估计的误差，利用 COSMO-SkyMed 数据得到的形变速度标准差为 1.7 mm/a。Sentinel-1 数据提取的 InSAR 测量点数为 301463 个，最大的沉降速度为 28.6 mm/a，沉降速度的标准差为 1.9 mm/a。

Sentinel-1 数据探测的点数量是 COSMO-SkyMed 数据探测的点数量的 1/5，从分辨率来讲，Sentinel-1 数据分辨率是 COSMO-SkyMed 数据分辨率的 1/10 左右，但是探测的点数只是 COSMO-SkyMed 数据的 1/5，说明 C 波段的 Sentinel-1 数据比 X 波段的 COSMO-SkyMed 数据保持了更高的相干性。当然这也可能与 Sentinel-1 数据的时间跨度短有关，Sentinel-1 数据的时间跨度是 2015～2017 年，COSMO-SkyMed 数据的时间跨度是 2013～2017 年，因此 Sentinel-1 数据的时间相干性更高。从监测的最大沉降速度来看，COSMO-SkyMed 数据识别的最大沉降速度要小于 Sentinel-1 数据识别的最大沉降速度。从两个数据的时间上看，COSMO-SkyMed 数据获取期间的最大沉降速度应该大于 Sentinel-1 数据获取期间的最大沉降速度，因为填海区沉降一般呈现减速趋势，填海时间越久地面越稳定。这点不符可能是由于 COSMO-SkyMed 数据中没有把最大沉降速度的点识别出来，当然也不排除是误差的原因，因为两个最大沉降速度值只差了 2.2 mm/a，在误差范围之内。两个数据获取的大于 0 的形变速度直方图标准差比较相近，说明两个数据反演的沉降结果质量相当，因此也可以结合起来用于长时间沉降序列的反演，从而说明形变监测的精度和分辨率并不相关，主要与相位测量精度相关。从图 7.3 可以看出，赤鱲角岛和榄洲岛上大部分测量点的沉降值都接近 0，说明都处于相对稳定的状态，因为这两个区域都不是填海路面，说明监测结果与实际地质情况相吻合（Jiang and Lin, 2010; Plant and Covil, 1998）。两个数据结果中榄洲岛上都有部分点形变速度大于 0，测量点颜色整体偏蓝，这可能是由于解算误差或噪声引起的误差传播，当然也不能排除一些地表的施工作业引起的抬升或者水平移动。除了赤鱲角岛和榄洲岛，填海区地面和附属的基础设施发生了不同程度的沉降，在两个数据结果中最大的沉降位置位于航站楼西北角的滑行道上，如图 7.4 五角星所指位置。这个位置位于填海区和非填海区交界的位置，本身就容易发生差异沉降，另外也与其填海的材料和厚度相关，填海厚度比较大就更容易发生沉降。其中，机场最关注的是跑道的稳定性，图 7.4 的红色椭圆表示了在南北跑道识别出的沉降速度大于 5 mm/a 的沉降漏斗，其中北跑道有两个，南跑道有四个。相对于 Sentinel-1 数据得到的结果，COSMO-SkyMed 数据得到的空间点密度更高，因此跑道沉降漏斗显示得更加明显。机场跑道的差异沉降大小也与填海材料和厚度相关，另外机场工程活动及飞机起飞、滑动和降落等外部应力也能加快地面和基础设施的沉降。如图 7.4 箭头所指的沉降漏斗正好位于飞机起落地点，因此推断其是飞机落地时对地面的冲击荷载导致的，而机场中间矩形区域所标识的机场中间位置差异性沉降是 InSAR 监测时间段内新建停机坪工程活动导致的沉降，中间位置测量点的缺失也是工程活动导致的时间去相干引起的。相对于图 7.3（a）COSMO-SkyMed 沉降数据，图 7.3（b）Sentinel-1 数据中有很多明显的在方位向上呈长条形的噪声信号，用蓝色椭圆标出。通过查看 Sentinel-1 数据强度图，发现这些错误信号对应的是旁瓣像素点，虽然 3.1 节处理方法选点策略中已经使用 SVA 去旁瓣方法去掉了部分旁瓣，但是该结果中还是保留了这些错误的信息，说明去旁瓣方法在 Sentinel-1 数据处理中需要进一步改进。

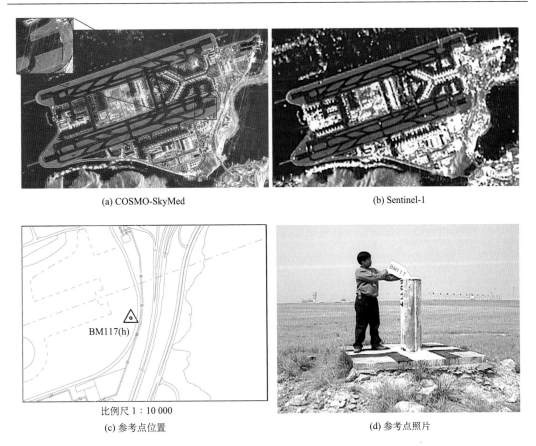

(a) COSMO-SkyMed

(b) Sentinel-1

比例尺 1∶10 000

(c) 参考点位置

(d) 参考点照片

图 7.3　SAR 影像与参考点位置

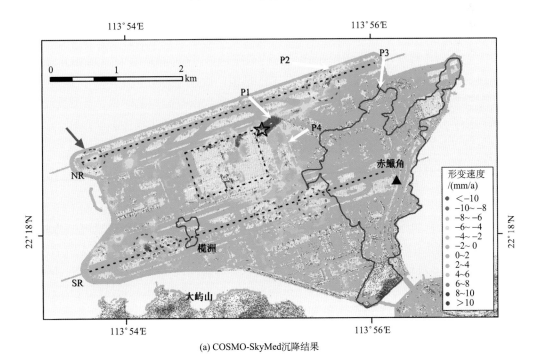

(a) COSMO-SkyMed沉降结果

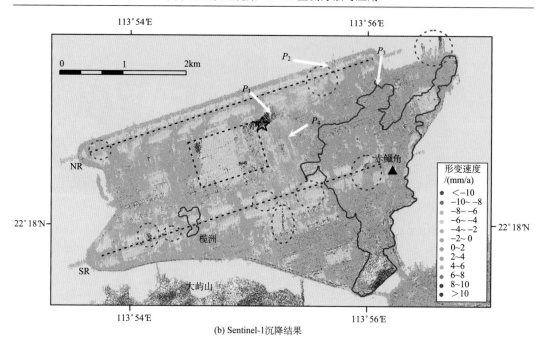

(b) Sentinel-1沉降结果

图 7.4　香港国际机场沉降速度

　　为了揭示香港国际机场填海区在监测期内沉降的时间变化，图 7.5 给出了位于填海区的 P_1 和 P_2 点时序沉降量，P_1 点位于航站楼西北侧填海区，靠近机场最大的沉降漏斗，P_2 点位于机场北跑道填海区。P_1 点在 COSMO-SkyMed 和 Sentinel-1 数据上解算出的沉降速度分别为 10.3 mm/a 和 9.9 mm/a，P_2 点速度分别为 6.4 mm/a 和 5.1 mm/a，两个数据集中沉降速度的微小差异可能是两者时间跨度不一致导致的。从时序变化趋势上看，P_1 点在 COSMO-SkyMed 影像中呈现出减速沉降趋势，这也符合填海区软土地质的沉降规律，而在 Sentinel-1 数据结果中单纯呈现出线性形变趋势，这可能是由于 COSMO- SkyMed 数据跨度比较久，一共将近四年时间，而 Sentinel-1 数据时间跨度只有两年多一点。因为该实验在时序相位分析时利用了线性形变模型，当数据时间短的时候，无法刻画出沉降变缓的趋势，而数据跨度长时，能够比较好地反演出减速型非线性沉降过程。相对于 COSMO-SkyMed 数据来说，Sentinel-1 数据时序形变结果更平滑，这得益于其有规则的时间采样，因此在时序高斯滤波的时候更合理。而在 COSMO-SkyMed 数据中，不规则的时间采样容易引起大气噪声去除效果不好，如 2015 年 10 月～2016 年 10 年时序形变发生了微小波动，这是由于缺失了 2016 年 6～11 月的数据，高斯滤波的时候采样不充分导致的。香港国际机场除了发生明显的填海区沉降外，在分析 InSAR 点时序信号时，还发现位于建筑物上的点（如 P_3 和 P_4）呈现出季节性的热胀冷缩效应，如图 7.5 所示。根据前面内容可知，建筑物热胀冷缩效应主要跟高度相关，P_3 点在 COSMO-SkyMed 和 Sentinel-1 数据中反演的高度分别为 28.2 m 和 8.5 m，P_4 点在 COSMO-SkyMed 和 Sentinel-1 数据中反演的高度分别为 50.6 m 和 41.2 m。两个数据反演的同一点的高度结果不同，一方面可能是基线原因；另一方面可能是分辨率原因。其中，P_3 和 P_4 在 COSMO-SkyMed

影像上时序形变量和温度变化都有很高的相关性，都呈季节性变化趋势，证明其是由热胀冷缩引起的，其中在每年的 7 月、8 月达到最高值，1 月、2 月达到最低值。但是在 2016 年时序形变的周期性并不明显，主要是因为缺失了 2016 年 6~11 月的 COSMO-SkyMed 数据导致的。而在 Sentinel-1 影像上，P_4 也呈现出季节性热胀冷缩形变，对应三个周期。但是 P_3 热胀冷缩效应并不明显，C 波段的 Sentinel-1 波长 (5.4 cm) 比 X 波段 COSMO-SkyMed 波长 (3.1 cm) 略长一些，可能对微小形变的敏感性低一点。但是这里 P_3 点热胀冷缩效应不明显最可能的原因是 Sentinel-1 数据分辨率较低，建筑物上的信号和地面信号融合在一起，因此导致季节性形变效果不明显，从 P_3 点在 Sentinel-1 数据中反演的高度 (8.5 m) 也能证明这一点。虽然热胀冷缩是正常形变，但通过对热胀冷缩的反应也佐证了高分辨率 COSMO-SkyMed 卫星在基础设施精细化监测中的优势。

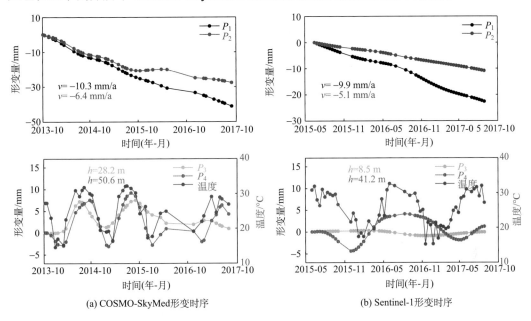

(a) COSMO-SkyMed形变时序　　　　　　(b) Sentinel-1形变时序

图 7.5　香港国际机场 InSAR 测量点的时序形变

7.1.4　精　度　验　证

1. 高度验证

　　InSAR 解算的高度结果对于测量点精确定位和形变解译具有十分重要的作用，因此，该实验在对形变测量值精度验证之前需要首先对两颗卫星数据解算的高度进行验证。用来对比的真实高度是香港土木工程拓展署 2010 年拍摄的 LiDAR DSM 数据，如图 7.1 (d) 所示，其高程精度为厘米级。因为 LiDAR DSM 是正射表面模型高度，获得的是建筑物楼顶和地面高度，而 SAR 由于是斜距成像，除了建筑物楼顶点外还有建筑墙壁点。如果 InSAR 点高度直接和 LiDAR 高度相减的话，建筑物墙壁上的点参与运算会造成很大的误差。为了使对比更准确，需要首先去除建筑物墙壁点，在这里使用的是迭代最临近点算法（Wang et al., 2016），具体步骤如下：①对 InSAR 点云和光学点云数据进行边缘探测，这些边缘位置对应着墙壁位置；②通过水平和竖直方向的偏移实现两个数据的初步匹配；③根据光学点云没有墙壁点，去除 InSAR 点云中的墙壁点，再进行精化处理。去除建筑物墙壁上点后对剩余的 InSAR 点高度和 LiDAR 高度做差，因为 LiDAR 数据是连续数据，因此有 InSAR 点的位置都有同名点。图 7.6(a) 和图 7.6(c) 是 COSMO-SkyMed 影像探测 InSAR 点的高度结果和与 LiDAR 数据的对比结果，InSAR 求解高度和 LiDAR 高度具有不同的参考标准，因此对比之前首先选取机场跑道平面上的点进行高度矫正。具体方法是，在整个机场范围内随机选取跑道上的 50 个测量点与 LiDAR 高度数据做差，然后对求差结果取平均，所有 InSAR 点高度加上平均值即矫正后的高度。为了保证飞机有良好的通视，机场建筑物一般都比较矮，因此图 7.6(a) 显示范围设为 0～50 m。从高度图中能明显地分辨出机场建筑物（如航站楼）位置，与图 7.1(c) 建筑物位置分布一致。从图 7.6(c) 可以看出，InSAR 测量点高度和 LiDAR 高度数据有比较高的一致性，其均方根误差为 2.9 m，相关性达到 0.9 以上。相比而言，图 7.6(b) 中 Sentinel-1 反演的高度质量要明显低于图 7.6(a) 中 COSMO-SkyMed 数据的反演结果。例如，通过高度图很难分辨出机场建筑物，而且跑道和滑行道的高度差异都超过 10 m，与实际不符，另外旁瓣像素

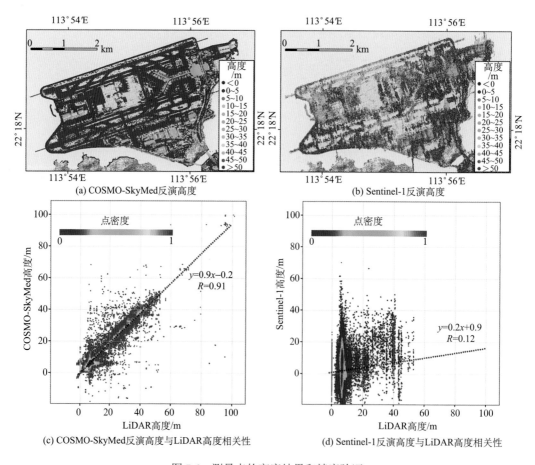

图 7.6　测量点的高度结果和精度验证

点估算的高度也不够准确。从图 7.6(d) 中 Sentinel-1 反演的高度与 LiDAR 高度对比也可以看出 Sentinel-1 反演高度精度较低，与 LiDAR 高度数据对比呈现出低估现象，均方根误差为 11.8 m，相关性仅为 0.12。这其中可能有两方面原因：一方面 Sentinel-1 影像分辨率较低，因此建筑设施容易和周边地物融合在一个像素单元中，从而导致高程估计呈现低估现象；另一方面 Sentinel-1 卫星为了保证形变精度设计的垂直基线较短，该实验 Sentinel-1 最大垂直基线距为 212 m，远小于 COSMO-SkyMed 1860 m 的基线距，因此不利于高度的反演。

　　COSMO-SkyMed 探测 InSAR 点每平方千米超过 10 万个，形成点云。为了更生动地展示点云效果并比较两个数据在基础设施精细化表达方面上的差异，使用 OpenGL 研发的三维引擎分别显示 COSMO-SkyMed 和 Sentinel-1 获得的点。从图 7.7 的三维 InSAR 点云显示效果中发现两者更明显的区别，COSMO-SkyMed 影像提取的点云更好地表达了航站楼的结构细节特征，而 Sentinel-1 由于点密度不够和高度不准确而无法刻画航站楼。对于跑道放大图而言，COSMO-SkyMed 结果中跑道和草坪被明显地区分开来，跑道点比较密集而草坪点比较稀疏，而 Sentinel-1 结果中跑道点和草坪点混合在一起无法区分，显然，Sentinel-1 得到的测量点无法刻画建筑结构的细节信息。在实际形变监测应用中，当建筑物只有某一部件发生变形时，COSMO-SkyMed 结果凭借其精细化表达能力可以快速准确地定位变形位置并发出预警，而 Sentinel-1 无法精确定位，因此在基础设施监测中高分 COSMO-SkyMed 数据更有效。但是对于区域性沉降来讲，COSMO-SkyMed 和 Sentinel-1 数据都能得到比较高的形变测量精度，因此都可以用以实际监测。

2. 形变速度验证

　　根据图 7.1(c) 所示，机场地物类型可以分为路面(跑道和滑行道)、建筑物和草坪，为了评价机场不同地物类型的 InSAR 监测精度，该实验中将对不同类型地物进行单独验证，从而评价 COSMO-SkyMed 和 Sentinel-1 数据在每种地物类型监测中的优势和劣势。图 7.8 显示了 COSMO-SkyMed 和 Sentinel-1 数据沉降结果的精度对比，COSMO-SkyMed 影像中路面、草坪和建筑物沉降速度精度(RMSE)分别为 2.2 mm/a、4.5 mm/a 和 1.7 mm/a，Sentinel-1 影像中分别为 2.3 mm/a、5.5 mm/a 和 2.2 mm/a。从结果验证精度来看，COSMO-SkyMed 和 Sentinel-1 获取的路面和建筑物精度大致相当，大约为 2 mm/a。但是这个精度只表明在比较的 97 个点的精度，当评价所有 InSAR 测量点沉降速度精度时，Sentinel-1 结果噪声还是大于 COSMO-SkyMed 结果噪声，如图 7.4(b) 沉降速度图中蓝色椭圆范围内有抬升的点，与事实不符，这些噪声点是由 Sentinel-1 旁瓣效应导致的。另外，Sentinel-1 沉降结果中赤鱲角岛有很多点发生沉降，也与事实不符，这说明 Sentinel-1 结果中虚警率更高，在实际应用中容易引起错误解译。当然，在形变比较中有很多的不确定性因素会影响最终结果的精度，主要包括以下几个方面：

　　(1)参考点的影响，水准数据测量的都是绝对沉降，而 InSAR 解算的沉降值都是以选择的参考点为基准的，这就要求参考点绝对稳定。该实验将参考点选在了赤鱲角的 BM117 水准测量点位置，该参考点位于非填海区，相对稳定，因此该实验中参考点引起的精度不确定性较小。

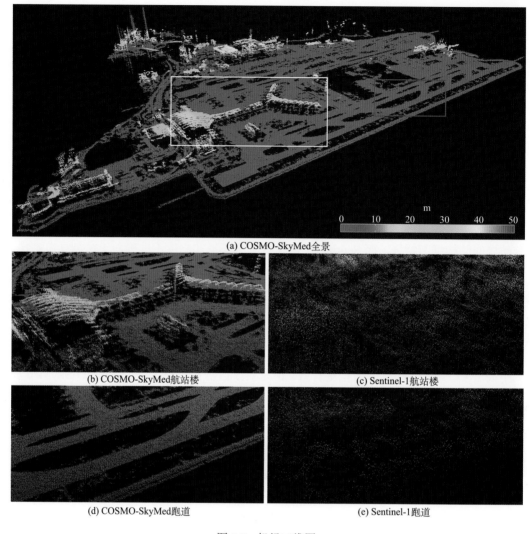

(a) COSMO-SkyMed全景

(b) COSMO-SkyMed航站楼

(c) Sentinel-1航站楼

(d) COSMO-SkyMed跑道

(e) Sentinel-1跑道

图 7.7　机场三维图

(2)该实验中使用水准测量数据进行精度验证,但是水准数据本身也有精度限制,根据香港机场管理局使用的水准仪精度标准,水准沉降测量精度在 1 mm 左右。另外,值得注意的是,当给出的形变速度精度为 mm/a 时,指的是一年的形变量差异,当水准测量时间跨度是两年时,形变量差异就是形变速度精度的两倍。所以在同时衡量形变量和形变速度时,要有时间跨度的概念,不能笼统地说 1 mm 误差比 2 mm 误差精度高。例如,第一个点两个测量时间只相隔一个月,形变量验证精度为 1 mm,那么推算到年平均形变速度精度的话就是 12 mm/a。而第二个点两个测量时间相隔一年,形变量验证精度为 5 mm,那么推算到年平均形变速度精度就是 5 mm/a。这种情况下,虽然第一个点形变量精度要高于第二点形变量精度,但主要是时间跨度短引起的,可能本身变形就不大所以误差也很小,从年平均速度精度上来讲,第二个点精度要高于第一个点。

(3)该实验中利用最邻近法确定 InSAR 和水准同名点,这有可能导致选取的同名点不匹配。在 COSMO-SkyMed 和 Sentinel-1 两个结果中，草坪沉降精度都低于路面和建筑物，这一方面是由于草坪去相干效应比较严重，因此造成的解算误差较大；另一方面从图 7.4 中可以看出，草坪 InSAR 测量点比较稀疏，用最邻近点法选取同名点时距离误差较大，因而有可能选择的 InSAR 点和地面点不是同一地物。为了衡量同名点距离误差的影响，该实验记录了用来对比的 InSAR 点与水准点之间的水平距离，对于机场草坪地区，同名点距离差平均值在 COSMO-SkyMed 数据中为 7.9 m、在 Sentinel-1 数据中为 19.4 m。而建筑物同名点距离差平均值在 COSMO-SkyMed 数据中为 1.5 m、在 Sentinel-1 数据中为 3.5 m。跑道和滑行道在 COSMO-SkyMed 结果中为 1.1 m，在 Sentinel-1 结果中为 4.8 m。显然，草坪同名点距离不确定性远大于其他两种地物类型，因此在一定程度上也降低了对比精度。

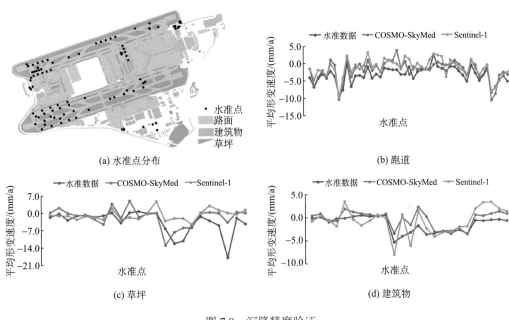

(a) 水准点分布　　　　　　　　　(b) 跑道

(c) 草坪　　　　　　　　　(d) 建筑物

图 7.8　沉降精度验证

7.2　香港迪士尼新填海区早期非线性地表沉降

7.2.1　实验区域及数据

1. 填土区沉降特性

本章 7.1 节介绍的香港国际机场填海区距离填海完成已经 20 多年的时间，总体沉降幅度不大，InSAR 可以有效地监测这种缓慢性沉降。但是对于新的填海陆地，快速非线性沉降会导致 InSAR 相位信号失相干严重，实际沉降与传统时序 InSAR 技术的线性形变预设存在较大偏差，近几年时序 InSAR 技术对早期填土沉降监测成功的案例少之又少。本节利用实地磁引伸计数据准确模拟新填土区实际土层固结过程,以提高时序 InSAR 技术对早期填土沉降的解译能力(Shi et al., 2019)。

2. 竹篙湾填海二期工程

作为全世界人口密度最高的地区之一,香港山多平地少的地貌特征使得其城市基建在很大程度上依赖于人工填土陆地。至 2010 年,香港约有 68 km² 的土地是通过填海获得的(Ning et al., 2010)。自开埠以来,香港便开启了长达百余年的填海历史,回归祖国后,其填海造陆的脚步并未停止。近几年,大型填海工程有香港国际机场,竹篙湾填海一期、二期工程,以及实施或规划中的香港国际机场第三跑道及东大屿山填海计划等。因此,对新旧填海区的定期观测成为香港城市基础设施安全监测中至关重要的一部分(Shi et al., 2018;刘国祥等, 2001)。本节研究区域为香港竹篙湾填海二期工程(Penny's Bay Reclamation Stage 2, PBR2),工程开始于 2003 年 4 月,竣工于 2009 年年初。工程位于香港大屿山东北角,紧邻其一期填海工程(Penny's Bay Reclamation Stage 1, PBR1),位置如图 7.9 所示。图 7.9 中黄色与红色线框代表研究区范围及本次实验所用的 SAR 影像覆盖范围。2002 年与 2009 年填海前后的地表覆盖变化由图 7.9 左下角光学影像给出。实验所用磁引伸计位置由黑色及红色圆点表示(其中红色点位 *A*、*B* 用于形变时序展示及 InSAR 结果验证)。PBR2 工程主要是为了落实后续香港迪士尼项目的扩建,因此未来大量的土建工程会在该平台上展开(其中约 0.6 km² 为主题乐园及酒店,约 0.14 km² 为辅助设施及政府机构/社区)。图 7.9 中信息更新于 2009 年 4 月,标注为"香港迪士尼"的建成区域为 PBR1 工程(竣工于 2002 年)。新填海区 PBR2 工程范围由虚线标注,其中蓝色阴影区为可即刻被利用的土地(lands immediately available, LIA),红色阴影区为至 2009 年仍在进行土方额外载荷压实的土地(lands still under earth surcharge, LES)。

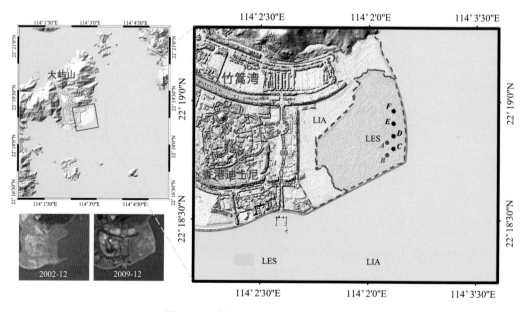

图 7.9　竹篙湾填海二期工程位置概要

PBR2 是一个典型的非全浚挖式填海工程，图 7.10 给出了工程实施简图。海底沉积淤泥只有在海堤建造区域被浚挖移除，而在主填区并未对沉积物实施浚挖。工程具体的施工分布如图 7.11 所示，其中海堤浚挖区范围由绿色虚线表示，浚挖深度从北部近海岸的约 10 m.P.D.至南部与 PBR1 工程海堤连接处的约 40 m.P.D.。该区域经完全浚挖后重新填入砂石材料以建造填海区的防护海堤。而在主填海区(未来迪士尼主题公园二期所在地)，填土材料直接覆盖于海底沉积淤泥之上，这一区域也是实验探测到最大沉降发生的位置。另一处临近填海项目(港珠澳大桥香港口岸人工岛)资料显示，该片区域海底沉积物为一相对均匀的粉质黏土层，厚度为 7~30 m。黏土层具有较高的孔隙比，平均约 2.1，含水量范围为 60%~100%。因此，高可压缩性海底沉积的存在使得 PBR2 工程非浚挖区域比海堤全浚挖区域更不稳定，容易发生大的地面沉降且沉降持续时间更长。为了加速主填区土层固结，人工加压方法如真空抽水预压、土方荷载等也被运用至 PBR2 工程以缩短平台达稳定状态所需时间。具体预压方案由图 7.11 给出，斜线覆盖区域为抽水加压的范围，从 PBR1 工程海堤一直到新海堤浚挖区边缘，基本包含了整个主填区。土方荷载范围则由棕色图块表示，其中圆圈内数字代表额外加载土方的厚度。土方荷载一直延续至 2009 年并在 2009 年年底基本被移除。

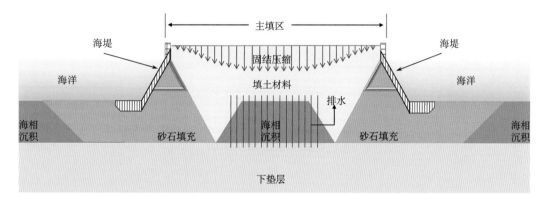

图 7.10　竹篙湾填海二期工程示意图

3. 实验数据及处理

本节实验所用数据及辅助资料包括主填区 6 处磁引伸计记录、61 景 X 波段 TerraSAR-X 影像，以及工程施工分布信息等。实验所用最早 SAR 影像获取时间为 2008 年 5 月 13 日，约为平台完成填土后的半年。表 7.4 给出了 SAR 影像的基本信息，其中干涉对生成采用单视全分辨率。实验采用第 3 章和第 4 章二层监测网络实现 PS 点目标与 DS 点目标的联合解算。由于填土区内稳定散射体较少，PS 点初始选取中设置振幅离差指数阈值为 0.4，PS 候选点由狄罗妮三角网相连。PS 点目标多为建造在已稳定地块的人工建筑体，故在求解 PS 弧段参数时只使用传统线性形变模型。参数估计方法参照本书第 3 章提出的稳健估计方法，PS 点时域相干系数阈值为 0.7。在研究区内选定稳定参考点后，PS 点位形变值由弧段测量网平差后得到。完成 PS 点参考网求解后，经同质滤

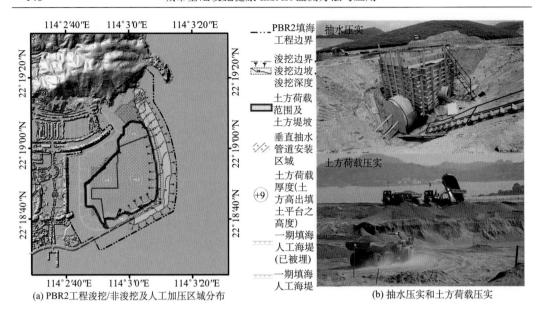

(a) PBR2工程浚挖/非浚挖及人工加压区域分布　　(b) 抽水压实和土方荷载压实

图 7.11　PBR2 工程浚挖/非浚挖及人工加压区域分布

表 7.4　TerraSAR-X 数据集基本信息，主影像为 2008-05-13

影像级别：单视复数影像（SLC）

获取模式：条带

极化方式：VV

编号	日期(年-月-日)	垂直基线/m	编号	日期(年-月-日)	垂直基线/m	编号	日期(年-月-日)	垂直基线/m
1	2008-05-13	0	22	2009-10-01	271.7	43	2010-11-01	257.9
2	2008-10-25	2.4	23	2009-10-12	18.6	44	2010-11-12	124.9
3	2008-11-05	305.1	24	2009-10-23	159.2	45	2010-12-04	758.1
4	2008-11-16	176.5	25	2009-11-03	53.8	46	2010-12-15	797.5
5	2008-11-27	63.4	26	2009-11-14	203.9	47	2010-12-26	144.9
6	2008-12-08	61.2	27	2009-11-25	78.9	48	2011-03-24	640.8
7	2009-01-10	222.9	28	2009-12-06	65.4	49	2011-04-04	216.7
8	2009-01-21	157.6	29	2009-12-17	166.9	50	2011-05-07	397.3
9	2009-02-01	80.5	30	2010-04-06	173.9	51	2011-05-18	676.6
10	2009-02-12	309.7	31	2010-06-11	172.6	52	2011-07-12	291.0
11	2009-02-23	24.8	32	2010-06-22	236.2	53	2011-08-03	238.8
12	2009-03-06	107.3	33	2010-07-03	296.1	54	2011-08-25	63.7
13	2009-03-17	209.0	34	2010-07-14	236.5	55	2011-09-05	116.8
14	2009-04-30	209.2	35	2010-07-25	386.2	56	2011-10-08	125.9
15	2009-05-11	188.5	36	2010-08-05	65.6	57	2011-10-19	211.9
16	2009-05-22	184.2	37	2010-08-16	98.7	58	2011-10-30	−221.3
17	2009-06-02	149.2	38	2010-09-07	133.6	59	2011-12-02	236.8
18	2009-06-24	383.8	39	2010-09-18	−34.7	60	2011-12-13	222.2
19	2009-07-05	263.7	40	2010-09-29	297.3	61	2011-12-24	270.2
20	2009-07-16	116.1	41	2010-10-10	207.9			
21	2009-07-27	157.6	42	2010-10-21	744.0			

波后的干涉对则被用于扩展分布式 DS 点目标。在构网方面，DS 候选点与其最邻近的 PS 参考点(最多 5 个)相连以求解多弧段解。在此过程中，为了探究不同非线性形变模型的适应度，DS 弧段的求解用到线性模型、双曲模型、指数模型等非线性形变预设。不失一般性，保留多弧段中时序相干性最高的解为该 DS 弧段的最优解。DS 点位绝对形变值由与之相连的 PS 形变值加上该弧段的相对形变值获得。

7.2.2　实　验　方　法

1. 非线性沉降模型

对于一个典型的填土固结过程来说，由材料自重负荷导致的地面形变 def (除作说明外，本节涉及形变的参数均为卫星 LOS 方向)可由双曲函数表示为(Kim et al., 2010)

$$\text{def} = \frac{t}{V_a + V_b t} \tag{7.1}$$

式中，t 为相对于 0 形变时刻的时间间隔；V_a 及 V_b 为控制曲线形状的常数参数。通过这一先验模型，可以估计出随时间变化(而非恒定)的地面形变速度。当参数 V_b 为 0 时，该模型即线性模型。通过泰勒展开，式(7.1)也可表示为二次型 $\text{def} = a_1 t + a_2 t^2$，其中 a_1、a_2 分别表示速度恒定项与加速度。在实际应用中，若地面测量数据的观测时段有限(远短于 InSAR 观测时段)，则通过二次函数模拟得到的形变曲线将会与实际情况有较大的偏差。特别说明的是，一些填海工程完成后会实施额外的人工压实措施，如真空排水、土方荷载等方法(孙立强等, 2010)，以加速松软土层的固结过程，竹篙湾二期工程也不例外。为此，这里引入指数函数模型来描述沉降更快同时后期衰减也更强的形变过程，即

$$\text{def} = a e^{-bt} + c \tag{7.2}$$

式中，a、b、c 为函数系数。为减少函数变量，且在 $\text{def}(t=0) = 0$ ($t=0$ 为 0 形变时刻)的情况下，式(7.2)即可写为 $\text{def} = a\left(e^{-bt} - 1\right)$。通过解式(7.1)及式(7.2)中的参数，可得到不同沉降过程下随时间变化的沉降速度，进而可得到更符合填土早期压实物理过程的形变相位模型：

$$\phi_{\text{def}_{\text{hyp}}} = \frac{4\pi}{\lambda} \frac{B_T}{V_a + V_b B_T^k} \tag{7.3}$$

$$\phi_{\text{def}_{\text{exp}}} = \frac{4\pi}{\lambda} a\left(e^{-bB_T} - 1\right) \tag{7.4}$$

式中，B_T 为干涉对时间基线。在设置 V_a 及 V_b 采样区间时应避免式(7.3)中分母项为 0。将非线性形变相位模型引入即获得相应解空间。有关参数 V_a、V_b、a 以及 b 的取值范围选定将由 7.2.2 节第二部分中磁引伸计观测值模拟得到。

2. 磁引伸计模拟土层固结过程

实地测量数据[包括磁引伸计、全球导航卫星系统(GNSS)、地面水准]作为反映填土

区早期地面形变的第一手资料，适合用于对沉降过程进行模拟，以获得填土平台早期非线性形变的先验知识。本节利用安装于 PBR2 主填区的 6 处磁引伸计对土层及沉积淤泥的压缩过程进行模型化表达。依照 PSInSAR 求解两位置间相对形变的原理，6 处磁引伸计站点同样以两两相连的方式构建互通网络，站点间弧段相对形变量（垂直方向）被投影至卫星视线方向（LOS 向）。由磁引伸计站点构建的网络包括 21 个弧段（每弧段均有两个方向，即方向不同相对形变值的正负号不同），其中包括 15 个站点间弧段及 6 个虚拟弧段，虚拟弧段即站点与假设 0 形变参考点相连。为求得式(7.1)及式(7.2)中参数 V_a、V_b、a、b，可利用最小二乘估计求解与上述站点间弧段形变量最优匹配的形变模型，即最小二乘拟合：

$$\hat{f} = \min_{f_{\text{model}}} \sum_t \left[\text{Def}_{\text{obs}}(t) - f_{\text{model}}(t) \right]^2 \tag{7.5}$$

式中，$\text{Def}_{\text{obs}}(t)$ 为弧段形变观测；$f_{\text{model}}(t)$ 为拟合所得模型。每个弧段观测值即可解得一组相应参数，即 V_a、V_b、a、b 四项。磁引伸计分布于填土区的边缘及中心地带，因此由式(7.5)得到的形变曲线能合理准确地代表 PBR2 工程早期沉降的真实情况。由于地面形变大致为空间连续过程，故可假设函数参数符合正态分布 $N(\mu, \delta)$，μ、δ 分别为分布数学期望与标准差，可由所得参数（样本）计算得到。例如，V_a 服从 $N[\mu(V_a), \delta(V_a)]$，$\mu(V_a)$ 及 $\delta(V_a)$ 由式(7.5)中相应求得的样本 V_a 估计而得，则定义每项参数的数值范围为 $(\text{ValMin} - \delta, \text{ValMax} + \delta)$，$\text{ValMin}$、$\text{ValMax}$ 分别为式(7.5)中估计的参数的最小、最大值。参数范围一旦确定，即式(7.3)和式(7.4)相位模型范围确定。例如，$a \in (\text{ValMin}(a) - \delta(a), \text{ValMax}(a) + \delta(a))$，区间采样量为 N_a，$b \in (\text{ValMin}(b) - \delta(b), \text{ValMax}(b) + \delta(b))$，区间采样量为 N_b，则根据不同的 a、b 值组合可得到总共 $(N_a \times N_b)$ 个指数形变模型。需要注意的是，参数的区间采样可以是线性间隔或是非线性间隔，具体可根据曲线形状对参数变化的敏感程度而定。此后，根据得到的形变模型即可得到一组具有非线性形变项的干涉相位功能函数，也即形变估计的解空间。

3. PS 和 DS 联合监测

在填土完成早期，地面不仅沉降快且多为裸土覆盖，该类地表在时序 InSAR 分析中多表现为中、低相干性的分布式散射体，甚至完全失相干。由永久散射体 PS 方法得到的测量结果仅限于相干性较高的区域，难以反映填土区的沉降细节。本节在 PS 测量网络的基础上引入 DS 分布式散射体目标，恢复中、低相干性地区的有用形变信号，以改善 InSAR 测量结果的空间分布，提高测量点密度。其中，PS 网络具体解算方法见第 3 章介绍。DS 处理首先需对干涉对进行同质滤波（同质滤波包括同质像素聚合以及相位优化两个过程），详见第 4 章内容。经过同质滤波的干涉对相位质量有所改善，噪声水平在一定程度上得到抑制，有助于提高后续 DS 弧段形变参数估计的成功率。特别地，本节 DS 网络的拓展采用多弧段解策略，即每个 DS 候选点与其最邻近的多个（最多 5 个）PS 参考点相连构成 DS 弧段。解算 DS 弧段时，非线性形变相位模型将被用于求解时域相干系数。弧段参数的解算方法与 PS 弧段的解算一样，同样运用稳健估计器 Beamforming。不失一般性，在选择与多个 PS 参考点相连时，则保留最大 $\hat{\gamma}$ 值所对应弧段的解作为该 DS 弧段的最优解。同样，DS 弧段解也为相对量，将弧段所得形变参数加上所连 PS 参考点的形变参数即该 DS 点的形变值。至此，DS 扩展网络完成。

　　完成 PS 及 DS 网络解算后，得到 SAR 坐标系下形变图。经地理编码后可得到地理坐标系下的卫星 LOS 向形变。假设 LOS 向形变主要由垂直向沉降引起，即忽略填土区水平向位移，可根据式(7.6)获得垂直形变图，式中 θ 为卫星入射角。根据需要，可对形变结果做时域或空间域滤波等进一步处理，以辅助填土沉降后续分析与评估。图 7.12 概括了本节方法的基本流程。

$$\mathrm{Def}_{\mathrm{vertical}} = \frac{\mathrm{Def}_{\mathrm{LOS}}}{\cos\theta} \tag{7.6}$$

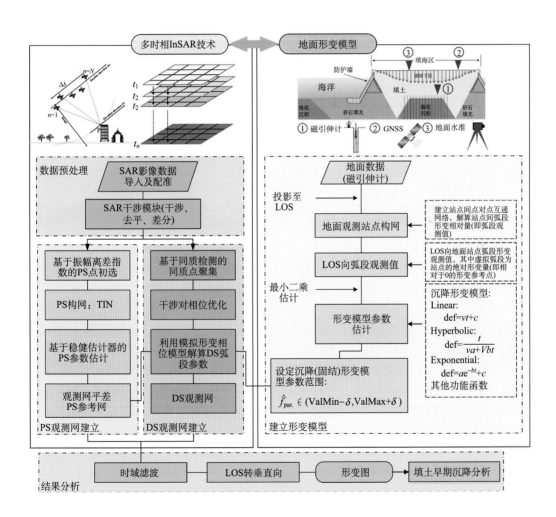

图 7.12　基于多时相 InSAR 技术与地面测量的填海区早期沉降监测实施流程

7.2.3 结果分析

1. 全分辨率 PBR 2 平均形变速度

得益于磁引伸计对沉降的真实反映，上节对沉降模型参数边界的设定相对精准，有助于我们精化解空间的采样间隔，从而在提高 InSAR 解算精度的情况下也节省了时间成本。图 7.13 给出了非线性形变弧段解上，分别基于传统线性模型与该方法(非线性模型)所得到的时域相干系数水平。由于 DS 弧段相位噪声较高，因此相干系数水平整体偏低。对比图中灰色及红色统计数据可以发现，非线性模型预设解得的相干系数水平较线性模型有显著提高。特别地，该提升在第一个时间段 2008 年 5 月 13 日～2009 年 7 月 16 日尤为明显。原因在于，该时段正处于快速非线性形变最为显著的时期，线性形变模型在这一阶段几乎是失效的，非线性形变预设包括双曲模型与指数模型，与观测相位更为接近，因此能估计得到合理的形变时间序列。随着时间推移，沉降过程慢慢趋于平和，后期则接近于线性形变过程。实验结果显示，到第三个时间段 2010 年 9 月 29 日～2011 年 12 月 24 日，非线性模型之下的相干系数水平仍有提升但已相对较小。

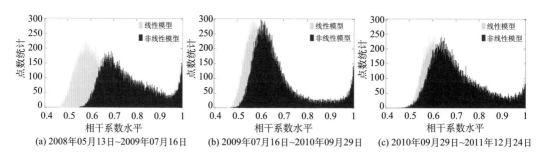

图 7.13 基于线性模型与非线性模型所得时域相干系数

由非线性模型及单一线性模型 PS 方法得到的平均形变速度结果如图 7.14 所示，其中数值均为投影到垂直方向的形变值，即假设所有 LOS 向形变均由沉降导致。PS 结果中，成功探测的 PS 点主要落在 PBR1 工程内人工建筑以及 PBR2 工程新建海堤上，这些地物目标雷达反射性强且均呈现近线性形变特性，相位稳定性较高。相反，非浚挖区 LES 一带由于相位失相干严重，中心区域快速非线性形变与 PS 线性形变预设普遍失配，使得 PS 方法在 LES 区域几乎失效。因此，在仅用单一线性形变模型的 PS 结果中，中心区域的沉降过程未能从观测相位中成功解译，如图 7.14(a)所示。而在本节方法中，经过干涉对同质滤波且形变模型失配问题进行改善后，图 7.14(b)更为完整详细地测得了 PBR2 工程早期沉降的空间分布。实验结果与预期一致，PBR2 工程最严重的沉降发生于存在海底沉积物的 LES 中心区域。在 3.6 年观测时间内，LES 中部最大沉降速度超过 500 mm/a，累计沉降约 1.6 m。相反，LES 周边地带如 LIA 及新建海堤则要相对稳定得多。除恢复了失相干区非线性沉降信号外，在引入 DS 观测后，图 7.14(b)在测量点密度上也有显著提高。基于图 7.13 中相干性水平的改善以及图 7.14 中监测结果的提高，充分说明由磁引伸计得到的形变模型预设能很好地描述 PBR2 工程早期土层固结的真实沉降过程。因此，在该案例中，全分辨率 PS 和 DS 点方法监测新填土区地面沉降的能力得到了显著提高。

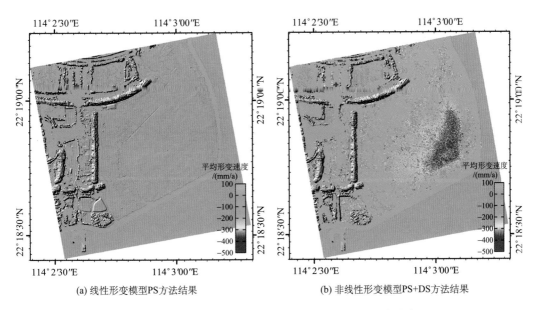

(a) 线性形变模型PS方法结果　　　　　　　　(b) 非线性形变模型PS+DS方法结果

图 7.14　2008 年 5 月至 2011 年 12 月 PBR2 平均形变速度

红色十字为设定于稳定建筑物上的形变参考点

2. 填土层固结沉降类别

本节方法利用三种形变类型(线性、双曲、指数)从观测相位中估计形变时序，图 7.15 给出了每个点位上最佳匹配的形变类型，即最优解对应的形变模型。形变类型的分布有助于我们进一步了解 PBR2 填土区在不同位置上的沉降属性。分析图 7.15 与图 7.11(a) 发现，两者存在较高的空间相关性，说明实验区早期沉降性质与其具体的施工方式、施工内容有直接联系。例如在旧填海区 PBR1，地物多表现为稳定且小幅的线性沉降，而 PBR2 工程非浚挖区则基本为非线性沉降过程。下面我们就研究区沉降特征着重讨论图 7.15 中标注的四处典型区域，即 PBR1 工程、LIA 区域、PBR2 工程人工海堤区域、LES 区域。

1) PBR1 工程平台(缓慢线性沉降)

与 PBR2 工程施工技术不同，PBR1 工程是一个全浚挖式填海工程。施工期间，整个 PBR1 工程区域约有 4 200 万 m³ 海底沉积物被挖除。PBR1 工程主要为香港迪士尼一期建设所用，填土平台于 2002 年完成。相比 PBR2 工程，全浚挖式的 PBR1 工程在后期不受松软海底沉积漫长压实过程的影响，故其沉降风险远低于非浚挖式 PBR2 工程，且更容易达到稳定的土层固结状态。因此，早在 2005 年，位于 PBR1 工程的香港迪士尼一期工程便完成建设并开始投入运营。由于在本节实验观测期内 PBR1 工程土层固结已处于相当稳定的状态，InSAR 测量结果在这一区域基本呈现为缓慢线性形变特征。PBR1 工程沉降速度一般为每年几毫米，为典型的土层固结第二阶段晚期。图 7.15(b)中点 A1 为 PBR1 工程区域沉降时序的典型代表，3.6 年累计沉降测得约为 9 mm。与新填土区不同，PBR1 工程内地物多为稳定的人工建筑体(图 7.11)，拥有较高的雷达反射，这使得利用单一线性模型的 PS 方法也足以反映出该区间基本的沉降分布，如图 7.14(a)所示。因此，对于 PBR1 工程，本节方法的优势更多是通过引入 DS 提高观测区测量点的密度，如图 7.14(b)所示。

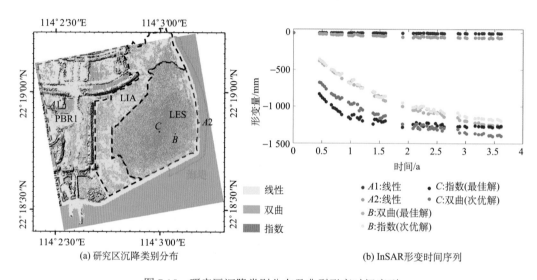

图 7.15　研究区沉降类别分布及典型形变时间序列

2) LIA(线性主导沉降)

如图 7.11(a)所示，大部分 LIA 地块是基于 PBR1 工程的海堤斜坡堆填起来的。一方面，被填埋的旧海堤斜坡为填土材料提供了坚实稳定的人工基础；另一方面，LIA 填区离海岸更近，填充的沙土材料也相对更薄。这两个因素使得 LIA 土层能更快地达到固结稳定状态，类似于全浚挖式填海。此外，在历时超 6 年的 PBR2 工程中，LIA 地区是相对较早完成填土的，因此，在本次实验测量时段内，其沉降已处于土层固结后期非常缓慢的阶段。在加压措施方面，由于 LIA 底部没有海底沉积的留存，区域内并未实施抽水加压与额外土方荷载，如图 7.11(a)所示，因此 LIA 土层的压缩更接近于无人工干扰的填土自重固结过程。综合以上因素，图 7.15 结果显示，LIA 沉降类型以线性为主导，其中混杂了少量双曲沉降类型。值得注意的是，在 LIA 测得的沉降速度均很小(即便是双曲沉降类型也都表现为近线性过程)，沉降属性类似于 PBR1 工程，同属填土固结第二阶段后期。该结果也证实了 LIA 地块已满足实施后续土建工程的要求，香港地政总署于 2009 年早期公布了 LIA 的可用性。

3)人工海堤(线性及双曲沉降)

PBR2 工程的海堤建造区实施全浚挖式填土,包含建成人工墙体及基于浚挖斜坡的内侧填土区(图 7.10 及图 7.11)。该区浚挖深度达到 40 m,即海底沉积层的底部深度。浚挖区经由砂石填充后建设人工防护堤。相比于海底沉积物的高可压性,填充砂石的固结过程与 PBR1 工程类似,沉降风险低且能更快趋向固结稳定。图 7.15 反映了海堤墙体主要表现为线性形变(部分墙体也呈现双曲沉降类型),但在其中部(深浚挖区)的沉降幅度要比 LIA 地区大。沉降速度上,新建墙体中部每年可达厘米级,示例沉降过程由图 7.15(b)中点 $A2$ 时间序列给出,观测期间的累计沉降约 6.9 cm。由于浚挖区域不存在松软海底沉积,因此并未进行人工抽水加压,且额外土方荷载也仅在其边缘处有覆盖(约 2 m 厚)。图 7.15(a)结果表明,海堤内侧填土区以双曲沉降类型为主,并夹杂少部分指数类型。由此可见,在没有沉积淤泥的情况下,海堤区域的地面沉降受人工加压等外部因素影响非常有限,沉降幅度也要比未浚挖区的 LES 小得多。

4)LES(指数主导沉降)

LES 是整个 PBR2 工程沉降最为严重的部分。与预期一致,LES 沉降主要来源于底部松软沉积物的压缩。在工程施工期间,LES 地区通过抽水预压与土方荷载(约 6.5 m)等措施以加快沉积物及填土层的固结过程,如图 7.11(a)所示。这些额外的人工压实在加速了 LES 沉降过程的同时,也使其沉降速度在负载移除之后以更快的速度降低,即沉降曲线后期衰减更强。图 7.15(a)中,LES 非线性沉降以指数类型为主导并夹杂双曲类型,经历由固结第一阶段到第二阶段的转变。由于 LES 是之后香港迪士尼主题公园二期项目的主建造区,其在填土完成后的稳定性状况一直是近几年的关注焦点。为展示观测期内 LES 中心区域的沉降过程,图 7.15(b)给出了 B、C 两处形变时间序列,其中点 B 为双曲沉降类型,C 为指数沉降类型,两点累计沉降均超过 1.2 m。图中同时给出了该位置上次优解的沉降类型,即 B 点位的指数模型解及 C 点位的双曲模型解。注意到不同函数模型得到的沉降曲线非常接近,说明该方法对该区域形变解译的可靠性。然而,在 LES 区,两种非线性沉降模式的占比却大相径庭。点 B 代表的双曲沉降类型只占 LES 所有测量点的约 29%,且主要分布在 LES 中心的外围。大部分测量点更接近于由点 C 代表的曲线衰减更快的指数沉降类型,约占 63%,且主要集中于 LES 中心。其余的 8%则代表线性或近线性沉降类型,主要分布在 LES 边缘相对稳定区域。综上分析,由于海底淤泥的存在,LES 沉降幅度明显要高于周边,受人工加压干预的影响也比 LIA 或海堤区要大得多。例如,位置 C 处仅在观测期起始一年内的累计沉降便已超过 1 m。B、C 两处沉降曲线说明 LES 土层固结正由第一阶段向第二阶段转变,该区域也将继续成为后续沉降监测的重点关注对象。

3. 基于 InSAR 推测的海底沉积层压缩过程

非浚挖区 LES 的沉降分布具较高规则性。结合前几节内容分析,我们推测 LES 快速、大幅的沉降来源于底部松软沉积的压缩。为定量验证该假设,图 7.16(a)和图 7.16(b)

分别给出了磁引伸计站点 *A*、*B* 两处的分层形变记录。其中，棕色阴影区大致给出了 *A*、*B* 两处发生最大压缩量的深度范围。作为对 InSAR 测量结果的验证，图 7.16(c) 和图 7.16(d) 同时给出了 *A*、*B* 两处由磁引伸计及 InSAR 测量所得的地面沉降结果，由两组记录的时间重叠部分计算得 *A*、*B* 两处 InSAR 观测沉降量 RMS 分别为 8.9 mm、4.3 mm。可见，InSAR 测量结果比较客观地反映了 LES 区沉降的真实情况。另根据图 7.9 中 *A*、*B* 站点分布，位于沉降中心边缘的 *B* 站点在沉降幅度上远低于 *A* 站点，且 *B* 站点在土方荷载移除后基本趋于稳定，这可能由 *A*、*B* 两处沉积层厚度不同所致[图 7.16(a) 和图 7.16(b)]，从而证实了显著沉降区即厚沉积层所在位置。

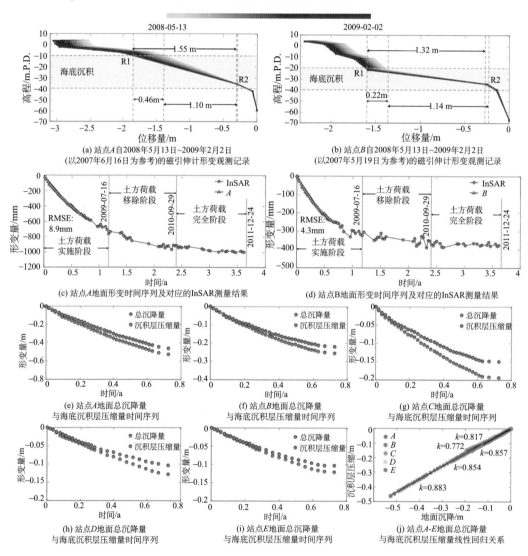

图 7.16　研究区磁引伸计形变观测记录与 InSAR 测量结果

根据海堤处浚挖深度可知，研究区海底沉积层底部约为 40 m 深。沉积层压缩量可由磁环 R1 及 R2 的沉降记录来反映，如图 7.16(a) 和图 7.16(b)。分层形变信息显示 *A* 站点处最明显的压缩发生于深度 10～40 m，B 站点发生于深度 20～40 m。以 2007 年 6 月 16 日为参考，至 2008 年 5 月 A 站点磁环 R1 比 R2 多沉降了 1.1 m，且这一数值到 2009 年 2 月升高至 1.55 m。2008 年 5 月～2009 年 2 月，沉积层压缩了 0.46 m，约占整个地面沉降（0.52 m）的 88.4%。同样在 B 站点处，记录期内沉积层压缩 0.22 m，约占总沉降（0.26 m）的 84.6%。各项数据表明，仅在观测期内，非浚挖区的地表沉降主要来自于底部松软海洋沉积的压缩，而上覆填土材料的压缩则相对有限。因此，借助空间高分辨率 InSAR 形变结果，可以间接反映底部沉积物的压缩过程。在此之前，图 7.16（e）～（i）给出了站点 A～E 处地面总沉降量与沉积层压缩量的时间序列对比。值得注意的是，各站点地面总沉降量与沉积层压缩量具有非常相似的随时间变化趋势，如图 7.16（j）所示，站点处两组时间序列均接近线性相关。假设 LES 大部分区域的"沉积层–填土层"压缩性质可由站点 A～E 表示，则可根据图 7.16（j）平均统计推得，海底沉积压缩与上覆填土层压缩对地面沉降的贡献分别约占 84% 及 16%。

假设在 InSAR 测量时段内，沉积层压缩对沉降的贡献比（84%）基本保持稳定，则可利用 InSAR 时间序列推测出 PBR2 工程非浚挖区每个位置上不同时段海底沉积压缩的演化过程。具体地，以地面 15 m×15 m 范围内 InSAR 观测平均值作为总沉降量，根据压缩贡献比推测不同位置底部沉积层压缩演化，如图 7.17 所示。压缩量分布证实 LES 中部区域残留的海底沉积较厚，同等时间跨度下压缩量在三个时段内衰减迅速。其中压缩大于 0.1 m 的区域占比由图 7.17（a）的约 47.4% 降至第二时段的 9.5%[图 7.17（b）]且几乎于第三阶段消失。特别地，对于压缩大于 0.2 m 的中心区域，其空间退化速度更快，仅仅 14 个月后第一阶段中占整体 25.7% 的范围就基本于第二阶段中消失（约 0.2%）。尽管如此，LES 中心区直至最后时段（15 个月）仍有 0.1～0.2 m 的压缩幅度存在。这一部分压缩也是 LES 未来几年在达到固结稳定前继续其每年厘米级沉降的主要来源。同时，图 7.17（c）中压缩量数值也表明，2011 年后 LES 中心地带的沉降将小于 19.3 cm/a。对沉

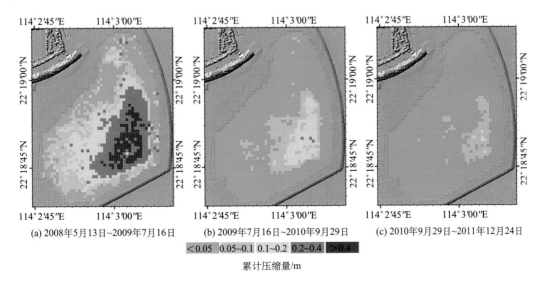

(a) 2008年5月13日～2009年7月16日　　(b) 2009年7月16日～2010年9月29日　　(c) 2010年9月29日～2011年12月24日

<0.05　0.05~0.1　0.1~0.2　0.2~0.4　>0.4

累计压缩量/m

图 7.17　不同时间段海底沉积压实过程

积层的压缩反演有助于预估 LES 后期沉降发展趋势，对香港迪士尼二期工程的建设具有参考意义。此外，后阶段沉积层压缩的空间不连续可引起次沉降中心。因此，在实地数据如磁引伸计缺失的情况下，本节所揭示的现象或能为政府及工程部门提供非常有力的信息支持，以辅助在 PBR2 工程中实施更有针对性的监测及土层加固措施。

7.3　本章小结

作为重要的土地资源之一，填海土地在城市建设，尤其是沿海城市的基础设施建设中发挥着重要作用。填海区地面容易发生沉降，从而威胁地面基础设施安全性，填海区沉降也是 InSAR 监测的一个重要领域，本章利用时序 InSAR 技术对香港国际机场填海区和香港迪士尼新填海区形变特征进行了分析。

通过利用高分辨率 COSMO-SkyMed 和中分辨率 Sentinel-1 卫星对香港国际机场的分析可知，虽然距离机场填海工程已经过去近 20 年，但填海区仍然有着不同程度的差异性沉降，最大的沉降速度超过了 20 mm/a，而非填海区的赤鱲角岛和榄洲岛上大部分测量点都处于相对稳定的状态。在时序形变中，从长时间跨度的 COSMO-SkyMed 影像中能发现沉降呈减速趋势，而建筑物上的点呈现出随季节性温度变化的热胀冷缩效应。通过对 COSMO-SkyMed 和 Sentinel-1 两个结果比较可以看出，COSMO-SkyMed 探测的点是 Sentinel-1 的五倍之多，而且有更高的高程精度，因此更适合基础设施精细化的结构健康分析。通过与水准数据对比分析，机场路面(含跑道和滑行道)和建筑物沉降速度精度都在 2 mm/a 左右，而草坪测量点稀少，导致对比精度低于 2 mm/a。

对香港国际机场填海区分析利用的是填海工程结束后近 20 年的数据，相对而言，本章介绍的香港迪士尼新填海区分析利用的是填海工程刚结束的 SAR 数据，这一阶段属于填海材料早期压缩期。对于填海区松软填土层早期压缩，特别是对于非浚挖式填海来说，多呈现快速非线性过程，使得传统 PSInSAR 技术对此类填土的沉降监测备受挑战。为了解决这个问题，通过磁引伸计模拟非浚挖区实际非线性沉降曲线，并将非线性形变模型预设代入 InSAR 解算流程，以解决相位模型与观测相位间的失配问题。通过研究发现，该方法有效地提高了 PSInSAR 和 DSInSAR 技术用于监测填海区早期地表沉降的能力。可以预见，通过类似实地数据(包括引伸计，水准测量，GPS 等)与 InSAR 技术的结合，可以更大地发挥雷达遥感在城市基础设施健康监测中的潜力，从而服务于城规、交通、环保等不同领域。

参 考 文 献

刘国祥, 丁晓利, 陈永奇, 等. 2001. 使用卫星雷达差分干涉技术测量香港赤腊角机场沉降场. 科学通报, 46(14): 1224-1228.

孙立强, 闫澍旺, 李伟. 2010. 真空-堆载联合预压加固吹填土地基有限元分析法的研究. 岩土工程学报, (4): 106-113.

Berry P. 1983. Application of consolidation theory for peat to the design of a reclamation scheme by preloading. Quarterly Journal of Engineering Geology and Hydrogeology, 16(2): 103-112.

Jiang L, Lin H. 2010. Integrated analysis of SAR interferometric and geological data for investigating long-term reclamation settlement of Chek Lap Kok Airport, Hong Kong. Engineering Geology, 110(3-4): 77-92.

Kim S W, Wdowinski S, Dixon T H, et al. 2010. Measurements and predictions of subsidence induced by soil consolidation using persistent scatterer InSAR and a hyperbolic model. Geophysical Research Letters, 37(5): 87-105.

Ma P, Wang W, Zhang B, et al. 2019. Remotely sensing large-and small-scale ground subsidence: a case study of the Guangdong-Hong Kong-Macao Greater Bay Area of China. Remote Sensing of Environment, 232: 111282.

Mimura M, Shibata T, Nozu M, et al. 1990. Deformation analysis of a reclaimed marine foundation subjected to land construction. Soils and Foundations, 30(4): 119-133.

Nash D. 2001. Modelling the effects of surcharge to reduce long term settlement of reclamations over soft clays: a numerical case study. Soils and Foundations, 41(5): 1-13.

Ning A C T, Ming A, Lee D, et al. 2010. Towards a sustainable reclamation for Hong Kong. HKIE Environmental Division.

Plant G W, Covil C S. 1998. Site preparation for the new Hong Kong International Airport. Thomas Telford.

Shi G, Lin H, Bürgmann R, et al. 2019. Early soil consolidation from magnetic extensometers and full resolution SAR interferometry over highly decorrelated reclaimed lands. Remote Sensing of Environment, 231: 111231.

Shi G, Lin H, Ma P. 2018. A hybrid method for stability monitoring in low-coherence urban regions using persistent and distributed scatterers. IEEE Journal of Selected Topics in Applied Earth Observations and Remote Sensing, (99): 1-11.

Tan T S, Inoue T, Lee S L. 1991. Hyperbolic method for consolidation analysis. Journal of Geotechnical Engineering, 117(11): 1723-1737.

Tosen R, Pickles A, Jaros M. 1998. Assessment of differential settlement at Chek Lap Kok Airport reclamation site. Proceedings of the A Seminar on the Geotechnical Aspects of the Airport Core Projects; Kong Institution Hong of Civil Engineers: Hong Kong, China.

Walker R, Indraratna B. 2009. Consolidation analysis of a stratified soil with vertical and horizontal drainage using the spectral method. Geotechnique, 59(5):439-449.

Wang Y, Zhu X X, Zeisl B, et al. 2016. Fusing meter-resolution 4-D InSAR point clouds and optical images for semantic urban infrastructure monitoring. IEEE Transactions on Geoscience and Remote Sensing, 55(1): 14-26.

Zhao Q, Ma G, Wang Q, et al. 2019. Generation of long-term InSAR ground displacement time-series through a novel multi-sensor data merging technique: the case study of the Shanghai coastal area. ISPRS Journal of Photogrammetry and Remote Sensing, 154: 10-27.

第8章 单体新建设施监测

8.1 香港新建成混凝土高楼变形

8.1.1 新建混凝土高楼变形

楼房是城市基础设施最基本的单元，楼房在荷载作用下发生形状变化或位置变化的现象称为建筑物变形。楼房刚建成的一段时间，在载荷作用、混凝土没有完全干燥和地基没有完全稳定等情况下，最容易发生变形。持续监测建筑物变形可以及时发现建筑物裂缝，能够有效地避免墙体破坏等潜在危害。作为建筑材料，混凝土是用水泥作胶凝材料，砂、石作集料，与水(可含外加剂和掺合料)按一定比例配合，经搅拌而得的，具有成本低、耐久性好、抗压强度高的特点，它广泛应用于土木工程建设中。目前，大多数建筑物是用混凝土建造的(如素混凝土和钢筋混凝土)。新建混凝土建筑的缓慢型变形包括热胀冷缩、地基沉降和收缩徐变，其中，收缩徐变只发生在混凝土结构中。除此之外，建筑物在风和意外载荷等其他驱动力作用下也会发生变形，但 SAR 不适用于监测这些瞬时形变，因此在本书研究中不考虑这些力的影响。根据前面章节介绍，热膨胀是建筑物材料的固有特性，是指结构构件在季节性温度变化的条件下发生周期性的膨胀或收缩的现象。建筑结构的膨胀水平与建筑材料的热膨胀系数呈线性关系。如果监测治理不当，热膨胀可能引发结构开裂。在实际情况中，为了避免可能出现的热膨胀裂纹，建筑结构通常根据温度变化设计特定的热膨胀间隙和接口。新建建筑物特别是高层建筑在重载荷和地基压实的作用下可能发生沉降。一般来说，工程上允许的沉降速度达 4 mm/a(van Waning, 2014)。对于一些特殊的楼房(如高层建筑)，如果沉降没有造成安全问题，更大的沉降量仍然在可以接受的范围内。除热膨胀和潜在的沉降外，徐变和收缩是混凝土结构的另外两个缓慢型变形，可能影响建筑物结构的安全。当载荷作用在混凝土结构上时，建筑结构首先表现为瞬时变形，然后变形量缓慢地进一步增加，这种缓慢增加的变形称为徐变(Bazant and Wittmann, 1982)。徐变速度主要取决于材料的特性、结构载荷、建筑结构暴露在户外环境的时间和温度。即使在没有施加额外荷载的情况下，混凝土结构在自身重力载荷作用下也会随着时间缓慢变形。混凝土收缩是由没有完全干燥的混凝土结构在水分蒸发过程中引起的体积收缩，收缩大小主要受周围空气湿度的影响。通常，混凝土徐变和收缩率在开始时是最大的，随着载荷的减小和水分流失而逐渐减小。对于新建混凝土建筑来说，建筑结构在收缩和徐变力的作用下体积收缩，变形随着时间的推移趋于稳定(Gilbert, 2001)。

8.1.2　实验数据和方法

该实验选择香港西九龙为研究区域，使用的数据来自 TerraSAR-X 遥感影像。卫星传感器从西向右侧式观测实验区，入射角为 37.4°。获取影像的轨道方向为升轨，数据集时间跨度为 2008 年 11 月～2010 年 12 月。数据集由 42 景 TerraSAR-X 和 3 景 TanDEM-X 的影像组成，在条带模式下获取，其距离向采样分辨率约为 0.9 m，方位向采样分辨率约为 2 m，极化模式为 VV，数据集信息见表 8.1。选取 2009 年 10 月 23 日获取的影像为主影像，与其他辅影像生成干涉对，干涉对的时间基线以及空间基线的分布如图 8.1 (a)所示。图 8.1 (b)为研究区域的 SAR 幅度影像，覆盖 SAR 影像的矩形范围为 1900 像素×1200 像素。该覆盖范围内有大量的高层建筑以及交通设施。其中，有两栋新建建筑：红色矩形选框是香港环球贸易广场，标记为 B1，黄色矩形选框为香港名铸大厦，标记为 B2。在数据集覆盖的时间段的初期，建筑物 B1 还处于建设阶段，其施工于 2010 年上半年完成，建成高度约 500 m，其建成时间在时空基线图 8.1 (a)中用红色三角形表示。建筑物 B2 在 2008 年上半年完成建设，建成高度约 250 m，建成时间在时空基线图 8.1 (a)中用黄色三角形表示，数据集开始采集时间是 B2 刚建成时期(Ma et al., 2015)。数据处理方法参照第 5 章介绍的基于二层网络的 5-D SAR 层析技术。

表 8.1　TerraSAR-X/TanDEM-X 数据集基本信息，主影像为 2009-10-23，编号 1～42 为 TerraSAR-X 影像，编号 43～45 为 TanDEM-X 影像

影像级别：单视复数影像(SLC)

获取模式：条带

极化方式：VV

编号	日期(年-月-日)	垂直基线/m	编号	日期(年-月-日)	垂直基线/m	编号	日期(年-月-日)	垂直基线/m
1	2008-11-05	145.969	16	2009-06-24	224.742	31	2010-07-03	136.979
2	2008-11-16	17.518	17	2009-07-05	104.594	32	2010-07-14	77.404
3	2008-11-27	−95.627	18	200907-16	−43.083	33	2010-07-25	227.075
4	2008-12-08	−97.896	19	2009-07-27	−1.563	34	2010-08-05	−93.473
5	2009-01-10	63.868	20	2009-10-01	112.51	35	2010-08-16	−60.453
6	2009-01-21	−1.556	21	2009-10-12	−140.584	36	2010-09-07	−25.47
7	2009-02-01	−78.68	22	2009-10-23	0	37	2010-09-18	−193.875
8	2009-02-12	150.475	23	2009-11-03	−105.232	38	2010-09-29	138.014
9	2009-02-23	−134.224	24	2009-11-14	44.932	39	2010-10-10	48.976
10	2009-03-06	−51.877	25	2009-11-25	−80.144	40	2010-10-21	584.906
11	2009-03-17	49.806	26	2009-12-06	−93.588	41	2010-11-01	98.676
12	2009-04-30	50.155	27	2009-12-17	8.034	42	2010-11-12	−34.198
13	2009-05-11	29.464	28	2010-04-06	14.786	43	2010-12-04	599.131
14	2009-05-22	25.222	29	2010-06-11	13.625	44	2010-12-15	638.309
15	2009-06-02	−9.884	30	2010-06-22	77.117	45	2010-12-26	−14.146

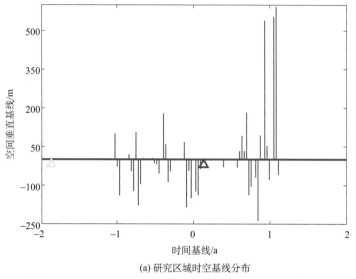

(a) 研究区域时空基线分布

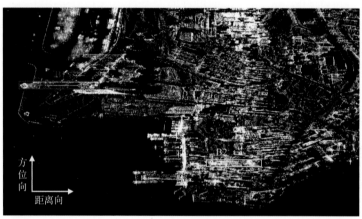

(b) SAR 平均幅度图

图 8.1　实验区和数据

8.1.3　结果和讨论

1. 高度验证

图 8.2(a) 为 5-D SAR 所得的高度在 SAR 影像坐标系下的展示结果，从中可清晰地识别出高层建筑叠掩现象。由于 B1 在影像开始获取时正处于修建时期，还没有封顶，因此利用 TerraSAR-X 数据提取的高程为 345 m，小于其最终高度(约 500 m)。在 B2 处，InSAR 估计的高度约为 245 m。为验证建筑高度估计值的准确性，将估计值与 2011 年测得的 LiDAR 数据真实高度进行比较。进行对比之前，首先对应于所监测建筑物的永久散射体点目标进行地理定位，这样才能得到与 LiDAR 数据比较的统计结果。这里使用一种简单易行的地理定位方法。首先将散射体地理编码至正射投影坐标系，进而利用建筑的

已知覆盖范围识别每个 PS 点所属建筑物。这里认为在某个建筑覆盖范围内探测到的高度最高的散射体来自房顶。统计对比结果如图 8.2(b)所示，由于 B1 在监测期间并未建成，因此在该统计结果中不包括在 B1 处获得的监测点高度。从比较结果中可以看出，LiDAR 真实高度与 InSAR 估计高度之差的均值以及标准差分别为 1.9 m 和 7.6 m。在估计的高度结果中，精度要低于亚米级的 InSAR 高度监测理论精度(Bamler and Hartl, 1998)。这主要是源于 PS 点地理定位的误差，由于估计的高度本来也有误差，因此在地理编码时不能准确地同 LiDAR 数据进行匹配。也就是说，用于比较的两个点目标实际上可能并非同源。特别是在该实验中，建筑物之间排列较为紧密，点目标可能被错误地地理编码到邻近的建筑物上，或者是建筑物顶部不平坦导致同名点不匹配。尽管存在这些问题，图 8.2(b)中的离散点仍然能够大致分布在对角线上，这表明估计的高度与实际高度吻合得较好。当然，如果手动选取单个建筑高度进行比较，预期的精度将会更高。高度估计的有效性能够在一定程度上反映热膨胀幅度和线性形变速度估计的有效性，因为所有参数都是联合估算的(Ferretti et al., 2000)。

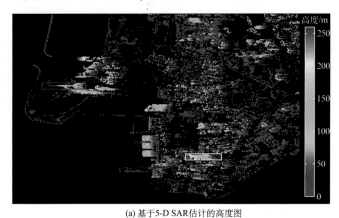

(a) 基于5-D SAR估计的高度图

(b) 估计高度-实际高度相关性的散点密度图

图 8.2　高度验证结果图

2. 热胀冷缩效应

图 8.3 为 5-D SAR 方法提取的热膨胀幅度图。从该结果可以看出，热膨胀幅度与估计的高度相关性很高。这种正相关关系主要是热胀冷缩在垂直方向上的累积效应导致的（Crosetto et al., 2015）。也就是说，建筑物基底固定，上部结构在自下而上的方向上是松弛、没有外力约束的。当温度升高时，建筑整体的每个混凝土构件在不同高度的膨胀将向上累积。因此，在自下而上的方向上变形幅度逐渐变大，在接近建筑物顶部时达到最大值，形变方向是朝上的，在雷达视线向表现为靠近传感器方向。当温度降低时，混凝土构件收缩，此时形变最大值仍然出现在建筑物顶部，但形变方向变为自上而下，在雷达视线向上表现为远离传感器方向。综上，与温度变化相关的季节性变形幅度在建筑物顶部最大，在底部减小至 0。

图 8.3　基于 5-D SAR 的热膨胀幅度图

从图 8.4 感兴趣的两栋高楼建筑结果中可以看出，热膨胀幅度与建筑高度也是大致呈正比例关系。B1 处 PS 点目标的高度范围为 50～345 m，其热膨胀幅度相应地从 0.6 mm/℃增长到 2.3 mm/℃。B2 处 PS 点目标的高度范围为 5～245 m，热膨胀幅度从 0.1 mm/℃增长至 2.8 mm/℃。图 8.4（f）的散点图中，在 B2 底部和顶部存在一些不是很相关的异常值。这些异常值的存在可能是因为统计结果包含了一些属于 B2 周边建筑物的点目标（Ma et al., 2015）。顶部的异常值可能是由于建筑物顶部直接暴露在太阳热辐射下，其温度变化幅度通常大于使用的周围空气温度的变化幅度，从而造成温度不一致现象。为了便于分析，这里将热膨胀幅度和建筑物高度的相关性近似地抽象为线性。通过线性回归，得到拟合方程的斜率，B1 为 0.0043，B2 为 0.0099，如图 8.4（e）和图 8.4（f）所示。该斜率代表热膨胀幅度的梯度，即建筑物 B1 和 B2 在雷达视线向的热膨胀幅度梯度分别为每米 0.0043 mm/℃和每米 0.0099 mm/℃。假设 LOS 方向上的热膨胀幅度只是由热膨胀向上累积产生的，则可以计算 B1 的热膨胀系数为 $5.4×10^{-6}$/℃，B2 的热膨胀系数为 $12.4×10^{-6}$/℃。值得注意的是，$12.4×10^{-6}$/℃是混凝土结构热膨胀系数的典型值（Uygunoğlu and Topçu,

2009)。B1 计算的热膨胀系数与 B2 相比较小，其原因可能有两方面：第一，B1 中热膨胀系数较小的混凝土配比要多于 B2，使得 B1 的热膨胀系数明显较小；第二，B1 处的温度变化要小于气温，其玻璃幕窗结构的材质在一定程度上阻碍温度变化，导致估计的热膨胀幅度值较小。

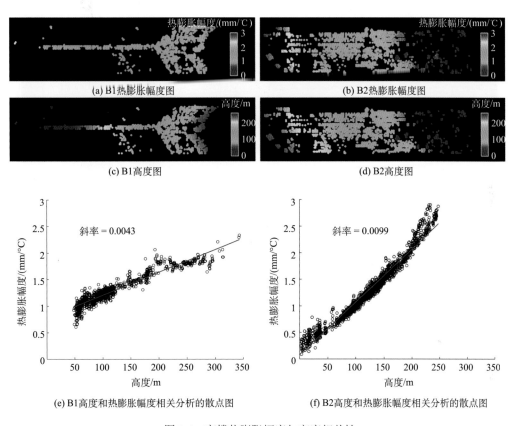

图 8.4　高楼热膨胀幅度与高度相关性

3. 沉降、混凝土收缩和徐变的影响

热胀冷缩效应由热膨胀幅度图表示，而造成线性形变的其他因素，包括沉降、混凝土徐变和收缩，都在形变速度图里表现出来，如图 8.5 所示。为了进行对比分析，图 8.5(a) 和 (b) 分别给出了基于 5-D SAR 和 4-D SAR 两种方法的监测结果。在存在热膨胀效应的情况下，由于线性函数和温度函数之间存在的相关性，4-D SAR 估计的线性形变速度是有偏的。经计算，该案例的线性函数和温度函数之间的相关性系数为 0.15。通过比较 4-D SAR 和 5-D SAR 的形变，得知每 1 mm/℃ 的热膨胀幅度对应 2~3 mm/a 的线性形变速度偏差。在图 8.5(b) 的 4-D SAR 结果中，白色矩形标注的建成高层建筑的线性形变速度明显与高度相关，但该建筑在 5-D SAR 结果中表明，线性形变速度与高度不相关。由此可推论，热膨胀因素在 5-D SAR 监测的线性形变速度结果中已经被有效分离，可以忽略不计。从图 8.5(a) 能够看出，大部分已经建成楼房在移除了热胀冷缩影响后呈现出稳定的

状态，然而两个新建的建筑 B1 和 B2 仍然有和高度相关的形变项，说明这是由其他原因导致，下面将逐一分析。

(a) 5-D SAR结果

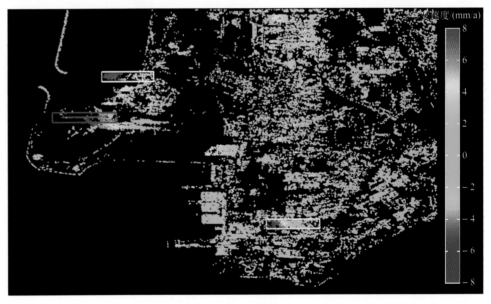

(b) 4-D SAR结果

图 8.5　线性形变速度

从 B1 的线性速度图中可知，其在 50 m 高度处的形变速度(约–3 mm/a)远小于周边地面的形变速度(约 1 mm/a)，这表明 B1 在数据监测时期内处于沉降状态，使得 B1 在卫星视线方向上呈现出远离传感器的趋势，建筑施工方奥雅纳公司也确认了 B1 在该时期存在沉降。产生沉降的原因可归结于高层结构的持续性负荷和桩筏基础逐渐压实的过程。值得注意的是，这一沉降项是楼房整体行为，与楼房高度无关，因为理论上建筑物不同高度处的线性沉降速度应该相等，都应等于建筑底部处的速度。但是在 B1，除沉降外，还观测到与楼房高度相关的变形量。在高度 50 m 处线性速度为 –3 mm/a，该速度在高度 345 m 处减小为 –9.5 mm/a。也就是说，对于 B1 的结构构件而言，高的地方比低的地方远离卫星传感器的速度要更快。这种与高度相关的变形模式是混凝土徐变和收缩共同作用下造成的墙体缩短造成的。一方面，B1 建筑在自身重量载荷的作用下产生向下的徐变造成墙体缩短；另一方面，混凝土在逐渐失去水分过程中自然的收缩也导致了墙壁体积收缩。以上两个原因都导致 B1 存在与高度相关的向下的形变，徐变和收缩都导致了向下的形变，很难从线性速度图中将两者区别开来，也需要更多的结构知识和预测模型的支持，本书的研究不进一步区分。为了得到 B1 的沉降量以确定 B1 沉降是否超限，下面将分离 B1 沉降和与高度相关项的变形。B1 的形变示意图如图 8.7(a) 所示，假如沉降的值为 $\Delta2$，房顶的形变为 $\Delta1$，由于墙体也缩短了，所以 $\Delta1$ 比 $\Delta2$ 大。从图 8.6(c) 中可知，墙壁缩短导致的线性速度梯度为每米 –0.0275 mm/a，再根据 50 m 高度处的线性速度(–3 mm/a)能够计算出建筑底部(高度为 0)的线性形变速度为 –1.6 mm/a。因此，在卫星视线方向上，建筑物底部与邻近地面之间的线性形变差异约为 2.6 mm/a。若假设周边地面是稳定的，通过与入射角余弦值求商，可得垂直沉降速度为 3.27 mm/a。这一沉降值少于工程中允许的沉降速度 4 mm/a，是可被接受的，也就是说 B1 沉降在监测时间内是正常的。图 8.6(c) 和图 8.6(d) 中，4-D SAR 的拟合回归直线的斜率(–0.0164)要大于 5-D SAR(–0.0275)，这说明在相同高度差下，4-D SAR 的线性速度变化要小于 5-D SAR。这是因为 4-D SAR 估计的形变中包括热膨胀项，更准确地说是热膨胀的向上累计的效应抵消了墙壁缩短的一部分向下变形。这实际上导致了混凝土徐变和收缩量的值被低估，因此如果需要提取更精确的混凝土徐变和收缩量，先要像 5-D SAR 那样去除热胀冷缩效应。

为了研究混凝土徐变和收缩的时序变化过程，这里选取墙上一个点，以另一个高度较低的点作为参考点，提取墙上该点的时序形变。其总的形变趋势图如图 8.7(b) 所示，该点与参考点之间的高度差为 40 m，该时间序列呈现出与温度变化相一致的季节性变化趋势。当移除了热膨胀项并进行低通滤波之后，所得的时序形变图中就没有了季节性变化的趋势，这实际上也从侧面反映了 5-D SAR 已经成功分离了线性变形和季节性热胀冷缩。图 8.7(c) 表示从总的时序形变中去除热胀冷缩分量后的剩余变形，其表示墙体收缩徐变而产生的墙上两点的相对运动情况，从这种相对运动情况看出混凝土徐变和收缩速度在监测时间段内是一直持续的，速度也是相对稳定的。

(a) 5-D SAR 线性形变速度图　　　　　　　　　(b) 4-D SAR 线性形变速度图

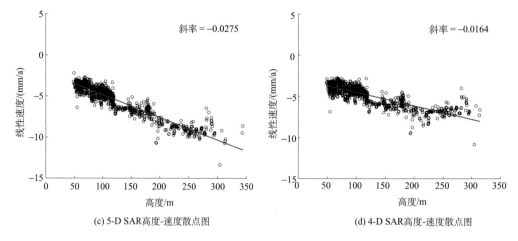

(c) 5-D SAR高度-速度散点图　　　　　　　　(d) 4-D SAR高度-速度散点图

图 8.6　B1 的线性形变速度和高度的相关性分析结果

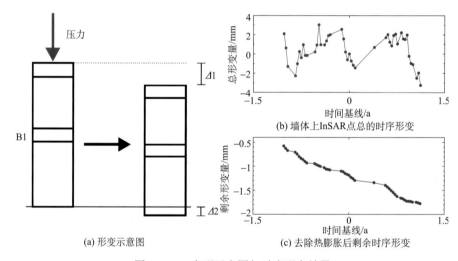

(a) 形变示意图　　　　　　(b) 墙体上InSAR点总的时序形变

(c) 去除热膨胀后剩余时序形变

图 8.7　B1 变形示意图与时序形变结果

　　与 B1 的线性形变方向相反，B2 呈现出靠近卫星传感器的形变趋势，且高的部分比低的部分接近卫星传感器的速度更快，如图 8.8(a) 所示。出现这一情况的原因是混凝土不对称徐变导致墙体不对称收缩，从而导致墙体微小倾斜变形。图 8.9(a) 为 B2 的形变示意图，该建筑由一个 45 m 高的台状结构以及 200 m 的上层结构组成，且上层结构西侧比东侧重，因此西侧承受更强的载荷力，墙体收缩的量更多，整体上部结构朝西侧倾斜。墙体倾斜变形量在顶部最大，并随着高度向下逐渐减少到 0。所以，B2 有两个与高度相关的形变过程(墙体缩短和倾斜变形)。需要说明的是，如果建筑物朝相反的方向倾斜，或者传感器从东侧(降轨)观测建筑，墙体倾斜形变与收缩量将会叠加，因为它们都导致建筑向远离卫星传感器的方向运动。假定倾斜形变仅导致水平方向上的运动，墙体收缩仅导致竖直方向上的运动，当投影到 LOS 方向上的时候，两个方向的运动是相反的。因此，在 LOS 方向上两种运动是反作用的，图 8.8(a) 的线性形变图表示的是二者相互作用之后的结果。可以看到，B2 较低位置[图8.8(a)中白色圆圈位置]的形变速度(约为–1 mm/a)

比周围地面的形变速度(约为 1 mm/a)要小,这是因为在 LOS 方向上墙体缩短的分量要大于倾斜变形分量。随着高度的增加,倾斜变形分量逐渐超过墙体缩短形变分量,因此建筑物高处会向卫星传感器逐渐接近。图 8.8(c)为 B2 在 5-D SAR 估计下线性形变速度随高度变化的散点图。由于底部台状结构高度在 45 m 之下的形变只受到墙体缩短的影响,因此它的速度应该随着高度的增加而减小。正如前文的分析一样,楼房底部的统计结果会错误地包含一些不属于该楼房的点位信息,所以呈现的关系会有一些偏差。B2 的 45~245 m 为上部结构,将上部结构以 100 m 作为分界线再分成两个部分,如图 8.8(c)右侧红色虚线处。分界线以下的部分线性形变速度随着高度逐渐减小,表明由墙体缩短产生的线性形变速度梯度大于由倾斜变形产生的形变速度梯度。分界线以上的部分线性形变速度随着高度增加迅速增加,表明倾斜变形产生的形变速度梯度大于墙体缩短的形变速度梯度。从图 8.9(a)中 B2 的结构布局可以看出,缓冲层位于约 100 m 高处,预应力层设计在下部。因此,100 m 分界线上下的梯度差异可能是因为预应力层抵挡了可能产生的过度弯曲。假设分界线以上的线性形变速度与高度是线性相关的,可得其在 LOS 方向上的线性速度梯度为每米 0.0501 mm/a。这里使用的单轨 SAR 影像无法分离倾斜变形产生的水平运动和墙体缩短产生的竖直运动,如果要得到水平和垂直变形需要联合分析升降轨数据进行分析。根据 Eurocode-EN(1990,2002),整栋楼房的弯曲限制应保持在 $h/500$ 以下,也就是说,B2 上层结构高 200 m,则其倾斜形变应限制在 400 mm。根据测量结果,B2 的形变符合上述条件,说明这是一种正常变形。图 8.8 也反映了在相同高差下,4-D SAR 的绝对线性形变速度梯度要比 5-D SAR 大。这一结果也与热膨胀向上的积累效应有关,即热膨胀的变形与倾斜变形在 LOS 方向上保持一致,这也使得倾斜变形的值被高估。实际上,如果在提取线性速度没有移除热膨胀项,则无法发现墙体发生了倾

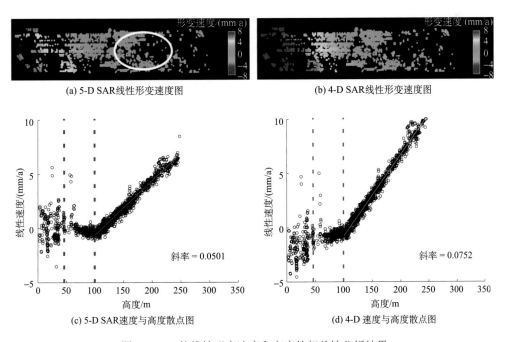

(a) 5-D SAR线性形变速度图　　　　　　　　　　　(b) 4-D SAR线性形变速度图

(c) 5-D SAR速度与高度散点图　　　　　　　　　　(d) 4-D 速度与高度散点图

图 8.8　B2 的线性形变速度和高度的相关性分析结果

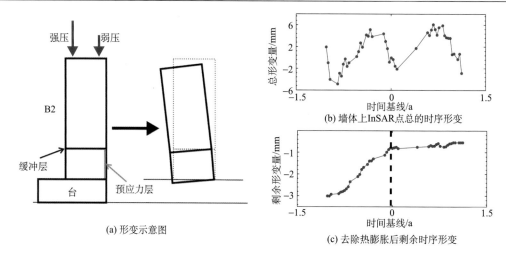

(a) 形变示意图

(b) 墙体上 InSAR 点总的时序形变

(c) 去除热膨胀后剩余时序形变

图 8.9　B2 变形示意图与时序形变结果

斜变形，因为所有的线性形变速度都会呈现为与高度相关的变化趋势，且数值为正数，自下而上逐渐变大，如图 8.5(b) 所示，这说明在观测楼房倾斜时 5-D SAR 要优于 4-D SAR 模型。同样地，如果楼房向另一侧倾斜或者卫星传感器从东侧 (降轨) 拍摄建筑，热膨胀会导致墙体倾斜，变形量被低估，因为向上的热胀冷缩变形和向西的倾斜变形在 LOS 方向上投影会相互抵消。

　　由高楼不对称收缩徐变造成的倾斜变形一般随着时间变化而变化，相比于倾斜变形量本身而言，变形的时间演变过程更值得关注。图 8.9(b) 表示了墙上两个高差 50 m 的点的总的时序形变，能明显地看到两个周期的季节性变化，季节性变形幅度为 10 mm 左右。图 8.9(c) 表示移除热膨胀和低通滤波去大气之后剩余形变的时序，能看出在 2009 年 11 月 (黑色虚线) 之前两点之间相对位置发生了持续性变化，但变化的速度在逐渐减小，2009 年 11 月之后时序形变逐渐趋于稳定，因为由混凝土收缩引发的墙体缩短变形和不对称徐变引发的倾斜变形在 LOS 向投影方向是相反的，所以时序趋于稳定，说明 LOS 方向上墙体缩短和倾斜变形的分量基本上是相同的，也有可能墙体缩短变形和倾斜变形都很小，也就是说，楼房的倾斜在趋于稳定。图 8.10(a) 为 B2 的 InSAR 监测点云在 Google Earth 中的展示结果，可以明显地看到楼房有靠近卫星方向上的位移，并且随着高度的增加而变大。图 8.10(b) 是工程公司设计的 B2 高楼不对称徐变导致的倾斜量。B2 顶部设计的最终倾斜量为 66 mm，且预计该倾斜变形在建筑建成 30 年后最终达到稳定，与 InSAR 监测时序形变逐渐趋于稳定的特征一致。在这里，无法将 InSAR 结果和工程设计值进行进一步对比，主要是由于 InSAR 监测形变速度数据里面同时有混凝土收缩和徐变，这两者方向一致很难分离；另外 B2 在倾斜时除了产生水平向变形分量也会产生竖直向变形分量，会导致多种变形耦合在一起。如果在 InSAR 结果中对收缩和徐变进行分离，则需要收缩和徐变的物理模型，以便加入 InSAR 反演的模型中，这部分内容需要进一步研究。

(a) InSAR检测结果

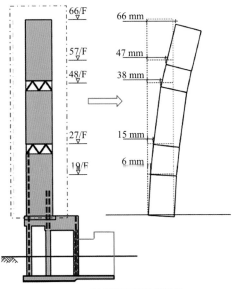
(b) 高楼B2设计倾斜量

图 8.10　B2 InSAR 监测结果与设计倾斜量示意图

8.2　深圳文博大厦地基沉降

8.2.1　实验区介绍

1. 特大城市建筑变形多样性

深圳地处中国华南地区，位于广东南部、珠江口东岸。受亚热带季风气候影响，全年平均降水量可达 1 924.3 mm，是典型的多云多雨城市。作为中国经济特区，深圳自改革开放以来飞速发展，现有建成区域面积超过 1 900 km²，城市化程度极高。随着粤港澳大湾区的规划和战略部署，深圳将继续延续城市化进程。作为粤港澳大湾区中心城市之一，深圳未来规划的基础设施及交通枢纽将进一步增强粤港澳大湾区城市群的互联互通。为了解决土地资源稀少的问题，建筑设施呈现超高层、密集型发展的特点。

建筑物变形的体现形式多种多样，包括场地及周边区域沉降、基坑失稳、倾斜、裂缝、倾斜变形、收敛变形、日照变形和风震变形。特大城市建筑物聚集，建筑物种类复杂，易发生的潜在变形的体现形式也有区别。8.1 节介绍了新建成楼房的热胀冷缩、沉降、混凝土收缩徐变在 InSAR 监测结果中的表现，除此之外，超高层建筑和高耸构筑物易发生日照变形和风震变形，涵洞和隧道易出现收敛变形，大跨度建筑(展览馆、体育场)容易发生倾斜变形。为了贯彻落实更加安全适用、技术先进的建筑物变形测量标准，住房和城乡建设部于 2016 年 12 月发布了《建筑变形测量规范》。《建筑变形测量规范》指出，对特定种类建筑会出现的特定变形进行监测，而对各类建筑都应进行沉降观测。楼房建设第一步都要涉及基坑的挖掘，基坑挖掘往往会引发地面沉降，对在建基坑周边的稳定性监测将是保证城市安全至关重要的一环。创建基础开挖的临时性坑井，通常叫做基坑。因为其是临时性工程，所以主要作用就是创建出一个空间，让基础的砌筑作业能够在规定的方位来进行。基坑支护是保障基坑稳定性的重要结构。对基坑开挖深度、工程地质条件、附近的环境等要有一个全面的掌握。如果地质条件不错，附近的环境要求又不高，那么最好使用柔性支护，如土钉墙。如果对附近的环境要求高，那么最好使用具有一定刚性的支护型式，这样的话就能够掌握水平位移的情况。如果地下水位深，那么则不使用降水措施。如果场地比较宽广，那么最好选用放坡、桩锚式等支护结构。如果场地较为狭小，在开挖深度小的情况下，最好使用悬臂式支护。如果开挖深度很大，那么最好采用多层锚杆或者多层支撑。如果地下水位不深，那么在附近场地比较大的情况下，最好采用上段放坡式挡土墙支护。如果场地狭小，则最好采取可以有效掌握地面位移情况的沉降支护结构。为了保障建设安全，对基坑监测通常需要对坡顶水平位移、坡顶垂直位移、维护结构深层水平位移、附近建筑的沉降、地下水位变化等进行全面监测，使用的仪器包括水准仪、经纬仪、测斜管以及水位计等。

2. 深圳文博大厦实验区概况

在像深圳这样的快速发展城市中，地下和半地下空间开发容易对地上建筑及基础设施稳定性和安全性造成威胁。尤其是基坑开挖以及地铁隧道开挖，会影响周边建筑物的稳定性，改变地下水流域的结构，甚至引发地陷灾害。根据深圳市地面坍塌防治工作领导小组办公室的相关调查和统计，2013～2015 年，深圳共发生 579 起不同规模的地陷。在这之中，建筑工程引起的地陷或局部不均匀沉降空间规模极小，直径不足 10 m(Kim et al., 2019；Waltham et al., 2005)。随着城市化进程的持续发展，"地陷"已经成为一种新型"城市病"。深圳文博大厦基坑开挖引发的地陷是其中一个典型案例，如图 8.11 所示。2013 年 3 月 26 日，深圳福田区商报东路景洲大厦(30 层)附近突发地陷，坍塌造成一个直径 6 m、深度约四层楼(20 m)的地下深坑，导致一名保安坠落死亡。距离该坍塌 2 m 远处为一处在建工地，该在建地块规划为 48 层高的文博大厦。根据相关新闻报道，早至 2012 年 4 月底文博大厦开工后，景洲大厦小区的进出口和走道就出现裂痕和沉降现象。由此可见，对深圳地面沉降和建筑形变监测及早期预警尤为必要。下面通过对地陷前的 InSAR 数据分析，以探讨 InSAR 技术对地陷前兆信息监测的可行性与局限性(Ma et al., 2019)。

(a) 景洲大厦地陷坍塌　　　　　　(b) 文博大厦基坑改造工程

图 8.11　实验区现场(图片来源于网络)

8.2.2　实验数据和方法

该实验选取覆盖深圳文博大厦及周边区域的两个高分 SAR 数据集。其中，34 景降轨影像来自 COSMO-SkyMed，28 景升轨影像来自 TerraSAR-X。两个数据集的影像空间分辨率都为 3 m×3 m，时间跨度为 2011～2013 年。数据集的基本信息见表 8.2 和表 8.3。为了保证干涉图的整体相干性，两个数据集都选择中间时刻为主影像，COSMO-SkyMed 主影像采集时间为 2012 年 11 月 2 日，TerraSAR-X 主影像采集时间为 2011 年 12 月 2 日。基于以上数据集，本书的研究从高分辨率、升降轨影像中提取 PS 点和 DS 点并估计高度、线性形变速度和时序变形信息。为了保证空间分辨率，TerraSAR-X 和 COSMO-SkyMed 都在单视情况下处理，通过第 3 章和第 4 章介绍的基于二层网络方法联合探测 PS 和 DS 点。

表 8.2　COSMO-SkyMed 数据集基本信息，主影像为 2012-11-02

影像级别：单视复数影像(SLC)

获取模式：条带

极化方式：HH

编号	日期(年-月-日)	垂直基线/m	编号	日期(年-月-日)	垂直基线/m	编号	日期(年-月-日)	垂直基线/m
1	2011-05-20	572.611	13	2011-11-12	467.38	25	2012-03-07	200.637
2	2011-05-24	845.291	14	2011-11-16	−223.185	26	2012-03-19	77.484
3	2011-07-23	−797.065	15	2011-11-28	1100.386	27	2012-03-23	503.946
4	2011-08-08	122.985	16	2011-12-14	591.71	28	2012-04-04	−191.49
5	2011-08-12	−336.478	17	2011-12-18	785.625	29	2012-05-10	343.689
6	2011-08-24	−894.476	18	2012-01-03	526.338	30	2012-07-25	−494.958
7	2011-09-09	84.621	19	2012-01-15	1186.519	31	2012-09-27	550.491
8	2011-09-13	−681.11	20	2012-01-19	844.56	32	2012-11-02	0
9	2011-09-25	−314.459	21	2012-02-04	181.821	33	2013-01-05	190.778
10	2011-09-29	−799.251	22	2012-02-16	−572.879	34	2013-03-10	23.321
11	2011-10-11	−237.539	23	2012-02-20	−946.05			
12	2011-10-31	79.123	24	2012-03-03	414.874			

8.2.3　实验结果

1. 形变空间分布

图 8.12(c) 为研究区的高分辨率光学影像，蓝色虚线矩形为文博大厦所在位置，从光学影像可以清晰地看到文博大厦在建设初期所挖的建筑深基坑的结构。红色五角星标记了地陷发生的位置，在文博大厦基坑的西南侧。图 8.12(a) 和 (b) 分别给出了基于 TerraSAR-X 和 COSMO-SkyMed 数据集的文博大厦建筑基坑及周边区域沉降监测结果，假设该区域只有地面下沉，结果图中已将 LOS 向变形直接转换到竖直方向变形。由于该

区域建筑密度较大，而楼房上点往往热胀冷缩效应比较明显，为了避免形变监测形变速度结果中出现跳变而影响对地面沉降的判断，根据 InSAR 估计所得的高度值，将对应于高建筑物上的测量点目标从结果中移除，只保留地面及较低建筑对应的点目标，这样可以避免楼房热胀冷缩对最终结果解译的影响。从 TerraSAR-X 和 COSMO-SkyMed 的监测结果中可以看出，在地陷发生之前，建筑基坑及周围区域点呈现红色，说明地陷发生之前地面已经发生沉降，沉降速度变化范围为 0～10.8 mm/a。在测量点目标数量方面，基于 TerraSAR-X 数据集探测到 9945 个测量点，比 COSMO-SkyMed 多 3 349 个。该实验中使用相同的方法探测 PS 和 DS 点，两个数据集探测到的点密度有差异，原因可能包括以下两个方面：一方面，升降轨的 TerraSAR-X 和 COSMO-SkyMed 探测该区域的视角不同，造成影像中的阴影和叠掩面积有差异，因而导致测量点分布差异；另一方面，TerraSAR-X 影像的后向散射系数比 COSMO-SkyMed 影像整体偏高，也会使 TerraSAR-X 探测结果具有更多的测量点(Pettinato et al.，2013)。

表 8.3　TerraSAR-X 数据集基本信息，主影像为 2011-12-02

影像级别：单视复数影像(SLC)

获取模式：条带

极化方式：HH

编号	日期(年-月-日)	垂直基线/m	编号	日期(年-月-日)	垂直基线/m	编号	日期(年-月-日)	垂直基线/m
1	2011-05-07	159.551	11	2011-12-13	−14.808	21	2012-05-15	−5.381
2	2011-05-18	440.48	12	2011-12-24	33.446	22	2012-05-26	−128.2
3	2011-07-12	54.068	13	2012-01-04	−152.654	23	2012-06-06	44.312
4	2011-08-03	1.5	14	2012-02-06	104.749	24	2012-06-17	−205.757
5	2011-08-25	−174.168	15	2012-02-17	82.646	25	2012-09-13	−91.568
6	2011-09-05	−121.723	16	2012-03-21	88.926	26	2012-09-24	−145.818
7	2011-10-08	−111.968	17	2012-04-01	−120.621	27	2012-10-05	−289.252
8	2011-10-19	−25.914	18	2012-04-12	−188.912	28	2013-03-08	175.509
9	2011-10-30	−460.266	19	2012-04-23	−23.346			
10	2011-12-02	0	20	2012-05-04	−120.382			

图 8.12(d)给出了实验区的三维可视化效果图,图中蓝色箭头和绿色箭头分别表示降轨 COSMO-SkyMed 和升轨 TerraSAR-X 的不同视线方向。从结果中可以看出，由于升轨成像几何的原因，在 TerraSAR-X 数据集中，地陷位置处于景洲大厦的阴影内，故 TerraSAR-X 形变监测结果未能在地陷位置提供关于该时间段内地陷位置变形的有效信息，结合图 8.12(a)，建筑基坑的蓝色矩形的东南侧缺少点目标。而降轨 COSMO-SkyMed 影像则有效地探测到地陷处的沉降信号，结合图 8.12(b)，建筑基坑的东南侧有代表沉降的红色点目标，该位置沉降速度小于−5 mm/a。结果表明，由于 SAR 卫星独特的成像几何，使用单一轨道数据集监测高密度建筑物只能提供建筑物变形的单个侧面信息，而综合使用交叉轨道数据集可以从两个方向有效地探测高建筑物密集区域局部不均匀沉降。

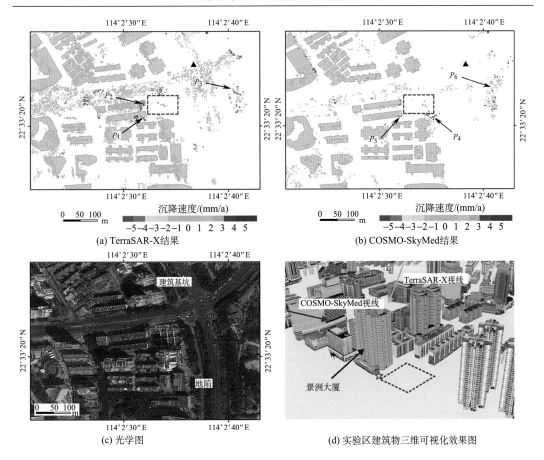

图 8.12　文博大厦建筑基坑沉降监测结果

2. 变形时序分析

从 TerraSAR-X 结果中选择点 P_1、P_2 进行时序分析，P_1、P_2 地理位置标注在图 8.12(a) 中，COSMO-SkyMed 结果中选择点 P_4、P_5 作为代表性的点目标，P_4、P_5 地理位置标注在图 8.12(b) 中，研究实验区域地表变化的时间演变。图 8.13 给出了以上四个点目标的时间序列散点图。如图 8.12(a) 和图 8.12(b) 所示，P_1、P_2 和 P_5 分布在距离地陷中心 50 m 左右的位置，P_4 则位于地陷表面的平面上。这些代表性点目标选自不同的 SAR 影像数据集，但其时间序列演变显示出较强的相似性。点目标的时间序列给出了地陷发生之前一年内的沉降前兆信息。在图 8.13(a) 和图 8.13(b) 中，黄色线标记的时间点为 2012 年 4 月，是建筑基坑开挖的时间，红色线标记的时间点为 2013 年 3 月 26 日，为地陷发生的时间。从散点图的趋势可以看出，在 2012 年 4 月之前，点目标的时间序列相对稳定，在该时间点之后，沉降逐步发展。由此说明，沉降开始出现的时间与建筑基坑开挖的时间相吻合，可以初步确认建筑基坑开挖造成周边局部不均匀沉降的关联性。在沉降发生发展的过程中，沉降速度逐步增大，直至 2013 年 3 月 26 日，图中红星标记处的位置地表发生塌陷。

　　监测结果表明，除基坑开挖造成的塌陷相关沉降信号外，在研究区内还探测到其他潜在沉降区域。从图 8.12(a) 和 (b) 给出的监测结果可以发现，在蓝色虚线矩形标记的建筑基坑以东的方位，升轨 TerraSAR-X 和降轨 COSMO-SkyMed 均探测到沉降速度大于 5 mm/a 的点目标。其中，点目标 P_3 和 P_6 位于文博大厦以东的土方填筑区域。比较这两个点的时间序列可以发现 [图 8.13(c) 和 (d)]，该两点的沉降速度呈现出随时间递减的趋势。这表明，尽管从沉降速度图中很难从一般变形信号中识别出与地陷相关的沉降信号，但是还是可以通过 InSAR 点目标时序演变所显示的变形加减速来区分相关危险区域，这种加速变形信息将来有可能作为预警信号使用。其实，Intrieri 等 (2018) 中已经证明加速变形信号是滑坡灾害的前兆信息。

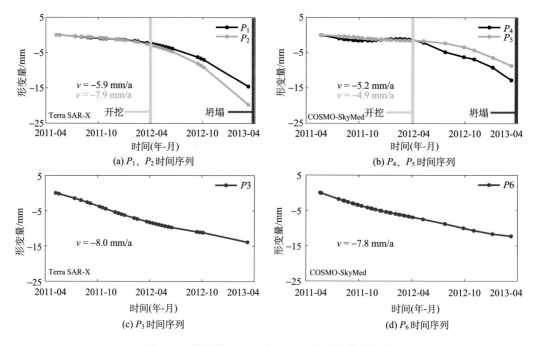

图 8.13　代表性 InSAR 点 P1-P6 的时间序列演变

3. 升降轨结果交叉验证

　　尽管地陷发生位置及周边区域缺少实地定点观测数据，无法对结果进行直接验证，但是通过分析比较升降轨道结果可以实现交叉验证。图 8.14(a) 给出了 TerraSAR-X 和 COSMO-SkyMed 形变监测结果的差异图。由于 TerraSAR-X 和 COSMO-SkyMed 监测点分布不一致，要定量化比较两者的监测结果首先要找到同名点。在这里，TerraSAR-X 和 COSMO-SkyMed 测量点结果中空间距离相隔 10 m 之内的点被认定为同名点，距离大于 10 m 的点被删除，因此最终同名点个数要小于 TerraSAR-X 和 COSMO-SkyMed 结果中的测量点个数。从图 8.14 比较结果中不难发现，大部分点目标的沉降差异值都接近于 0 值，说明两者结果比较一致。其中，少部分差异值在 2～3 mm/a 浮动，如图 8.14(a) 中黑色椭圆内部点，该差异可能来源于水平向位移带来的偏差(Liu et al., 2016; Motagh et al., 2017)。具体来说，在建筑基坑的左侧，TerraSAR-X 探测到的沉降值大于 COSMO-SkyMed 沉降值。这是由于沉降锐变的位置往往还带有水平移动，而此位置的水平向位移指向东，该水平分量在雷达视线方向远离 TerraSAR-X 卫星，靠近 COSMO-SkyMed 卫星，因而导致 TerraSAR-X 测得的沉降量要大于 COSMO-SkyMed 测得的沉降量。为了进一步验证 InSAR 测量精度，本书的研究又对得到的建筑物高度进行对比。一般认为，在缺少水准和 GPS 形变数据验证的情况下，通过比较高度结果可以在一定程度上验证形变速度结果的可靠性(Ferreti et al., 2000)。在这里，首先通过建筑物底面轮廓识别出楼顶的点，图 8.14(b) 显示了 TerraSAR-X 和 COSMO-SkyMed 楼房屋顶测量点融合之后的高度结果。分别将两个数据集得到的高度结果和真实高度进行比较，从图 8.14(c) 和(d) 结果中可以看出，InSAR 估计所得的高度与真实高度具有很强的正相关性。TerraSAR-X 和 COSMO-SkyMed 估计的高度结果均方根误差分别为 6.6 m 和 4.9 m，判定相关性系数高达 0.99。不同视角的雷达卫星探测到的高度结果存在微小差异，这可能是由于建筑物的屋顶有护墙、阁楼等不同结构，因此从不同方向提取的建筑物顶部点可能具有不同的高度，另外比较中使用的真实高度是通过楼房三维模型提取的屋顶的高度平均值，其和测量点高度不一定匹配，这都有可能给比较结果带来不确定性。

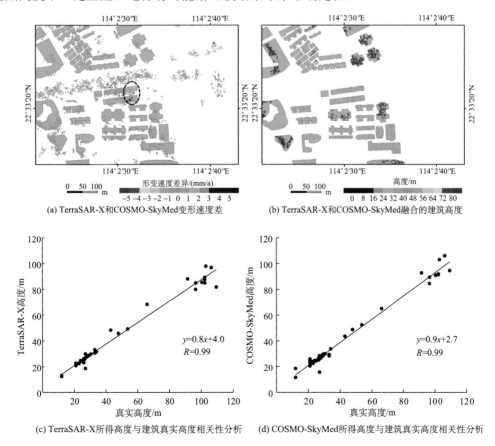

图 8.14　TerraSAR-X 和 COSMO-SkyMed 升降轨交叉验证结果

4. 地陷归因分析

城市地陷灾害通常是由开挖引起的地质环境变化和水文环境变化促发的 (Attanayake and Waterman, 2006)，图 8.15 给出了文博大厦地陷沉降形成的示意图。深基坑抽水造成地下水位持续下降，使得毗邻区域出现压力差。压力的变化造成地下土层被压实，继而导致地表逐渐形成沉降。地下水的流动和交换导致土壤颗粒随着漏水和渗水发生移动，离开其原有的土壤结构，形成空洞和缝隙。由于受到亚热带季风气候的影响，深圳在 2013 年 3 月降暴雨。根据 2013 年深圳市气候公报，深圳市 2013 年 3 月入汛，3 月的雨量较 2 月多了一倍多，入汛前后雨量差异大。突增的雨量对地下水的补给加速了地下水的流动。而且根据深圳市住房和建设局发布的消息，文博大厦基坑围护结构在地陷地段缺失 2 根支护桩，且未采取有效措施进行处置，从而加剧了漏水和渗水的发生。当下层土壤结构的孔隙增大时，上层土壤受到自身重力作用和上层载荷作用的双重影响，会突发性地侵入下层，最终造成地陷。在特大城市的复杂环境下，地表下方布设有大量且密集的能源管线，这种坍塌时常伴随地下管线的破裂，地下管线破裂进一步对土质进行冲刷，从而加速了地陷的形成。

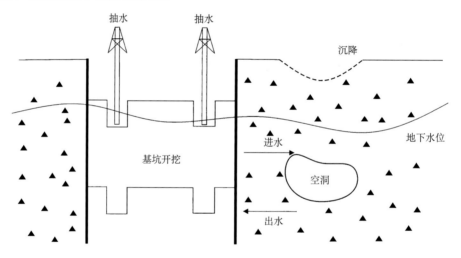

图 8.15　地陷发生过程示意图

8.3　上海浦东在建区域沉降

8.3.1　实　验　区

上海位于长江三角洲的前沿，行政区划覆盖面积 1 041.21 km^2。与全球其他三角洲平原类似，上海地处低地，平均高程只有 2.19 m，地表主要为软土覆盖。其优越的地理位置和自然条件，使得上海成为中国特大城市之一。1990~2019 年，上海市人口从 1 334 万人激增至 2 630 万人。人口上升伴随的日益增长的人类活动为自然环境带来潜在的威胁。由于地下水开采，上海从 1921 年开始出现明显的地面沉降，至 1964 年市区平均下沉了 1.69 m。上海的软土层地表具有"含水量大、孔隙大及压缩性大"的特征，上海的地面沉降也与地质特点有很大关系。地面沉降对上海市地面基础设施造成了多种危害，造成城市排水系统变形失效，防汛能力下降；不均匀的沉降会使地表建筑物的地基下沉、基础开裂，造成地下建筑向水井、油井倾斜，甚至被拉裂毁坏，破坏线状工程如铁路、输水输油管线、桥梁、通信线路等。从 1965 年起，上海对地下水开采实行控制。采取的办法是向地下水层回灌自来水，使地下水位抬高，达到恢复土层弹性、控制地面沉降的目的。通过地下河暗井，每大源源不断地向地下 100～300 m 的含水层注水，一口井每小时的流量近 30 t，全天的注水量可以达到近 500 t。经过超过 30 余年的地下水资源管理和包括人工回灌在内的一系列整治措施，目前地下水合理开采与人工回灌已基本达到动态平衡。研究表明，现如今在上海市区由于地下水超采导致的沉降量已经十分有限(严学新等，2019)。然而，日益增长的人类活动使得上海地面沉降的促发因素由单一性转变为多源性。地下空间开挖、地上建设工程、填海造地、工业活动等人类活动均对地表稳定构成潜在威胁(Perissin et al., 2012 ; Zhao et al., 2019 ; Liu et al., 2008)。例如，2012 年 1 月，上海地铁 4 号线海伦路站出现"不规则沉降"，2011 年 10 月 28 日中午 11 点 50 分，位于恒丰路、长安路路口，毗邻铁路上海站，该路口南向北一侧的路面突然下陷，形成一个大洞。塌陷形成的这个大坑长约 5 m、宽 2 m，最深处距地面 1.5 m 左右。图 8.16 给出了近几年上海发生的地面沉降及建筑物变形的相关照片，包括地基沉降、房屋倾斜和地陷。和深圳类似，上海在快速城市化和快速扩张的过程中，超高建筑和大型基础设施具有密度大、间隔小、所在地块不断建设更新的特点。

图 8.16　上海地面沉降及建筑物变形相关实例

　　该实验研究区位于上海浦东一个在建工程区，如图 8.18(a)所示，该区域所在位置在图 8.17 中标注为黄色五角星。该区域由省道 S20、S227、S3 及年家浜路合围，2009～2013 年，该区域 0.98 km² 的土地面积内有 67 个发展地块，其中 50 个地块为已建成居民区，17 个地块为在建工程。建筑密度大、层高较高、间距小是这块区域的主要特征。17 个地块的基坑开挖及一系列工程扰动使得相邻的已建成居民区容易发生沉降。

　　由于上海长期面临着各种地面沉降问题，传统测量方法也一直在监测上海的地面沉降状况。在传统测量手段中，根据《建筑变形测量规范》规定，建筑物变形测量的精度可以用沉降监测点测站高差中误差 σ 和位移监测点坐标中误差 ω 来衡量。根据这两个精度评价指标，规范中将建筑物变形测量等级分为特等($\sigma \approx 0.05$ mm，$\omega \approx 0.3$ mm)、一等($\sigma \approx 0.15$ mm，$\omega \approx 1.0$ mm)、二等($\sigma \approx 0.5$ mm，$\omega \approx 3.0$ mm)、三等($\sigma \approx 1.5$ mm，$\omega \approx 10.0$ mm)和四等($\sigma \approx 3.0$ mm，$\omega \approx 20.0$ mm)。这五个等级的变形测量精度由高至低递减。传统的建筑变形监测方法包括水准测量、静力水准测量、三角高程测量、全站仪测量和卫星导航定位测量。针对不同等级的建筑物变形，一般采取不同的测量方法。例如：①水准测量适用于沉降观测等级为一等至四等的沉降现象；②对于静力水准测量，连通管式静力水准可用于一等、二等沉降观测，压力式静力水准测量可用于二等以下的沉降观测；③基于全站仪的三角高程测量可用于二等、四等的沉降观测；④基于全站仪的边角测量适用于一等至四等的位移观测；⑤卫星导航定位测量方法可用于二等至四等的位移观测。传统变形监测手段观测精度高，结果可靠，但受到点观测的离散性、布设困难、耗费人力物力的影响。时间序列 InSAR 方法能够克服传统变形观测的劣势，其毫米级的形变探测精度可以满足规范中各个精度等级的测量需求。尤其对于一些新关注的变形建筑或沉降区域，传统定点观测方法只能监测"现在"，难以回溯过去的变形趋势。结合存档的 SAR 数据集，时间序列 InSAR 方法可以反映过去一个时间段内的地表形变信息，是完善变形监测网络的重要补充。随着一系列中高分合成孔径雷达影像的获取和累积，时间序列 InSAR 成为大范围精细化形变监测的业务化手段。本节的实验采用第 3 章介绍的基于二层混合网络的时间序列 InSAR 方法反演形变(Ma and Lin, 2016 ; Zhang et al., 2019)。基于该点目标探测方法，实验分析了上海浦东在建区域沉降的时空分布特征，验证了 InSAR 方法对软土环境下特大城市中受邻近施工影响及受地下水环境因素变化影响的建筑变形以及大型城市基础设施在施工期间和使用期间变形进行测量的可行性。相关成果可为特大城市建筑群和基础设施变形监测提供有效的参考依据和基础数据。

8.3.2　实验数据和方法

　　为了研究工程建设引发的沉降问题，该实验采用获取自 TerraSAR-X 及 Sentinel-1 的两个升轨 SAR 影像数据集对研究区进行变形分析。数据集共包含 114 景中高分影像，其中，TerraSAR-X 数据集有 31 景影像，影像空间分辨率为 3 m×3 m，TerraSAR-X 数据覆盖范围只有 1 500 km²，只能覆盖上海部分主城区，在这里主要覆盖黄浦江以东的区域。TerraSAR-X 数据时间跨度为 2009 年 12 月～2013 年 2 月，其中选择 2012 年 1 月 1 日获取的影像为主影像。Sentinel-1 数据集包括空间分辨率为 5 m×20 m 的 83 景影像，影像的覆盖范围是 48 000 km²，因此可以将整个上海市及周边区域完全覆盖。Sentinel-1 数据时间跨度为 2015 年 2 月～2018 年 12 月，选择 2017 年 6 月 27 日拍摄的影像为主影像。以上两个数据集的基本信息见表 8.4 和表 8.5，影像覆盖范围如图 8.17 所示。TerraSAR-X 和 Sentinel-1 影像可以用来监测研究区两个时间段的沉降时空变化情况，其中 TerraSAR-X 影像时间跨度和工程建设时间相吻合，可以用来研究工程建设过程中引发的地面沉降状况，而 Sentinel-1 影像时间跨度是在工程建设之后，可以用来研究建成之后的地面沉降状况，两者结合又可以形成一个长时间序列对工程建设前后引发的地面沉降进行分析。在图 8.17 中，橙色矩形为 Sentinel-1 覆盖范围，紫色矩形为 TerraSAR-X 覆盖范围，由于 TerraSAR-X 数据集的所有影像不是在同一框幅下拍摄，经过跟主影像配准后会发生方位向上的截断，因此沿着方位向的覆盖范围变小。在研究区内，利用上述 TerraSAR-X 和 Sentinel-1 的影像数据集分别进行差分干涉处理，各生成 30 个和 82 个差分干涉对。在生成干涉图时，对 Sentinel-1 数据集采取 8(距离向)：2(方位向)的多视处理，这样一方面加快数据处理的速度，另一方面减少斑点噪声对形变结果的影响。TerraSAR-X 影像具有比较高的信噪比和分辨率，因此干涉处理时保留单视，以期尽可能保有基础设施的细节信息。

表 8.4　TerraSAR-X 数据集基本信息，主影像为 2012-01-01

影像级别：单视复数影像(SLC)

获取模式：条带

极化方式：HH

编号	日期(年-月-日)	垂直基线/m	编号	日期(年-月-日)	垂直基线/m	编号	日期(年-月-日)	垂直基线/m
1	2009-12-14	102.87	12	2010-12-12	413.96	23	2012-06-25	−149.96
2	2010-01-16	114.65	13	2011-10-05	−40.77	24	2012-07-17	196.80
3	2010-02-18	−28.24	14	2011-10-27	62.90	25	2012-08-30	188.95
4	2010-03-23	45.61	15	2011-11-18	−11.45	26	2012-09-21	11.14
5	2010-04-25	−39.42	16	2012-01-01	0	27	2012-10-13	144.72
6	2010-05-28	110.46	17	2012-01-23	136.13	28	2012-11-26	−130.14
7	2010-06-30	67.39	18	2012-02-14	−60.33	29	2012-12-18	19.32
8	2010-08-02	48.99	19	2012-03-07	28.96	30	2013-01-09	−6.90
9	2010-09-04	2.01	20	2012-04-20	44.44	31	2013-02-11	−130.14
10	2010-10-05	−70.08	21	2012-05-12	6.88			
11	2010-11-09	120.17	22	2012-06-03	93.56			

8.3.3　实 验 结 果

1. 变形空间分布

图 8.18(a)～(c)分别给出了基于 TerraSAR-X 和 Sentinel-1 影像的浦东在建区域变形速度图，实验区变形以沉降为主，所以该结果已将 SAR 影像反演的 LOS 向形变转为垂

直向形变。在图 8.18(b) 和 (c) 中，已建成居民区用灰色矩形表示，在建区域用褐色矩形表示。通过 Google Earth 中的光学地图计算施工区域的面积发现，在研究区域共 0.98 km^2 的覆盖范围内，建筑工地共占总面积占 13.42% 之多。在 TerraSAR-X 影像中共探测到 81 104 个 PS 和 DS 点，测得的沉降范围为–61.5～18.2 mm/a，标准差为 5.7 mm/a，在 Sentinel-1 中共探测到 6431 个点，沉降范围为–19.4～11.4 mm/a，标准差为 2.8 mm/a。高分 TerraSAR-X 影像提取的点数是 Sentinel-1 影像的十倍之多，因此也就可以展现更多

表 8.5　Sentinel-1 数据集基本信息，主影像为 2017-06-27

影像级别：单视复数影像(SLC)
获取模式：IW
极化方式：VV

编号	日期(年-月-日)	垂直基线/m	编号	日期(年-月-日)	垂直基线/m	编号	日期(年-月-日)	垂直基线/m
1	2015-02-26	77.53	29	2017-01-22	19.51	57	2018-02-22	−6.59
2	2015-03-22	−3.46	30	2017-02-03	−1.22	58	2018-03-06	3.79
3	2015-04-15	67.31	31	2017-02-15	22.24	59	2018-03-18	37.92
4	2015-05-09	−42.34	32	2017-02-27	52.34	60	2018-03-30	38.21
5	2015-07-08	57.13	33	2017-03-11	29.30	61	2018-04-11	3.99
6	2015-08-01	5.90	34	2017-04-04	−39.84	62	2018-04-23	−13.83
7	2015-08-25	−72.92	35	2017-04-16	−87.12	63	2018-05-05	15.96
8	2015-09-18	−12.58	36	2017-04-28	44.03	64	2018-05-17	8.92
9	2015-11-29	−15.11	37	2017-05-10	−45.60	65	2018-05-29	18.98
10	2015-12-23	92.63	38	2017-05-22	−10.42	66	2018-06-10	−24.12
11	2016-01-16	−16.09	39	2017-06-03	−48.14	67	2018-06-22	−15.00
12	2016-02-09	63.56	40	2017-06-15	−5.63	68	2018-07-04	64.88
13	2016-03-04	−49.40	41	2017-06-27	0	69	2018-07-16	10.26
14	2016-03-28	−62.87	42	2017-07-09	34.38	70	2018-07-28	47.99
15	2016-04-21	27.28	43	2017-08-02	−36.78	71	2018-08-09	38.99
16	2016-05-15	−53.85	44	2017-08-14	−81.35	72	2018-08-21	−27.41
17	2016-06-08	4.08	45	2017-09-07	81.95	73	2018-09-02	−95.82
18	2016-07-26	−34.71	46	2017-09-19	10.26	74	2018-09-14	−7.83
19	2016-08-19	10.33	47	2017-10-01	−48.63	75	2018-09-26	26.09
20	2016-09-12	−36.21	48	2017-10-13	−84.57	76	201810-08	58.42
21	2016-10-06	−7.03	49	2017-11-06	44.20	77	2018-10-20	−27.79
22	2016-10-18	52.58	50	2017-11-18	42.36	78	2018-11-01	−54.83
23	2016-10-30	35.72	51	2017-11-30	47.31	79	2018-11-13	−21.48
24	2016-11-11	1.86	52	2017-12-12	40.43	80	2018-11-25	64.90
25	2016-11-23	−38.22	53	2017-12-24	60.95	81	2018-12-07	24.52
26	2016-12-05	−49.05	54	2018-01-17	57.26	82	2018-12-19	95.05
27	2016-12-17	−11.05	55	2018-01-29	65.72	83	2018-12-31	1.41
28	2016-12-29	9.88	56	2018-02-10	−7.08			

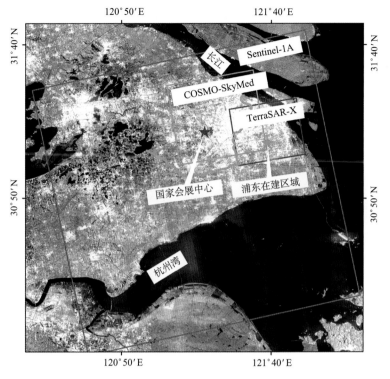

图 8.17　实验区及影像覆盖范围

的细节信息，体现了高分影像在基础设施结构监测中的优势。从测量点的空间分布区域上来看，两个结果在基础设施比较密集的区域点都比较多，而在农田区等低相干区点都比较少。从沉降速度上就能明显看出，TerraSAR-X 影像时间段内研究区沉降整体上比较大，到了 Sentinel-1 影像时间段内，沉降速度明显变缓，在图中也能明显地看到红色点在 Sentinel-1 结果中要明显少于 TerraSAR-X 结果中。图 8.18 (b) 中，灰色框和黄色框标示的已建成和在建区域都发生了明显的沉降，在已建成区测量点分布比较密集也比较均匀，但是某些黄色框标示的在建区域中间位置测量点比较稀少，这是由频繁的工程活动带来的去相干导致的。在已建成居民区地块中，沉降速度较大的 InSAR 点目标大多位于与在建区域建筑基坑相邻的边界处，其在分布上显示出很强的空间相关性。这种分布上的强相关性可初步表明，已建成地块出现的不均匀沉降是由相邻的建筑基坑造成的。根据前面介绍，基坑开挖会降低周边地面土壤的固结程度，也会改变孔隙水压力和地下水位。加之实验区地表覆盖为软土、粉质土和砂质土，使得该监测区域极易受到工程建设活动的外部扰动，进而产生局部不均匀沉降。在建工程除了对周边已建成居民区造成沉降外，对比较靠近的高速公路 S20、高速公路 S227、年家浜路、高速公路 S3 的不同路段也造成了差异沉降，这些也将危害到公路的安全运维。当然，年家浜路有一个路段正在重修，也造成了局部比较大的差异沉降。当然除了沉降区域外，研究区很多地方也并没有发生明显的沉降，这些区域并没有用黄色和灰色框标示出来，从图 8.18 (a) 中的光学影像可以识别出，这些未标记的区域主要为低矮房屋、零星分布的厂房及农田覆盖的低相干区域。这些区域的点目标变形速度相对比较稳定，表明工程活动对这些区域的地表变化影响十分有限。一方面可能是由于这些区域距离在挖基坑较远；另一方面虽然基坑建设会引起地下水位变化而导致沉降，但是农田区水补给比较迅速，基坑建设引起的局部水循环变化一般不会引起大范围持续性下沉。与 TerraSAR-X 监测结果相比，Sentinel-1

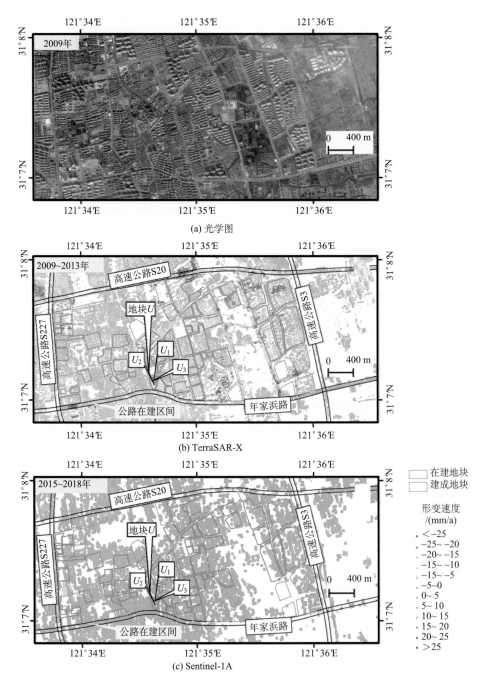

图 8.18　上海浦东在建区域形变速度

监测结果中研究区沉降点明显减少,如图 8.18(c)所示。这主要是由在建工程的减少导致的,通过对比 Google Earth 历史光学影像可以看出,在挖工程在 TerraSAR-X 影像时间跨度内比较多,也就是 2009~2013 年,而在 Sentinel-1 影像时间跨度的 2015~2018 年,实验区内仅有 1 处在建地块,其他地块都已建成。因此,在 TerraSAR-X 影像时间区间内发生局部不均匀沉降的位置处,在 Sentinel-1 影像中向下的沉降变形趋势逐步恢复为稳定。

2. 变形时序分析

为了研究工程活动扰动引起的周边区域局部不均匀沉降的时间变化规律,从一个在建工程地块 U 周围选取三个比较有代表性的 InSAR 变形点目标,分析这三个点目标的时间序列演变(地块 U 和点 U_1~U_3 的位置在图 8.18 中标出)。图 8.19(a)给出了这三个点目标在 2009~2013 年从 TerraSAR-X 影像中反演的时间序列,三个点的沉降速度分别为 20.5 mm/a、25.3 mm/a 和 27.2 mm/a,累计沉降分别为 57 mm、71 mm 和 79 mm。图 8.19(a)中的虚线对应的时间点为 2010 年 6 月和 2012 年 6 月,为该建设工程开始和结束的时间。这三个点的时间序列表现出相似的演变过程,在 2010 年 6 月之前,也就是该地块开挖之前,该位置已经发生了沉降,这可能是周边的建筑活动引起的。当 2010 年 6 月地块 U 建设工程开始时,三个点都呈现出更明显的沉降并稍微有一点加速特征。两年后,在 2012 年 6 月工程结束时,点目标虽然还在继续沉降,但是下降速度已经开始减缓。如图 8.19(b)所示,从 Sentinel-1 数据中反演的 2015~2018 年时序形变可以看出,虽然 InSAR 解算出的三个点时序结果中依然有变形,但是都比较小,速度接近 0,说明三个点基本达到稳定状态。综合上面两个数据集得到的变形信息可知,沉降的时序变化与工程建设开始、结束的时间节点基本相吻合,也从时间域层面验证了建筑工程与周围区域沉降的因果关系。InSAR 技术可以通过不同时间段的不同数据集配合使用提取的长时间形变序列,以有效地揭示这种形变特征的变化(Zhao et al., 2019),但是在反演长时间序列变形时,一般需要多个数据集有相重合的两个时间段,这样通过同时间段的形变量统一化可以推演出长时间序列,另外在数据集之间没有相重合的时间段,如果此类变形规律符合某一物

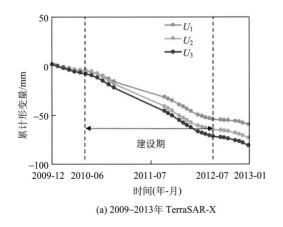

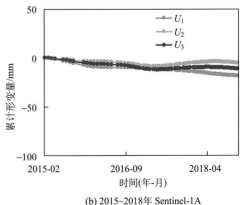

(a) 2009~2013年 TerraSAR-X　　　　(b) 2015~2018年 Sentinel-1A

图 8.19　代表性 InSAR 点目标的时间序列演变

理模型, 也可以结合模型将多个时间段得到的时序形变量进行结合(Jiang and Lin, 2010)。在该案例中, TerraSAR-X 和 Sentinel-1 两个数据集既没有相重合的时间段, 此类沉降也没有统一的模型, 因此只是将两个时间段时序形变进行了单独分析, 没有结合起来做长时间序列的分析。

8.4　国家会展中心周边区域形变

8.4.1　实　验　区

国家会展中心(National Exhibition and Convention Center)也位于上海市, 所在位置如图 8.17 所示。国家会展中心地处上海虹桥商务区核心区西部, 北至崧泽高架路南侧红线, 南至盈港东路北侧红线, 西至诸光路东侧红线, 东至涞港路西侧红线, 是集展览、会议、办公及商业服务等功能于一体的会展综合体, 也是上海市的标志性建筑之一。如图 8.20(d)所示, 国家会展中心采用优美而具有吉祥寓意的"四叶草"原型, 以中央广场为花心, 向四个方向伸展出四片脉络分明的叶片状主体, 形成更具有标志性和视觉冲击力的集中式构图, 创造出高效率运营的新型会展模式, 充分体现出功能性、标志性、经济性和科技性的设计原则和造型理念。国家会展中心主要具有展览、会议、活动、商业、办公、酒店等多种业务功能, 会展场馆适合举办各种规模的商业推广、文艺演出、论坛年会、文化展示、时尚娱乐等活动。国家会展中心是中国新时期商务发展战略布局的重要组成部分, 将成为立足长江三角洲、服务全国、面向世界的国际一流的会展综合体。

橙色多边形分别标记了国家会展中心南广场(C1)和商业配套中心(C2)所在位置。黑色虚线多边形给出了国家会展中心附近的两个建成民居(R1、R2)所在位置。

国家会展中心项目总投资 152.39 亿元, 于 2011 年 12 月 26 日动工兴建, 于 2014 年 9 月 28 日竣工, 于 2016 年 12 月 1 日全面运营。其总建筑面积 147 万 m^2, 地上建筑面积 1 270 000 m^2, 是典型的大跨度建筑。作为世界上最大的综合体, 它包括展厅主体建筑、南北广场及配套商业中心。上海地铁 2 号线从展厅主体建筑下方穿过, 7 号线从北广场下方穿过。虽然国家会展中心主体建筑于 2014 年 9 月完工, 但位于主体建筑南端的南广场及配套商业中心在该实验中使用的 COSMO-SkyMed 和 Sentinel-1 数据集时间跨度内仍然在建, 如图 8.20 中 C1 和 C2。该建筑基坑与一路之隔的两个建成居民区 R1 和 R2 相隔不足 50 m。此类大跨度大型基础设施由于其负载重, 地上地下结构复杂, 与轨道交通在垂直空间上有一定程度的重叠, 并且邻近虹桥交通综合枢纽及多个已建成的居民区, 在建设期间容易导致地面及周边的设施发生沉降。

8.4.2　实验数据和方法

8.3 节中使用的高分 TerraSAR-X 影像没有覆盖国家会展中心, 而高分 COSMO-SkyMed 数据覆盖了该研究区, 因此本节实验主要采用获取自上海 Sentinel-1 和 COSMO-SkyMed 的中高分数据集对国家会展中心周边沉降进行分析。Sentinel-1 数据集的基本信息见表 8.5。升轨 COSMO-SkyMed 数据集包含 35 景空间分辨率为 3 m×3 m 的条带模式影像，时间为 2014 年 4 月～2017 年 6 月，跨度大约为 3 年，最大垂直基线长度 2 342 m，影像覆盖黄浦江以西的主城区，影像覆盖范围如图 8.17 所示。数据集详细信息见表 8.6，其中选择 2015 年 8 月 25 日拍摄的影像为主影像进行干涉处理。同样地，该实验区利用第 3 章和第 4 章介绍的基于二层网络结构探测 PS 和 DS 点（Ma and Lin, 2016；Zhang et al., 2019）。

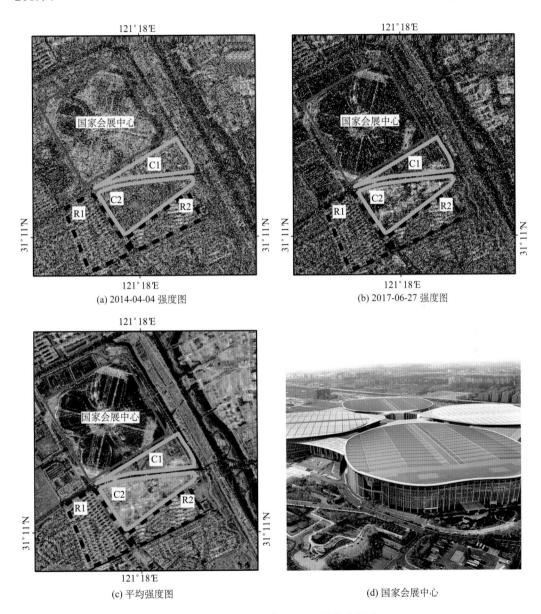

(a) 2014-04-04 强度图

(b) 2017-06-27 强度图

(c) 平均强度图

(d) 国家会展中心

图 8.20　国家会展中心 SAR 影像和图片

表 8.6　COSMO-SkyMed 数据集基本信息，主影像为 2015-08-25

影像级别：单视复数影像(SLC)

获取模式：条带

极化方式：HH

编号	日期(年-月-日)	垂直基线/m	编号	日期(年-月-日)	垂直基线/m	编号	日期(年-月-日)	垂直基线/m
1	2014-04-04	122.80	13	2015-08-09	−1416.46	25	2016-08-27	−30.20
2	2014-07-21	7.26	14	2015-08-25	0	26	2016-09-12	658.40
3	2014-08-22	−283.13	15	2015-09-10	−1051.58	27	2016-09-28	−400.82
4	2014-09-23	106.93	16	2016-03-04	−646.33	28	2016-10-10	−409.00
5	2014-11-26	836.63	17	2016-03-08	−626.69	29	2016-10-30	−605.28
6	2014-12-28	82.60	18	2016-03-24	639.06	30	2016-12-01	−79.14
7	2015-01-13	−850.37	19	2016-04-05	−866.02	31	2016-12-17	562.57
8	2015-05-21	375.37	20	2016-06-08	394.28	32	2017-01-02	−445.23
9	2015-06-18	−765.83	21	2016-06-24	926.72	33	2017-02-03	123.05
10	2015-06-22	−504.39	22	2016-07-10	−635.20	34	2017-02-07	241.57
11	2015-07-04	−343.29	23	2016-07-26	174.78	35	2017-06-27	24.58
12	2015-07-24	−704.60	24	2016-08-11	248.26			

8.4.3　实　验　结　果

为了表征研究区建筑变化在 SAR 强度影像中的表现，图 8.20 中(a)~(c)分别给出了 COSMO-SkyMed 数据集起始时间(2014 年 4 月)影像强度图、终止时间(2017 年 6 月)影像强度图和时序影像平均强度图。在单幅 SAR 影像中能明显地看到斑点噪声的存在，而平均强度图的噪声水平要明显小于单幅 SAR 影像强度图的噪声水平,高相干点一般就对应平均强度图中强度较大的像素点。2014 年底，国家会展中心的主体建筑已经完工，主体建筑南边的南广场(图 8.20 中标注为 C1)和商业配套中心(图 8.20 中标注为 C2)还在建设过程中。根据 C2 地块的规划，该商业中心建成后有数个高建筑物。从图 8.20(a)强度图可以看出，2014 年 4 月，地块 C2 为对应于建筑基坑的弱散射区，这个时间段内该区域正在建设，有很多的裸土，因此相干性也较小。2017 年 6 月，该地块建成为高建筑群，从图 8.20(b)中可以观察到对应于建成建筑的高亮回波信号，因此该区域变成高相干区域。值得注意的是，在建区域在前一个时间段内建筑活动频繁导致低相干，而建成后一段时间内又成为高相干目标,在 InSAR 中称此类地物为半相干目标(Perissin and Wang，2011)。高相干目标在整个数据集中占的比例比较大，如建成后的时序影像数量超过了 25 景，在这种情况下，如果要对这些区域进行分析，可以挑选整个时序数据集中包含高相干目标的子集进行形变分析。但实际中这种操作比较复杂，通常还是利用全部数据集进行时序分析。这就导致在某些在建区域内，有可能也有 InSAR 点被识别，从而可能会引起歧义。在建区域有测量点主要是因为某些建筑设施在整个数据集中的大部分影像中已经存在，从而通过时序相干系数阈值筛选而保留下来。

　　相对于第一层网络探测 PS 点，第二层网络结极大地提高了在建区域的空间点密度，以该实验中的 COSMO-SkyMed 结果为例，图 8.21(a) 和图 8.21(b) 分别给出了第一层网络所获得的 PS 点的分布和第二层网络所获得的全部 PS 点及 DS 点分布。统计以上两个结果，单独使用第一层网络，得到 51052 个点目标，使用第二层网络得到 348047 个点目标，第二层网络结构探测的点密度相对于第一层网络结果提高了近 7 倍。第二层网络扩展点时，使用空间连续扩展方法探测到的测量点数目较一次扩展也有明显的增加，这源于第二层网络在扩展点时，将新扩展处的 PS 点实时更新为参考点，增强了混合网络探测全部 PS 和 DS 点的能力。另外，在第二层网络中，相对于全加密网络，使用基于优化的自适应策略的加密网络及特定参数使探测效率提高了约 6.8 倍，进一步证明了优化方法应用于三角洲平原的高密度建筑变形监测的高效性。在监测结果中，国家会展中心顶部位置点比较稀少，根据国家会展中心照片推断这主要是面散射导致的散射强度较弱，而在边缘或墙角位置，探测的 InSAR 点都比较多，这些位置对应着二面角等强散射目标。在建区 C1 点分布密度要大于 C2 区，说明 C1 区域相干点目标较多。以此推断，在 COSMO-SkyMed 影像时间跨度内，C1 区域内完全建好的基础设施在大部分影像中都存在，因此通过时序相干系数阈值分割被识别为高相干点。而 C2 区域在 COSMO-SkyMed 影像时间跨度内可能大多数设施都处于建设中，地面变化比较频繁，因此没有太多点被识别为高相干点。已建成的居民区 R1 和 R2 范围内，探测到的点目标以 PS 点为主。主体建筑以北的北广场和 R1 西北方位的植被覆盖区域主要对应 DS 点。在第一层网络结果中，这些区域缺少点目标，而在第二层网络中，在这些区域探测到了数量可观的点目标，验证了 DS 探测的有效性。

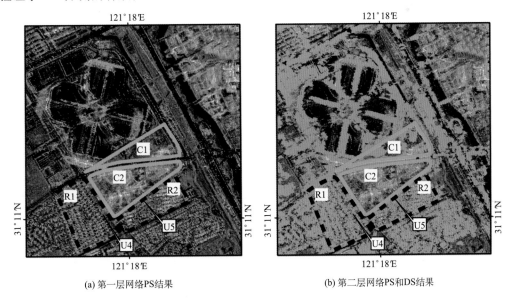

(a) 第一层网络PS结果　　　　　　　　　　　　　(b) 第二层网络PS和DS结果

图 8.21　基于 COSMO-SkyMed 数据集的二层网络 InSAR 点目标分布图(蓝色点表示 PS 和 DS 点)

　　图 8.22 分别给出了基于 COSMO-SkyMed 和 Sentinel-1 数据集的国家会展中心及周边区域的变形速度图，该实验区变形主要是工程建设引发的地面沉降，因此形变结果已

经从 LOS 方向转为竖直方向，也就是沉降值。从图 8.22（a）COSMO-SkyMed 监测结果可以看出，国家会展中心本身发生了沉降，因为国家会展中心 2014 年刚建完，也就是 COSMO-SkyMed 数据开始的时间，说明建成后国家会展中心发生了缓慢沉降，但是沉降量并不大，沉降速度主要在 20 mm/a 以内。而相对比较严重的一个沉降区域位于国家会展中心的南部，也就是图中在建的 C1、C2 和居民区 R1、R2。其中，C1 中间测量点比较多且相对稳定，可以推断中间位置设施在 COSMO-SkyMed 数据集时间段内已经基本建成并且达到了相对稳定的状态，而 C1 边缘位置发生了比较严重的沉降，最严重的发生在 C1 东南角处，该处置有新能源发电设施，在 COSMO-SkyMed 监测结果中探测到该位置有沉降大于 25 mm/a 的监测点，该沉降不是由工程活动导致的。C2 区域测量点比较稀疏，说明在该时间段内工程活动引发的地表更新比较频繁，而导致相干性比较低，而且 C2 整个区域都在发生沉降。因为 C1 和 C2 相邻，从沉降空间分布上看，C1 边缘位置沉降有可能是本身建筑工程引发的缓慢沉降，也有可能是临近 C2 区域工程活动引发的沉降。除了 C1 和 C2，临近的两个居民区 R1 和 R2 也同时发生了沉降，主要是在靠近 C2 的一侧沉降比较大。根据监测沉降的空间关系可以初步推断由地块 C2 的建设工程导致了相邻两个居民区的局部沉降。对于这两个居民区，在 R1 的东侧和 R2 的北侧沉降速度比较大，普遍大于 25 mm/a，且沉降速度较大的两侧与 C2 建筑基坑的两侧相邻并平行，最快沉降速度达到 50.1 mm/a。除了 C1、C2、R1 和 R2 的沉降外，根据图 8.22（a）所示，国家会展中心北广场北部也有明显沉降，而且呈现出线状特征。线状沉降区域与上海地铁 17 号线的行车路线高度吻合，变形最大处达 43.9 mm/a。该段为上海地铁 17 号线虹桥火车站至诸光路站，该路段进行开挖施工时间正处于 COSMO-SkyMed 监测的时间段内，因此可以推断该部位沉降是由于上海地铁 17 号线施工导致的。城市中地铁等大型线状地物的开挖也容易导致周边地区的地面沉降，在地质条件复杂情况下（如喀斯特地貌）

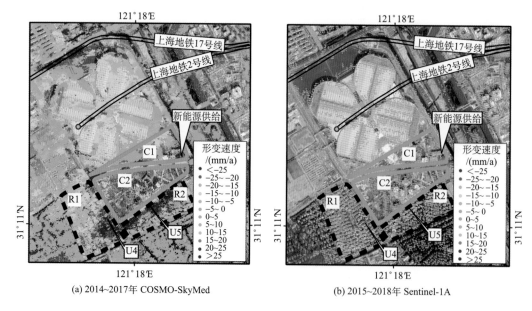

(a) 2014~2017年 COSMO-SkyMed　　　　　　(b) 2015~2018年 Sentinel-1A

图 8.22　国家会展中心及周边环境的地表沉降速度图

甚至可能诱发地陷(Ng et al., 2018),因此在建设周期和建成后都需要进行持续的监测。建筑等大型基础设施除了可能发生线性形变之外,还会随着温度变化产生非线性的热胀冷缩效应(Crosetto et al., 2015)。在 COSMO-SkyMed 监测结果中,除沉降线性变形外,还探测到国家会展中心主体建筑的顶部有与温度相关的非线性变形,相关点目标在时间序列上出现周期性震荡,热胀冷缩效应已经在前几章中详细介绍过了,在这里不再进一步阐述。

图 8.22(b)展示的是 Sentinel-1 影像反演得到的 2015~2018 年的平均沉降速度,从测量点的数量来看,由于分辨率的降低明显少于 COSMO-SkyMed 提取的测量点,甚至在宽度比较窄的上海地铁 17 号线上缺失监测点,因此不利于对重要基础设施形变信息的细节表达。但是在测量点的空间分布上,Sentinel-1 结果和 COSMO-SkyMed 结果分布比较一致,测量点都对应影像中强散射像素点,如分布于国家会展中心边缘位置,而在国家会展中心中间位置由于面散射特性导致有效测量点较少。而在 COSMO-SkyMed 结果中,工程建设低相干区域引发的测量点稀疏问题在 Sentinel-1 结果中也得到改善,如 Sentinel-1 结果中的 C2 区域测量点分布明显比 COSMO-SkyMed 结果中均匀,说明虽然 Sentinel-1 数据集时间跨度只比 COSMO-SkyMed 数据集时间晚一年半,但是 C2 区域大多数设施在这期间已经基本建成。从沉降数值上看,Sentinel-1 得到的沉降速度整体上都小于 COSMO-SkyMed 影像中监测的沉降,如国家会展中心在 COSMO-SkyMed 结果中有沉降,但是在 Sentinel-1 结果中基本上已经稳定,C1 位置除了东南角新能源发电设施沉降还大于 25 mm/a 外,其他点基本都处于稳定状态,C2 区域在 COSMO-SkyMed 结果中整体都有比较大的沉降,但是在 Sentinel-1 结果中基本稳定。Sentinel-1 结果中比较严重的沉降发生在 R1 东部和 R2 北部区域,这个空间分布与 COSMO-SkyMed 结果中的相似,但是沉降速度也出现减缓的趋势,该处沉降速度从 COSMO-SkyMed 结果中的大于 25 mm/a 减小至 Sentinel-1 结果中的 10~20 mm/a。沉降位置的空间分布上,Sentinel-1 结果中的沉降位置整体上仍然与 COSMO-SkyMed 比较相似,也从一定程度上证明了两个结果的可靠性。和 COSMO-SkyMed 时序结果中表现出明显的热胀冷缩效应不同的是,在 Sentinel-1 结果中,建筑顶部的形变速度相对平缓。这可能是 C 波段的 Sentinel-1 比 X 波段的 COSMO-SkyMed 波长长,对微小热胀冷缩变形不太敏感导致的,也有可能是 Sentinel-1 数据分辨率低,在数据处理过程中又使用了多视操作,因此一个像素的沉降结果中平均了该像素内所有建筑物和地面的沉降信息,损失了基础设施的形变细节信息(Ma et al., 2019)。

Sentinel-1 数据集比 COSMO-SkyMed 数据集开始时间晚 10 个月、比 COSMO-SkyMed 数据集结束时间晚 18 个月,从 COSMO-SkyMed 和 Sentinel-1 结果比较中可以看出,国家会展中心、C1 和 C2 区域沉降速度明显减小,因此可以推断 2017 年 6 月~2018 年 12 月这些区域的沉降明显变缓。而 R1 和 R2 区域在 2018 年却仍然有比较大的沉降,为了探究这两个区域在两个数据集时间段内沉降的时间变化规律,从 R1 和 R2 的量测点中选取两个点目标 U4 和 U5 研究其时序沉降量,这两个点距离 C2 建筑基坑的距离分别为 121 m 和 136 m。图 8.23 给出了这两个点的时间序列,已知建筑区域 C2 于 2014 年 4 月开始建设,在工程建设开始之前,从 COSMO-SkyMed 影像中得到的沉降速度接近 0,

说明此时该点还基本稳定。而建设开始后的初期，即从 2014 年 9 月开始，U4 和 U5 两点开始了快速沉降阶段，在 COSMO-SkyMed 影像中两个点的平均速度分别为 26.5 mm/a 和 35.2 mm/a，2014 年 9 月～2017 年 5 月累计沉降量分别达到了 83.5 mm 和 103.1 mm。在 Sentinel-1 反演得到的结果中，在同一个时间段内两个点也呈现出比较明显的沉降。其中，两个数据集相同时间段为 2015 年 2 月～2017 年 5 月，在这一个间段内，U4 和 U5 点从 COSMO-SkyMed 影像中反演的累积沉降量为 49.2 mm 和 72.1 mm，而从 Sentinel-1 影像中得到的是 36.3 mm 和 53.8 mm。Sentinel-1 和 COSMO-SkyMed 数据在相同时间跨度内累积形变量差异超过了 10 mm，这有可能是数据分辨率的差异造成的，Sentinel-1 沉降监测结果中将周边稳定点的沉降信息也包含进来，从而导致沉降被低估现象。

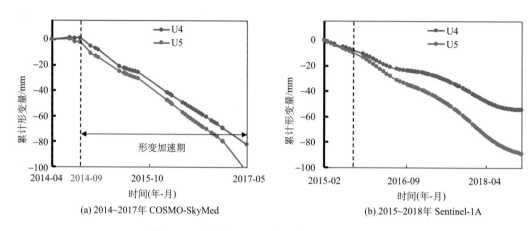

(a) 2014~2017年 COSMO-SkyMed　　　　　　　(b) 2015~2018年 Sentinel-1A

图 8.23　代表性 InSAR 点目标的时间序列演变

8.4.4　归因分析

近些年，随着上海城市发展和扩张，工程建设活动已经成为促发局部沉降的主要外因。与深圳实验区地陷成因类似，国家会展中心探测到的局部沉降也是由深基建设导致局部及周边失稳造成的。除此外部因素外，也不应忽视内部因素的影响。在上海及其所属的长江三角洲区域，浅层软土沉积是绝大部分地表沉降发生和发展的内部因素。该软土环境为地表由外因促发的沉降现象和沉降灾害提供了易于促发的环境。相关地质调查表明，上海典型地层序列包括 9 个地层(严学新等，2019)。在上海大部分地区，工程建设活动触及的软土层厚度在 100 m 以浅。在 9 个地层中，与深基坑开挖及降水相关的有 5 个地层，见表 8.7。这 5 个地层的工程地质特性和水文地质特性使得实验区和周边区域易受到深基坑降水失稳的影响。第②层、第⑤层和第⑦层的砂性土层和粉性土层在物理结构上具有松散的特性。该特性会减弱基坑底部的稳定性，易促发流砂和基坑突涌水灾害。第③层和第④层软土由于含水量较高，基坑边缘难以自立，易促发基坑边坡失稳灾害。对于浦东在建区域，该区域含有一个粉质土层⑦和厚度为 14～18 m 的软土层③和④。对于国家会展中心，该区域浅层覆盖含有粉质土层②₃和⑦，以及厚度为 10～14 m 的软土层。独特的软弱土层覆盖使得这两个实验区易发生边坡失稳导致的局部不均匀沉降。

表 8.7　与基坑开挖密切相关的上海典型地层层序

土层	顶层埋深/m	厚度/m	含水量/%	压缩系数/MPa⁻¹	水文地质特性	致灾类型
②₃粉性土、粉砂	2.0~3.0	3.0~15.0	26.8~38.3	0.20~0.42	潜水含水层	流砂
⑤₂粉性土、粉砂	20.0~30.0	5.0~20.0	26.9~36.8	2.60~7.80	微承压含水层	流砂;基坑突涌水
⑦粉砂	20.0~40.0	4.0~30.0	18.5~33.1	0.09~0.25	第一承压含水层	流砂;基坑突涌水
③淤泥质粉质黏土	3.0~7.0	5.0~10.0	—	—	—	基坑失稳
④淤泥质黏土	7.0~12.0	5.0~10.0	—	—	—	基坑失稳

8.5　本章小结

随着我国城市化进程的加快，城市各类基础设施正处于大规模建设阶段，新建成和在建基础设施往往都容易发生变形，影响结构稳定性。具体来说，新建成建筑物混凝土在失水过程中会发生收缩，在自身重力载荷作用下会发生徐变，混凝土收缩会导致墙壁缩短，设计中的不对称徐变会导致房屋倾斜，这两种变形往往是正常变形，会随着时间的推移慢慢变缓。在建地基在开挖过程中往往会引发沉降，差异沉降有可能会引起周边地面和建筑物发生异常变形(如城市地陷)。除此之外，建筑物混凝土在季节性温度影响下会发生周期性热胀冷缩，热胀冷缩形变在房屋高度方向上逐渐积累，因此在高楼监测时尤为明显。本章通过对香港新建高楼、深圳文博大厦地基、上海浦东在建区和国家会展中心周边区域的 InSAR 分析，揭示了新建或者在建单体设施的变形特征以及在 InSAR 监测结果中的表现，为这类设施的 InSAR 分析提供了重要参考。

参 考 文 献

严学新, 王寒梅, 杨天亮, 等. 2019. 滨海地区深基坑减压降水地面沉降研究成果及应用——以上海市为例. 中国地质调查, 6(1): 67-74.

Attanayake P M, Waterman M K. 2006. Identifying environmental impacts of underground construction. Hydrogeology Journal, 14(7): 1160-1170.

Bamler R, Hartl P. 1998. Synthetic aperture radar interferometry. Inverse Problems, 14(4): R1.

Bazant Z P, Wittmann F H. 1982. Creep and Shrinkage in Concrete Structures. New York: John Wiley & Sons, Chichester, 129-161.

Crosetto M, Monserrat O, Cuevas-González M, et al. 2015. Measuring thermal expansion using X-band persistent scatterer interferometry. ISPRS Journal of Photogrammetry and Remote Sensing, 100: 84-91.

Ferreti A, Prati C, Rocca F. 2000. Nonlinear subsidence rate estimation using permanent scatterers in differential SAR interferometry. IEEE Transactions on Geoscience and Remote Sensing, 38(5): 2202-2212.

Gilbert R. 2001. Shrinkage, cracking and deflection-the serviceability of concrete structures. Electronic

Journal of Structural Engineering, 1(1): 2-14.

Intrieri E, Raspini F, Fumagalli A, et al. 2018. The Maoxian landslide as seen from space: detecting precursors of failure with Sentinel-1 data. Landslides, 15(1): 123-133.

Jiang L, Lin H. 2010. Integrated analysis of SAR interferometric and geological data for investigating long-term reclamation settlement of Chek Lap Kok Airport, Hong Kong. Engineering Geology, 110(3-4): 77-92.

Kim J-W, Lu Z, Kaufmann J. 2019. Evolution of sinkholes over Wink, Texas, observed by high-resolution optical and SAR imagery. Remote Sensing of Environment, 222: 119-132.

Liu G, Luo X, Chen Q, et al. 2008. Detecting land subsidence in Shanghai by PS-networking SAR interferometry. Sensors, 8(8): 4725-4741.

Liu P, Lamarche C Q, Kellogg K M, et al. 2016. Fine-particle defluidization: Interaction between cohesion, Young's modulus and static bed height. Chemical Engineering Science, 145: 266-278.

Ma P, Lin H, Lan H, Chen F. 2015. Multi-dimensional SAR tomography for monitoring the deformation of newly built concrete buildings. ISPRS Journal of Photogrammetry and Remote Sensing, 106: 118-128.

Ma P, Lin H. 2016. Robust detection of single and double persistent scatterers in urban built environments. IEEE Transactions on Geoscience and Remote Sensing, 54(4): 2124-2139.

Ma P, Wang W, Zhang B, et al. 2019. Remotely sensing large-and small-scale ground subsidence: a case study of the Guangdong-Hong Kong-Macao Greater Bay Area of China. Remote Sensing of Environment, 232: 111282.

Motagh M, Shamshiri R, Haghighi M H, et al. 2017. Quantifying groundwater exploitation induced subsidence in the Rafsanjan plain, southeastern Iran, using InSAR time-series and in situ measurements. Engineering Geology, 218: 134-151.

Ng A, Wang H, Dai Y, et al. 2018. InSAR Reveals Land Deformation at Guangzhou and Foshan, China between 2011 and 2017 with COSMO-SkyMed Data. Remote Sensing, 10(6): 813.

Perissin D, Wang T. 2011. Repeat-pass SAR interferometry with partially coherent targets. IEEE Transactions on Geoscience and Remote Sensing, 50(1): 271-280.

Perissin D, Wang Z, Lin H. 2012. Shanghai subway tunnels and highways monitoring through Cosmo-SkyMed Persistent Scatterers. ISPRS Journal of Photogrammetry and Remote Sensing, 73: 58-67.

Pettinato S, Santi E, Paloscia S, et al. 2013. The Intercomparison of X-Band SAR Images from COSMO-SkyMed and TerraSAR-X Satellites: case studies. Remote Sensing, 5(6): 2928.

Uygunoğlu T, Topçu I B. 2009. Thermal expansion of self-consolidating normal and lightweight aggregate concrete at elevated temperature. Construction and Building Materials, 23(9): 3063-3069.

van Waning H W. 2014. A feasibility study of building monitoring and forensic engineering with interferometric synthetic aperture radar. Netherlands: Delft University of Technology, PhD Thesis.

Waltham T, Waltham A C, Bell F G, et al. 2005. Sinkholes and subsidence: karst and cavernous rocks in engineering and construction. Springer Science & Business Media.

Zhang B, Wang R, Deng Y, et al. 2019. Mapping the Yellow River Delta land subsidence with multitemporal SAR interferometry by exploiting both persistent and distributed scatterers. ISPRS Journal of Photogrammetry and Remote Sensing, 148: 157-173.

Zhao Q, Ma G, Wang Q, et al. 2019. Generation of long-term InSAR ground displacement time-series through a novel multi-sensor data merging technique: the case study of the Shanghai coastal area. ISPRS Journal of Photogrammetry and Remote Sensing, 154: 10-27.

第 9 章 时序 InSAR 分析软件开发实践

9.1　研发基础介绍

9.1.1　基础简介

InSAR 数据处理的算法同时具有数据读写密集型和计算密集型的特点,如何高效率、高精度地进行 InSAR 数据处理一直是 InSAR 从业者研究的重点。C++是一种面向对象程序设计的语言,一直以性能高效著称,因其接近操作系统底层,有着非常高的处理效率,故成为 InSAR 算法实现的首选语言。InSAR 数据处理流程众多且每个处理流程中涉及的参数众多,良好的用户交互界面能够极大地提高软件的易用性,降低 InSAR 行业应用门槛。在用户交互方面,Windows 操作系统中的现代软件设计多使用 MFC 或者 Qt 框架作为用户交互界面框架,或者使用 C# Form 作为上层交互界面;在 Linux 操作系统中,多使用 Qt 作为用户交互界面框架。考虑到 Qt 框架的易用性及跨平台兼容性,该软件选择了 Qt 作为用户交互界面框架。并行处理能够有效提升软件系统的性能,在设计实现 InSAR 软件的过程中,对各个算法充分使用了各种级别的并行计算,如指令级别的并行计算、线程级别的并行计算等。在开发程序过程中应避免重复发明轮子,尽可能使用优秀的第三方库或者框架,以缩短开发周期和降低开发成本。

9.1.2　C++简介

C++语言是由 Bjarne Stroustrup 在贝尔实验室设计开发的,它是对 C 语言的扩充和完善,是 C 语言的超集。C++支持面向对象的程序设计,面向对象开发具有封装、抽象、继承和多态的特性。C++还支持过程编程和泛型编程(Stroustrup, 2000)。C++标准提供了标准模板库,提供了大量常用的数据结构和操作,如列队树、图、哈希表等数据结构以及对其操作的算法。C++接近系统底层,可直接编译成机器语言,相比于 Java、C#等具有较高的运行效率,能尽可能地发挥硬件的最高性能。C++不仅拥有计算机高效运行的实用性特征,同时还致力于提高大规模程序的编程质量与程序设计语言的问题描述能力。C++语言灵活,运算符的数据结构丰富、具有结构化控制语句,而且具有高级语言与汇编语言的优点(Murray, 1993)。

9.1.3　Qt 简介

Qt 是一个跨平台的 C++应用程序框架,支持 Windows、Linux、Android、iOS 等系统,实现了"只需要编写一次代码,发布到不同平台前重新编译即可"的良好迁移性(Ezust and Ezust, 2007；Blanchette and Summerfield, 2006)。Qt 除了 GUI 组件外，还提供了一整套常用组件，如数据库操作、网络编程、XML 文档解析，还包含了各种数据结构以及对应的操作，相比 C++标准模板库，Qt 有着更加丰富的接口，提高了软件开发效率。在 Windows 中，相比于 MFC 和 Win32 编程，Qt 有着更好的封装，代码也更加简洁，其信号槽机制比事件驱动更易于理解、使用和调试。

Qt 提供了一个图形用户工具 Qt Designer，可以用来快速建立用户界面，方便修改各个控件的属性。设计 UI 时不需要将控件放在严格的位置，因为可以通过 layout 功能完美地组织它们。Qt 还提供了 UI 插件机制，可以自定义控件，当有多个窗口使用相同的控件组合时，将特别方便有用。Qt 界面设计图如图 9.1 所示。

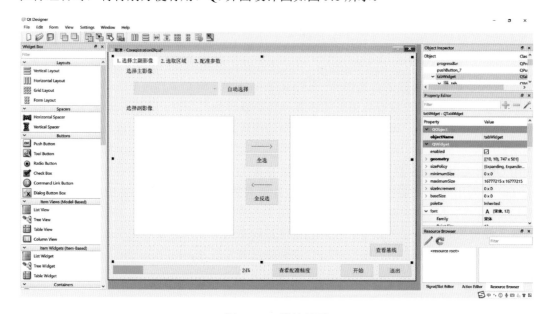

图 9.1　Qt 设计界面

9.1.4　GDAL 简介

GDAL 是使用 C/C++语言编写的用于读写空间数据的一套跨平台开源库，它用抽象的数据模型来表达所支持的各种文件格式，如裸数据、GTiff、HDF4/HDF5 等栅格数据。现有的大部分 GIS 或者遥感平台，不论是商业软件 ArcGIS、ENVI 还是开源软件 GRASS、QGIS 等，都使用 GDAL 作为底层空间数据构建库。

GDAL 使用 dataset 表示一个栅格数据，一个 dataset 包含了栅格数据的波段、空间参考以及元数据等信息。一张 GeoTIFF 遥感影像、一张 DEM 影像，在 GDAL 中都是一个 GDALDataset 表达，它包含如下信息：①坐标系统(使用 OGC WKT 格式表示的空间坐标系统或者投影系统)；②仿射变换(用仿射变换表示图上坐标和地理坐标的关系)；③元数据(键值对的集合，记录和影像相关的元数据信息)；④栅格波段(一个栅格数据可以有多个波段)。

　　GDAL 有一个很重要的功能就是建立影像金字塔。如果没有事先建立影像金字塔，那么在图像显示时就要读取整个栅格数据集，然后大量计算、重采样决定哪些数据会显示，对于大数据将极大地影响显示的速度，出现卡顿现象。金字塔是一种能对栅格数据按逐级降低分辨率方式存储的方法，也就是事先建立各个级别分辨率的数据，一种以空间换时间的方法。如果已经为大栅格影像建立了金字塔，那么这些影像便能够快速进行显示。每一层影像金字塔都有其分辨率，根据当前地图操作，如放大、缩小、漫游（该操作不涉及影像分辨率的改变），计算出进行该操作后所需的影像分辨率及在当前视图范围内显示的地理坐标范围，然后根据这个分辨率去和已经建好的影像金字塔分辨率匹配，哪层影像金字塔的分辨率最接近就用哪层的图像来显示，并且根据操作后当前视图应该显示的范围，来求取在该层影像金字塔上对应哪一块数据，最后读取相应的数据并根据一定的规则显示在屏幕上。使用 GDAL 建立影像金字塔简单方便，代码如下。

GDAL 建立影像金字塔

```
void GDALAccessor::buildOverview()
{
 int width = _dataset->GetRasterXSize();
 int height = _dataset->GetRasterYSize();
 int pixelNum = width * height;      //图像中的总像元个数
 int topNum = 4096; //顶层金字塔大小，64*64
 int currentNum = pixelNum / 4;
 int overview[1024] = {0};
 int level = 0; //金字塔级数
 do      //计算金字塔级数，从第二级到顶层
 {
        overview[level] = static_cast<int>(pow(2.0, level + 1));
        level++;
        currentNum /= 4;
 } while(currentNum > topNum);
 _dataset->BuildOverviews("NEAREST", level, overview, 0, NULL,
             NULL, NULL);
}
```

9.1.5　其他通用库

1. Boost 库

Boost 库是为 C++语言标准库提供扩展的一些 C++程序库的总称，由 Boost 社区组织

开发、维护。Boost 库可以与 C++标准库完美地共同工作，并且为其提供扩展功能。其中，uBLAS 实现了基础的向量与矩阵线性代数操作，Log 库提供了日志功能，Sort 库提供了高性能的排序算法，Test 库可以对代码进行单元测试，Math 库提供了各种统计函数。

2. CGAL 库

CGAL 是 computational geometry algorithms library（计算几何算法库）的缩写，用 C++ 语言提供高效、可靠的算法库，被广泛应用于与几何计算相关的领域，如信息可视化系统、计算机辅助设计、分子生物学、医学图像处理、计算机图形学、机器人设计等，提供了构建 Delaunay 三角网、凸壳算法、邻近搜索（如查找最邻近点）、插值、拟合等算法。

3. Google Ceres 库

Ceres solver 是谷歌开发的一款用于非线性优化的库，在 PS 解算过程中，在解算出大概解的情况下，能够快速解算出参数。

4. OGRE 库

OGRE（面向对象的图形渲染引擎）库是用 C++开发的，使用灵活的面向对象 3D 引擎。它的目的是让开发者能更方便和直接地开发基于 3D 硬件设备的应用程序或游戏。引擎中的类库对更底层的系统库（如 Direct3D 和 OpenGL）的全部使用细节进行了抽象，并提供了基于现实世界对象的接口和其他类，可以快速地构建 PS 3D 点云效果展示。

5. FFTW 库

FFTW 库是一个快速计算离散傅里叶变换的标准 C 语言程序集，它能自动适应系统硬件，因而可移植性很强。FFTW 库支持共享存储多线程并行和分布式存储 MPI 并行。FFTW 库的运算性能远远领先于目前已有的其他 FFT 软件，在 InSAR 数据处理中有大量的 FFT 计算。

6. SQLite 库

SQLite 库是一款轻量级数据库，是一个零配置的关系型数据库，支持大部分 SQL 语句，SQLite 库小巧、零配置、移植方便、不需要额外启动服务端进程、功能也相当完善，较擅长在一些独立项目上提供本地存储。在 InSAR 处理中，对于某些相当耗内存的算法，可以把中间结果保存在 SQlite 库中，相当于一个中间缓存件。

9.2　系统架构与关键代码实现

9.2.1　软件介绍

InSAR 时序处理软件主要用于对基础设施进行持续监测，软件设计是基于 InSAR 数据处理的基本流程，设计过程本着算法精良、易于操作、高效率的原则。InSAR 软件使

用接近系统底层的 C++语言开发，用户交互界面采用 Qt 框架开发，软件算法底层使用
了标准模板库、Boost、GDAL、FFTW、SQlite 等成熟稳定的库，使用了 OpenMP、SSE
指令等优化技术，使用了 TBB、PPL、Thrust 等并行框架，不同的场景使用不同的高效
的数据读写方式。InSAR 处理的数据结果以工程树的形式组织，便于用户查看操作的结
果，工程树上的每个节点都有对应的操作，这样极大地简化了 InSAR 操作的难度，降低
了软件使用的门槛。菜单上的操作命令跟当前选中的工程树节点相关，如当前选中的节
点为"干涉图"，则去平地这个菜单命令可用，而与时序分析相关的命令变灰不可用。当
用户双击工程树上的数据节点时，可以在界面中间位置展示对应数据的渲染图，如强度
数据显示灰度图、干涉数据显示彩色的条纹图等，便于用户直观地分析数据处理质量。

　　本章介绍的时序 InSAR 软件界面如图 9.2 所示，界面最上方是菜单栏，其对基本功
能进行分类，包含 InSAR 软件可以处理的各种菜单命令。菜单下面是工具栏，根据当前
软件环境切换不同的命令按钮，方便用户操作；如当前显示的工具栏是地图浏览工具，
可以切换当前地图浏览的方式，如放大、缩小、平移等。界面左侧是工程树，工程树上
展示的是 InSAR 数据处理的结果，如配准结果、干涉图等，通过工程树的方式，便于用
户直观方便地浏览数据；每个工程树节点都有对应的上下文菜单，列出对应操作节点可
以进行的操作，便于用户对指定的数据进行后续分析。软件界面中间是图形展示部分，
当用户双击工程树上的数据节点时，这部分控件会展示对应的效果图，如强度展示灰度
图、干涉图展示彩色条纹图等。用户通过鼠标操作可以实现对所显示的图像进行放大、
缩小、平移等操作，通过事先建立的影像金字塔能够快速地显示当前分辨率的图像。底
部是状态栏，可以显示当前鼠标所在位置的信息以及其他信息。

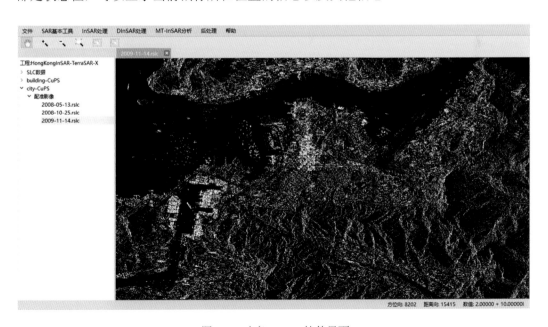

图 9.2　时序 InSAR 软件界面

9.2.2　软件架构

InSAR 软件使用模块化思想进行设计实现，把整个软件功能化成多个相互相对独立的模块，通过简单的接口进行交互通信，这样易于开发、维护、测试、重用等。InSAR 软件可以划分为数据读写模块、InSAR 基础算法模块、时序分析模块、数据管理模块、工程管理模块、数据显示模块、滤波模块等。这些模块之间相对独立，通过简单的接口进行关联，这样一个模块内部的改动并不会影响到其他模块，增加了程序的稳定性。软件设计框架如图 9.3 所示。

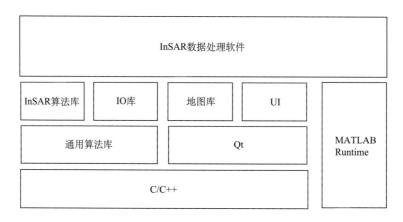

图 9.3　软件设计框架

9.2.3　工程树实现

在 InSAR 数据处理过程中，会生成各种类型的数据，如配准结果、干涉图、去平地结果等，这些数据需要展示在工程树控件上以便用户浏览；每一种数据都有着各自的操作，如干涉图可以生成去平地，去平地结果可以进行时序分析等；每个树节点可能存在子节点，子节点可能还会有子节点。因此，需要设计一种能够满足各种条件而且易于扩展的工程树。下面展示如何实现这样的工程树。

首先，抽象出工程树节点，下面代码表示所有工程树节点的基类，里面包含了工程树节点基本的接口操作。

所有工程树节点的基类

```
class ProjectTreeItem : public QTreeWidgetItem
{
public:
    /**
    * @brief 添加节点操作
```

```
    * @param: itemOperator  内存交由 ProjectTreeItem 保管
    */
    void addOperator (ProjectTreeItemOperator* itemOperator);
    std::vector<ProjectTreeItemOperator*> getOperators ();
public:
//节点是否代表文件夹
    virtual bool isDir () const = 0;
//节点是否代表一个数据文件
    virtual bool isFile () const { return !isDir (); }
    virtual bool isRendererable () const = 0;
};
```

（1）addOperator 用于添加用户对工程树节点可以进行的操作，如对于干涉数据这个节点，可以添加生成相干系数、去平地等操作，代码如下。

添加工程树节点

```
InterferogramNodeItem::InterferogramNodeItem (const QString& AOIName)
    : ProjectTreeAOIChildNodeItem (AOIName, "干涉图", Interferogram)
{
    addOperator (new CreateCoherenceOperator (this));
    addOperator (new SubtractFlatEarthOperator (this));
    addOperator (new GeocodingOperator (this));
    addOperator (new SimulateDEMPhaseOperator (this));
    addOperator (new DeleteContentOpertor (this));
}
```

（2）isRendererable 表示该节点是否可以渲染，对于数据节点则返回 true，对于代表文件夹这样的节点则返回 false。对于返回 true 的工程树节点，用户双击该节点后将在界面中间显示对应的效果图，如强度图。

（3）buildChildren 将会构建当前节点的子节点，如对于时序分析节点，则有小基线分析结果、MT 大范围分析结果、MT 小范围分析结果等子节点，每个子节点又有对应的子节点，代码如下。

构建当前节点的子节点

```
void PSResultNodeItem::buildChildren ()
{
QString AOIName = getBelongedAOIName ();
addChild (new MTSmallAreaAnalyzedNodeItem (AOIName));
```

```
addChild(new MTLargeAreaFirstAnalyzedNodeItem(AOIName));
addChild(new MTLargeAreaExpandAnalyzedNodeItem(AOIName));
addChild(new MTSBASAnalyzedNodeItem(AOIName));
auto tmp = getChildren();
for(auto item : tmp)
{
        item->buildChildren();//每个节点构建自己的子节点
}
}
```

其次，抽象出操作命令。每种数据都有着多个不同的操作命令，也有相同的操作命令，如都有删除操作；随着软件的更新发展，可能会加入新的操作命令，而且菜单中的命令需要跟工程树上的上下文菜单保持关联，因而需要设计出一种操作命令模型满足上述需求，而且易于扩展。每种操作命令包含了操作的名称、操作执行的具体内容，基类如下。

操作命令的基类

```
class ProjectTreeItemOperator
{
public:
    /**
    * @brief 用于显示在上下文菜单中
    */
    virtual QString getName() const = 0;
//具体执行命令的接口，需要子类继承实现
    virtual void execute() = 0;
//通过此 ID 关联菜单栏中的命令，如同时变灰不可用等
    QString getID() const { return typeid(*this).name(); }
};
```

下面代码展示了配准操作命令的具体实现，实现了基类定义的接口，分别是执行内容的具体实现和在上下文菜单中显示的文字信息。

配准操作命令的具体实现

```
void CoregistrationOperator::execute()
{
    ...
    CoregistrationDlg dlg(item->getBelongedAOIName());
```

```
    dlg.selectFilePath (getTreeItem ()->getFilePath ());
    dlg.exec ();
}
```

从上述实现我们可以看到 execute 是对 CoregistrationDlg 使用的封装，当菜单调用基类的 execute 接口时，C++的多态机制会最终调用具体实现的 execute 版本，通过多态机制实现了操作命令的易扩展性，否则在菜单调用的命令里面会充斥着大量的 if 语句，使代码维护变得困难。

通过多态机制实现了 getName 接口

```
QString CoregistrationOperator::getName () const
{
    return "配准";
}
```

最后，前面定义实现了工程树的两大块内容：数据节点和对应的操作命令。完成这些实现后，就可以构建整个工程树。

构建整个工程树

```
void buildTree ()
{
//SLC 节点（原始数据）
ProjectTreeItem* SLCDataNodeItem = new SLCNodeItem ();
SLCDataNodeItem->buildChildren ();
//所有的 AOI 节点
auto AOINames = ProjManager::instance ()->getAllAOINames ();
for (const auto& item : AOINames)
{
    //ProjectTreeAOINodeItem 继承于 ProjectTreeItem
    auto AOINodeItem = new ProjectTreeAOINodeItem (item);
    AOINodeItem->buildChildren ();
}
}
```

9.2.4　时序处理关键技术实现

合成孔径雷达差分干涉测量技术能够快速获取大面积且高精度的形变信息，是目前地表形变监测的重要方法，InSAR 技术不受云雾影响，可以为地质灾害普查和城市基础设施检测提供重要的支持。本节将介绍 InSAR 时序分析处理中的一些关键技术，时序分析是在预处理结果的基础上对其解算，解算出 PS 点的形变速度、高度、时序等信息。时序分析处理过程中需要构建 Delaunay 三角网、加密网、弧段解算、测量平差等，处理过程如下(Ma and Lin, 2015)。

时序分析处理过程

```
void processPS()
{
chooseCandidatePoint();
buildDelaunayNet();
compactNet();
computerSegment();
buildMaxConnectedNet();
adjustObservations();
saveResult();
}
```

1. 选取候选点

时序处理的第一步就是选取 PS 候选点，根据振幅离差、平均相干系数、平均强度等条件筛选出候选点。在实际操作过程中会对同一数据进行多次处理，因此可以把振幅离差等结果保存，通过 MD5 等方式计算某一数据集的特征并将其作为文件名，下次计算的时候直接使用此文件，以加快程序的运行，避免不必要的计算。选取候选点是对所有的像素数据进行判断，此时可以充分利用多核资源，进行并行处理。另外，尽可能一次性读取大块数据，提高 IO 效率。

2. 构建 Delaunay 三角网

Delaunay 三角网在构网时，总是选择最邻近的点形成三角形并且不与约束线段相交，如图 9.4 所示。这样的特征可以使得构建的弧段尽可能地减少大气的影响，因为大气因素跟距离有相关性。构建完三角网后，就可以提取出待计算的弧段。构建三角网及提取弧段代码如下。

构建三角网及提取弧段

```
Delaunay delaunay;
delaunay.addPoints(points);
delaunay.buildDelaunayTriangulation();
const auto triangulation = delaunay.getDelaunayTriangulation();
```

```
std::set<quint64> segmentIds;
auto& triangleIndies = triangulation->trianglePointsIndices;
for(const auto& item : triangleIndies)
{
    seg1=createSegment(segmentIds,item.point1Index,
                            item.point2Index);
    if(seg1.second) _data->segments.push_back(seg1.first);
    seg2=createSegment(segmentIds,item.point2Index,
                            item.point3Index);
    if(seg2.second) _data->segments.push_back(seg2.first);
    seg3=createSegment(segmentIds,item.point3Index,
                            item.point1Index);
    if(seg3.second) _data->segments.push_back(seg3.first);
}
```

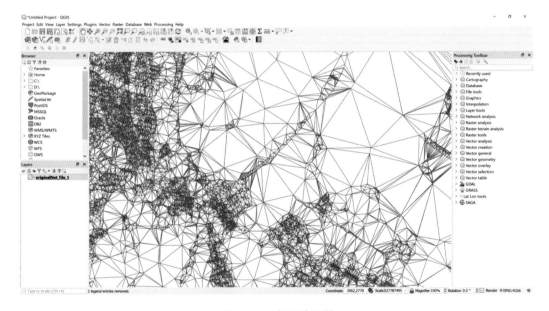

图 9.4　三角网效果图

3. 加密网

在山区、河边等条件较差的地方，选出的候选点较少，构建 Delaunay 三角网后可以看出这些地方的弧段数明显比城区稀疏，在这种情况下解算弧度后，会产生大量的、小的连通网，如何避免这种情况？这种情况可以通过加密弧段的形式加以解决，连接某个候选点周边一定数量的候选点，这样增加了弧段数，减少了小网生成的概率，更容易生成一个更大的连通网。代码如下。

通过加密弧段的形式减少小网生成的概率

```
for(const auto& item : candidatePoints)
{
auto nearstPoints = findPoints(item, radius, maxPointNumber);
auto newSegments = createSegments(item, nearstPoints);
segments.insert(segments.end(), newSegments.begin(),newSegments.end();
}
```

上述方法有一个问题是对于候选点密集的地方会生成大量不必要的弧段，如在城区这些条件较好的地方，增加了解算的时间，降低了系统的效率。对于这种情况，可以使用动态加密的方法：①计算候选点的密度，把数据区域划分成一定大小的网格，然后计算每个网格的点个数，计算每个网格的相对密度，并把密度值赋予网格内的候选点；②对某个候选点进行加密时，查看该候选点的密度值，根据一定的规则选取加密的数量。动态加密方法能够有效地加密候选点稀疏的地方，大量减少不必要的弧段，又能够取得理想的效果。

4. 计算弧段参数

构建完原始网络后，需要对每个弧段进行解算，解算出弧段的高度、形变速度、残差等。解算的方法有很多，我们的解算方式如下：①通过周期图法快速解算出粗略的弧段参数；②InSAR 形变模型是一个非线性方程，在全局上无最优解，在局部上可以解算出最优解，可以在步骤 1 的基础上，求解出精确的弧段参数值。在该软件中使用 Google Ceres，它易于使用，降低了复杂度，并拥有很高的效率。弧段之间的解算是相互独立的，因此可以使用并行的方式，加速解算。

5. 构建最大连通网

解算出所有的弧段后，根据阈值删除不符合条件的弧段，在剩下的弧段中构建最大连通网，用于下一步的平差计算。该软件先构建候选点和弧段之间的拓扑关系，通过拓扑关系获得最大连通网。拓扑关系是指图形元素之间在空间上的连接、邻接关系并不考虑具体位置，构建点和弧段之间的拓扑关系后就可获取最大连通网。

6. 测量平差

测量平差就是指在测量中对测量数据进行调整，以求得最接近真实值的最优解的方法。由于在测量中得到的结果不可避免地存在误差，因此为了提高观测精度和检验观测值是否存在错误，在测量时常做多余未知量的多余观测。但是进行了多余观测，每个观测值都会存在一定的偶然误差，这就产生了平差问题。处理这种由多余观测引起观测值之间的不符值或闭合差，求得最优结果，就是测量平差要解决的基本问题。测量平差使用的计算方法主要为最小二乘法。通过测量平差可解算出最大连通网中每个点的参数值。

7. 保存结果

通过测量平差解出网内每个点的参数值,最终需要保存到文件之中供后续分析使用。保存的文件格式需要满足如下要求:①能够快速地读写。②能够快速地查找某一点的参数及时序信息。该软件使用的 SQLite 能够很好地满足上述要求,还能够使用 SQLiteStudio 等工具进行可视化查看文件内容。通过 SQLite 索引能够快速地在几百万个点中找到需要的某个点信息。表结构创建如下。

利用 SQLite 创建表

```
QString createSQL = "create table if not exists data(\
                     id integer primary key,\
                     x integer,\
                     y integer,\
                     height double,\
                     velocity double,\
                     thermalAmplitude double,\
                     %1\
                     )";
QString residualError = "...";
createSQL = createSQL.arg(g_residualError);
connetion->executeSQL(createSQL)
```

9.2.5　MPI 和 GPU

随着数据越来越多、越来越大,单机模式越来越难以满足 InSAR 计算的需求,自然而然的我们就会考虑使用多台计算机来处理数据,使用 MPI 进行计算机之间的高效通信,达到高效处理。另外,GPU 发展迅速,GPU 的核有上千之多,性能越来越强,充分使用 GPU 能够大幅度提高 InSAR 处理效率。

1. MPI

MPI 是一个跨语言的通信协议,是由一组来自学术界和工业界的研究人员建立在各种并行计算体系结构设计的一个标准化的和便携式的消息传递系统,用于编写并行计算机、支持点对点和广播。MPI 是一个信息传递应用程序接口,包括协议和语义说明,它们指明其如何在各种实现中发挥其特性。目前国际上有许多 MPI 标准的实现,如 MSMPI、MPICH、OpenMPI 等,由于 MPICH 软件完全免费而得到广泛的使用。MPI 支持的编程语言有 C、C++、Fortran。MPI 具有可移植性,支持多种操作系统,包括绝大多数的类

Unix 和 Windows 系统。MPI 的目标是高性能、大规模性和可移植性，MPI 在今天仍为高性能计算的主要模型（白俊峰和邓祖朴，2010）。MPI 提供了上百个函数调用接口，但最常使用的只有 6 个，只需使用这 6 个函数就可以完成几乎所有的通信功能。6 个常用接口如下。

并行初始化

MPI_Init（int *argc,char ***argv）

获取进程总数

MPI_Comm_size（MPI_Comm comm,int *size）

获取某个进程在通信域中的进程标准号

MPI_Comm_rank（MPI_Comm comm,int *rank）

发送消息或者数据到另一个进程

MPI_Send（void *buf,int count,MPI_Datatype datatype,int dest,int tag,MPI_Comm comm）

从另一个进程接收消息或者数据：

MPI_Recv（void *buf,int count,MPI_Datatype datatype,int source,int tag,MPI_Comm,MPI_Status *status）

结束并行，释放资源

MPI_Finalize（）

多台计算器可以通过 MPI 实现并行计算，通过任务的分配，快速地完成某一任务的计算。以模拟相位为例，可以把整个需要计算的数据平均分为 N（N 台计算机）个任务，master 节点通过 MPI 对应的接口发送数据和任务给 slave 节点，slave 节点通过对应的 MPI 接口接收任务，计算完毕后把结果通过对应的接口返回给 master，master 保存计算结果，这样通过多台计算机就完成了整个模拟相位的过程。另外，计算机之间通过高速的网络连接，尽可能减少 IO 延迟。

2. GPU

GPU 即图形处理器，具有多个处理器核，在一个时刻可以并行处理多个数据，具有高并行结构（highly parallel structure），所以 GPU 在处理图形数据和复杂算法方面拥有比 CPU 更高的效率，GPU 通用计算技术发展已经引起业界不少的关注，事实也证明在浮点运算、并行计算等部分计算方面，GPU 可以提供数十倍乃至上百倍于 CPU 的性能;GPU 通过大量的多线程来规避内存延迟对性能的影响。还是以相位模拟算法为例，可以让 GPU 同时计算成百上千个单元的模拟相位值，相比于 CPU 的核数计算性能，GPU 计算会提速很多。目前，GPU 计算主要通过 OpenCL 和 CUDA 两个库来实行。OpenCL 是由苹果(Apple)公司发起、业界众多著名厂商共同制作的面向异构系统通用目的的并行编程的开放式、免费标准，也是一个统一的编程环境，其便于软件开发人员为高性能计算服务器、桌面计算系统、手持设备编写高效轻便的代码，而且广泛适用于多核心处理器(CPU)、图形处理器(GPU)、Cell 类型架构以及数字信号处理器(DSP)等其他并行处理器，在游戏、娱乐、科研、医疗等各种领域都有广阔的发展前景。CUDA 是建立在 NVIDIA 的 GPU 上的一个通用并行计算平台和编程模型，基于 CUDA 编程可以利用 GPU 的并行计算引擎来更加高效地解决比较复杂的计算难题。CUDA 提供了 GPU 编程的简易接口，基于 CUDA 编程可以构建基于 GPU 计算的应用程序。CUDA 提供了对其他编程语言的支持，如 C/C++、Python、Fortran 等语言。

9.3　时序 InSAR 数据处理实践

9.3.1　时序 InSAR 软件功能介绍

1. SAR 基本工具

SAR 基本工具菜单如图 9.5 所示。

图 9.5　SAR 基本工具菜单

裁剪 AOI：裁剪 AOI 的范围，将一个 AOI 中的数据调整范围并转移到新建 AOI 中，需要首先选中原有 AOI 影像才能进行 AOI 裁剪。这项功能主要用于当一个新的研究区域在一个已配准好的 AOI 范围之内时，为了避免重复配准操作降低处理效率，直接在已配准好的大的 AOI 中选择新的小的 AOI 范围，这样可以直接将配准好的影像裁剪导入新的 AOI 中。

滤波：对 InSAR 处理过程中生成的影像进行滤波，包括 Goldstein 滤波和同质滤波。Goldstein 滤波主要用于单幅去平地干涉图或者差分干涉图的滤波，然后解缠用于差分干涉提取变形信息，或者在 CuSBAS 算法中用于所有去平地干涉图或者差分干涉图的滤波，再进行解缠及时序变形分析。同质滤波方法使用的是第 4 章介绍的同质滤波方法，在 CuPS 单基线时序形变分析时处理去平地干涉图或者差分干涉图，提高 SAR 影像中低相干区域的相干性，在最终的 DS 点参数解算中使用同质滤波后的干涉信息。

数据掩膜：根据用户感兴趣区域 AOI，以及数据中可能存在的低相干区域，对用户非感兴趣区域以及低相干区域进行掩膜处理，生成数据掩膜的输入数据是相干系数图。

地理编码：地理编码是指建立 SAR 影像坐标系与地理坐标系的相互转换关系，包括建立转换关系查找表、正向编码(地理坐标系到 SAR 坐标系)和反向编码(SAR 坐标系到地理坐标系)等功能。软件中的地理编码主要是 SAR 坐标系到地理坐标系的反向编码操作，通过地理编码操作，将 SAR 坐标系下的处理结果导出到地理坐标。

单视复数据过/降采样：应用在 ALOS-1 数据单极化和双极化分辨率不一致的情况，ALOS-1 单极化和双极化数据分辨率差两倍，该操作可以将数据分辨率采样到同一标准再进行后续处理。

加减操作：实用工具，对大小相同的同类型数据进行简单的加减操作。例如，当大区域形变解算时，参考点如果选在了沉降位置，那么整个区域形变的平均值是大于 0 的，也就是抬升的，在这种情况下，为了使平均值归到 0 值周围分布以靠近研究区域的绝对变形量，可以利用该操作将每个点解算的形变速度都减去平均值，将加减操作之后的文件替代原来文件。

2. InSAR 处理

InSAR 处理菜单如图 9.6 所示。

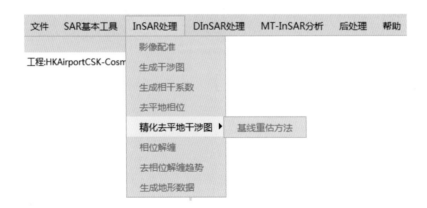

图 9.6　InSAR 处理菜单

影像配准：将不同成像几何结构的影像转换到同一个成像几何结构空间中，是后续影像对比分析、时间序列分析的基础操作。值得注意的是，在 Sentinel-1 TOPS 模式影像配准时，需要利用 SRTM 数据辅助几何配准。每景影像的配准结果会有一个精度指标，当精度不满足时会进行错误提示，只有配准精度达到要求才能进行后续处理。

生成干涉图：将主影像和重采样后的副影像进行共轭相乘，即可得到 SAR 影像干涉图，如图 9.7 所示。其中涉及距离向的 Range 频谱滤波和方位向的 Common Band 滤波。

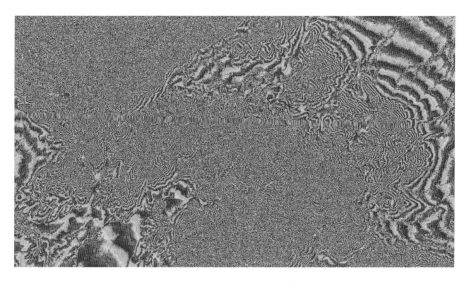

图 9.7　干涉条纹图(高分三号数据)

　　生成相干系数：根据主影像和重采样后的副影像计算相干系数图，即干涉图的质量评价图，其在后续数据处理中起到质量指导作用，也可用于分类。在这里，相干系数值可以利用干涉图和强度信息解算，也可以单独利用归一化的干涉图信息进行计算。在 InSAR 时序分析过程中，相干系数图可以作为一个初选点的方法选取实验区中高相干的像素点。但是由于 SAR 影像主瓣和旁瓣都有比较高的相干性，单纯利用相干系数图选点时容易出现聚簇效应，一般需要配合其他选点方法(如幅度离差法和去旁瓣)优化初选点分布。

　　去平地相位：SAR 干涉基线的存在，导致 SAR 干涉图中出现系统性的条纹，即平地相位。根据 SAR 影像的几何结构以及 SAR 干涉基线计算出平地相位，并将其从原始干涉图中去除。

　　精化去平地干涉图：根据去平地干涉图中存在的条纹进行基线的重新估计，达到精化去平地干涉图的目的。这个主要针对轨道信息较差的卫星影像进行，如 RADARSAT-2 影像，轨道误差会引起干涉图中出现条纹信息。

　　相位解缠：完成去平地干涉图干涉相位空间上的解缠绕操作。这里指的是二维解缠方法，具体方法可参见第 2 章内容。相位解缠占用大量内存，建议使用小块数据进行测试。

　　去相位解缠趋势：对相位解缠结果中趋势项进行拟合和去除。二维解缠算法不完善和噪声(如大气和轨道误差)的影响，会造成解缠后的结果具有趋势项误差，在转换到高程或形变时会产生全局误差，该功能用线性或非线性函数拟合和去掉这些趋势项误差。

　　生成地形数据：由解缠后干涉相位直接计算高程信息。

3. DInSAR 处理

DInSAR 处理菜单如图 9.8 所示。

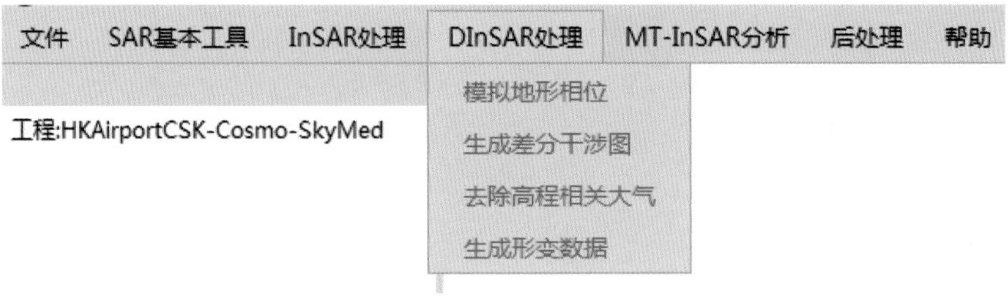

图 9.8　DInSAR 处理菜单

模拟地形相位：SAR 干涉基线和地表起伏变化，使得干涉图含有地形相位。为了从 SAR 干涉图中得到准确的地表形变信息，需要利用外部地形数据计算地形相位并减掉。模拟地形相位就是将 DEM 中的地形相位模拟到 SAR 坐标系下，目前来说，最常用的 DEM 就是 SRTM 数据（30 m 或 90 m 分辨率）。从理论上讲，更高分辨率和更高精度的 DEM（如城市 DSM）可以更好地模拟地形相位信息，但是由于模拟算法的局限性，在工程应用上，目前还没有针对高分辨率、高精度 DEM 相位模拟的成熟算法，因此也一般不使用高分辨率 DEM 数据作为导入。

生成差分干涉图：为了从 SAR 干涉图中得到准确的地表形变信息，需要将模拟地形相位去除，从而生成差分干涉图。

去除高程相关大气：因为大气有垂直向分层效应，该功能将大气相位与高程建立相关性，去除由高程变化引起的大气相位变化。

生成形变数据：通过相位到形变转化系数，将差分干涉相位转化为形变，可以选择雷达视线向或者垂直向。

4. MT-InSAR 分析

MT-InSAR 菜单如图 9.9 所示。

图 9.9　MT-InSAR 菜单

单体设施分析：适用于小范围研究区域(如单栋楼房或单个寺庙)的分析，在该分析中认为大气在分析区域范围内分布相同，所以不进行 Delaunay 三角构网，而是直接选择一个像素点作为参考点(该像素可以是幅度离差比较小或者相干系数比较高的点)，研究区其他像素点与参考点相连构建星网直接进行参数解算。单体设施分析不需要全局平差，因此没有误差传递，参数计算的可靠性完全取决于参考点选择的优劣。

一级 PS 点：该功能是软件中主要的时间序列分析方法，用以提取研究区域最稳定的 PS 点，其使用的是第 3 章介绍的第一层网络 PS 点探测方法。一级 PS 点分析步骤包括选择分析影像、选点、构网、选择模型参数、选择解算参数。选择分析影像是从所有的干涉图中选择要进行时序分析的影像，可以不选择所有影像进行分析。选点列出了初选点方法，主要包括第 3 章介绍的幅度离差法、相干系数法、强度法和去旁瓣，其中幅度离差法最常用，各个方法之间也可以结合起来使用。构网里面包括 Delaunay 三角网和加密网，其中 Delaunay 三角网必选，加密网为可选项。选择模型参数包括要选用的形变模型(线性模型和线性加温度模型)，其中在选择温度模型时需要输入温度数据，还包括参数的解空间和搜索步长。选择解算参数指的是在解算高度和形变参数时使用的时序相干系数阈值、距离阈值等，默认情况下平差算法使用的是加权最小二乘法，当平差矩阵条件数过大时，求逆不稳定导致平差结果中全局误差严重，在这种情况下可以使用正则化方法(岭估计)重新平差。判断结果中是否有全局误差，可以通过查看形变速度的统计直方图得出，当统计直方图呈现出非正态分布特征时，并且峰值点不位于 0 附近时，认为其具有全局误差。

扩展点：进行一级 PS 点分析之后，为了将剩余像素中剩余的 PS 或者 DS 点提取出来而进行的操作。扩展点步骤包括选择分析影像、选点、选择模型参数和扩展点参数。在第一层网络一级 PS 点解算完之后，扩展点中选择分析影像不能更改，和一级 PS 点相同。选点指的是在第二层构网时选择候选点，可使用的方法同一级 PS 点选点时使用的方法相同，在不要求计算效率时，可以将所有的点选为候选点(只用强度法，阈值设为 0)。当不需要扩展全实验区域时，可以选择小块区域进行扩展，这一功能在一次扩展不成功时可以极大地提高重复扩展效率。例如，当第一次扩展已经把大部分点扩展出来后，某些区域(如 PS 点稀少的区域)扩展效果不明显，可以继续单独扩展这部分区域。扩展点中选择模型参数也和一级 PS 点中相同，不能更改。扩展点主要选择需要扩展 PS、DS 还是双 PS 点以及相应的参数设置，具体方法可以参见第 3 章介绍的扩展点方法。当选择 PS、DS 和双 PS 点同时扩展时，判断优先级最高的是 PS 点，其次是双 PS 点，最后是 DS 点，但是 DS 点扩展之前需要先进行同质滤波操作。值得注意的是，扩展后的结果可以继续进行扩展，只需要把扩展后结果放到一级 PS 点结果中即可。

CuSBAS 分析：在数据比较少或者时空失相干效应明显的情况下采取小基线时间序列分析方法，由于使用了空间相位解缠，其精度取决于解缠的精度。

5. 后处理和可视化

后处理和可视化菜单如图 9.10 所示。

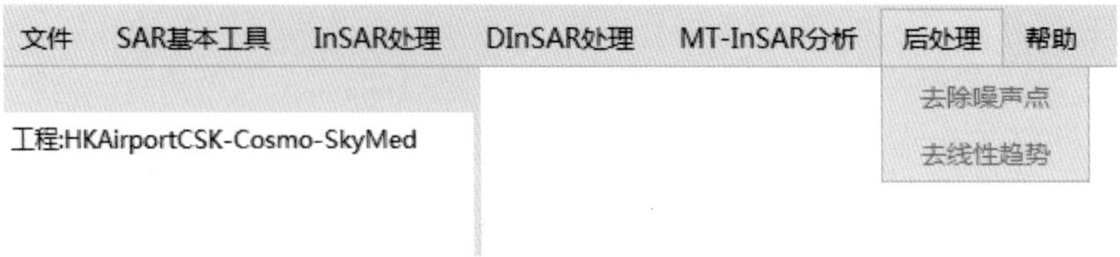

图 9.10　后处理和可视化菜单

去除噪声点：对时间序列 InSAR 分析的结果中的噪声点进行去除。当数据受大气影响比较严重时，或者解算参数阈值设置比较松时，解算后的形变速度噪声比较大，这里通过中值滤波的判别方法将噪声点剔除。第一种情况，当这个点周边有效点较少时，认为其为孤立点，比较常见的是水里面解算出来的点，这种情况下认为该点为噪声点并删除。第二种情况，当某一点的形变速度与周边点的形变速度差异较大时，也认为该点为噪声点并删除。

去线性趋势：对时间序列分析中的形变速度的空间线性趋势进行拟合和去除。这个功能与正则化平差具有相类似的功能，都是去除全局误差。用以拟合趋势的函数包括一次函数、二次函数和三次函数。在处理大区域时，该功能经常使用，即使在没有明显的全局误差时，也可以拟合去除一下。

9.3.2　COSMO-SkyMed 数据处理

本节介绍了对高分辨率 COSMO-SkyMed 卫星影像的处理流程及相应结果，实验区是香港国际机场。COSMO-SkyMed 是商业卫星，因此只能通过商业渠道购买，不能进行免费下载。根据第 7 章介绍，香港国际机场 75% 的陆地面积是填海区，因此机场设施(如跑道、滑行道和航站楼)在长时间都受地面沉降的影响，需要对其进行长期监测。该案例采用 42 景 COSMO-SkyMed 影像，时间跨度为 2013 年 10 月～2017 年 11 月。首先需要新建工程，设定工程名、工程路径、数据类型和极化模式，然后导入存储的 COSMO-SkyMed 数据。在"新建工程"和"数据导入"完成之后就可以进行新建针对机场区域的 AOI 和分析数据。

1. 新建 AOI

在软件左侧工程栏中单击鼠标右键，单击"新建 AOI"，在"名称"处对 AOI 进行命名，在方法中可以选择 CuPS 和 CuSBAS 方法，该案例选择以单一影像为主影像的 CuPS 方法。

2. 数据配准

在 AOI 上单击右键选择"配准"，弹出配准对话框，在配准对话框中依次选择进行 PS 分析的主影像和副影像，在选择副影像时将主影像一起加入影像对列中，后续处理中也会对主影像和主影像进行干涉处理。主影像的获取时间尽量在整个数据集时间跨度的中间位置，这样可以尽量保证整体的时间相干性。当然，考虑到几何去相干因子，主影像也应该尽量选在整个数据集空间基线跨度的中间位置，这个可以通过"查看基线"功能查看已选影像的空间基线分布，从而对选择的主影像是否合适进行进一步判断。从 InSAR 时序分析的理论上讲，影像数量越多，最终参数估计越可靠，但是在实际处理中，个别质量差的影像会影响整个参数的估计，这种情况下需要移除这些影像。例如，形变参数估算精度与空间基线成反比，当空间基线越小时形变估计越准，所以当副影像中存在空间基线超限的影像就需要剔除，使得所有影像尽量集中分布以保证几何相干性和形变估计的精度。也就是说，如果对于大部分影像空间基线在–500～500 m，只有一景影像基线超过 1 000 m，则剔除该影像不做后续干涉处理。该案例中最终选择的主影像获取时间为 2014 年 12 月 6 日，所有影像空间基线都在–1 000～1 000 m，没有时空基线超限的影像，因此全部选择作为副影像进行后续分析。接下来使用"导入 KML"选取分析区域，相对于光学影像来说，雷达影像通常不容易查找地物。为了便于用户选择分析区域，可以在 Google Earth 中利用多边形选择香港国际机场，将生成的 KML 文件导入软件中，软件将根据 Google Earth 中选择的区域自动确定机场在雷达影像中的范围。然后设置配准操作过程中使用的配准窗口个数和配准窗口大小等参数，配准操作完成后弹出提示窗口。对于配准之后的数据通过"查看配准精度"检查配准的效果。配准结果的均方根误差在 0.5 像素以内不会提示报警，如果提示配准精度过低，需要重新配准或者移除配准低的影像。

3. 生成干涉图

在配准好的影像上单击右键，选择"生成干涉图"，将生成配准好的影像和主影像的干涉图。该案例中为保有高分影像的细节，在生成干涉图时保留单视处理，即设置距离向视数和方位向视数均为 1。

4. 去平地相位

在干涉图影像上右键单击，选择"去平地相位"，软件将根据估计的基线去除平地相位。完成操作后有对话框弹出提示去平地完成。如图 9.11 所示，在 SAR 影像干涉图中明显地看到由平地相位引起的系统条纹信息，而在去平地干涉图中，条纹信息减少，说明平地相位被有效地去除。剩余的相位贡献包括地形高度、地表变形、大气噪声和其他噪声，香港位于多云多雨地区，大气相位噪声和其他噪声占了主导部分，因此去平地干涉图比较杂乱，很难从中看出有效信息(如填海区沉降)。

5. 同质滤波

该实验中不但探测香港机场 PS 点，还探测 DS 点，因此在预处理中需要对去平地干涉图进行同质时间维滤波。在"选择干涉数据"选项卡中，选择需要进行滤波的干涉对。然后，在"同质点选择"选项卡中，设置识别同质集合的参数。该案例中选择 KS 检验，在 15×15 的窗口内进行计算，并设置置信度大于 95%。在"相位重构"选项卡中，选择默认的 CWPL 方法，具体可参照第 4 章内容。同质滤波前后的去平地干涉图如图 9.12

所示，可以看出，同质滤波前干涉图信息比较杂乱，噪声比较多，而同质滤波后去平地干涉图噪声明显降低，说明同质滤波的有效性。在香港国际机场 SAR 影像中，水体是同质点，结束同质时间维滤波后，开始进入一级 PS 点和扩展点分析。

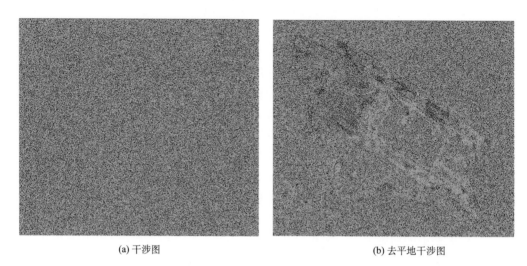

(a) 干涉图　　　　　　　　　　　　　　　　　(b) 去平地干涉图

图 9.11　去平地干涉效果

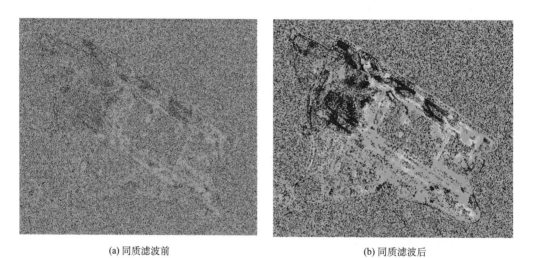

(a) 同质滤波前　　　　　　　　　　　　　　　(b) 同质滤波后

图 9.12　同质滤波效果

6. 一级 PS 点分析

由于香港国际机场在 SRTM 数据获取时还处于建设中，地形无明显起伏，因此这里不进行差分干涉处理，直接利用去平地干涉图进行时序分析。一级 PS 点分析就是在混合二层网络第一层网络中对最稳定 PS 点的探测，具体方法参照第 3 章内容。在"选择分析影像"选项卡中，将生成的去平地干涉图选为 PS 点分析的数据，选择所有数据作为分析的干涉像对。在"选点"选项卡中，选择参考点，在 SAR 图像上进行参考点选择，尽量选择稳定区域不受旁瓣影响的单个散射体像素作为 PS 分析的参考点。在该实验区内赤鱲角岛和榄洲岛不是填海形成的，因此相对稳定，榄洲岛位于飞行区不易进入，于是将参考点选在了赤鱲角的一个高亮像素点，对应机场水准测量点位 BM117。选择的参考点像素不一定是最终的参考点位置，还需要进行后续的时序分析才能最终确定。如果该像素点在一级 PS 点最大连通网中，则该点就是最终参考点，如果不在最大连通网中，则在最大连通网连接的所有点中选择一个与该点最近的点作为最终的参考点。从这一层面上讲，即使初始选择的参考像素点质量一般，也可以通过后续的时序分析更换掉。接下来利用两个筛选条件(幅度离差法和去旁瓣)选择 PS 候选点，此处选择幅度离差阈值为 0.56，为减少旁瓣对候选点的影响，此处设定旁瓣阈值为 0.28 进一步筛选。最终选择的机场 PS 候选点基本位于建筑物和海堤上，机场跑道和草坪区域较少。

在选定参考点和 PS 候选点后，接下来进行第一层构网。在"构网"选项卡中选择构网方式，一级 PS 点分析是基于 PS 候选点之间的连接弧段进行参数求解和误差去除的，首先强制选择 Delaunay 三角网作为分析的网络基本模型。由于机场 PS 候选点分布比较稀疏，为了提高第一层网络的连通性，在 Delaunay 三角网的基础上构建加密弧段，具体可参照第 3 章自适应加密网方法，此处设置的最大、最小圆的半径分别为 1 000 m 和 0 m，在最大、最小圆形成的圆环内(此处就是最大圆)最多的加密点个数设为 100。"选择模型参数"选项卡中提供了两种相位模型："线性模型"和"线性模型+温度模型"。温度模型可以求解存在明显热膨胀现象的区域，如高楼或者桥梁，使用温度模型需要进行场景当地温度数据的输入。因为机场高层建筑不多，关注的焦点是地面沉降，这里选择线性模型进行解算。求解物理量为 PS 点之间弧段上的高度差和形变速度差，根据实际情况估计弧段上的高度变化的最大、最小值分别为 20 m、–20 m，线性形变速度变化的最大、最小值分别为 10 mm、–10 mm。参数步长的设定会影响到求解的精度和时间，步长设定过小，求解精度高但是耗时长，这里高度步长设为 0.2 m，形变速度步长设为 0.1 mm。在"选择解算参数"选项卡中，设置长度小于 1 000 m 的弧段进行解算，大于 1 000 m 的直接剔除，最终保留时域相干系数大于等于 0.72 且残差标准差小于 5 mm 的弧段。在解算完之后，为了提高平差的稳健性，利用正则化方法(岭估计)进一步平差得到最终结果，正则化因子设为 0.0005。根据第 3 章介绍，岭估计法可以提高平差的稳健性，通过损失一部分局部误差来提高全局精度。虽然理论上正则化可能带来部分的局部误差，但是由于 0.0005 的正则化因子足够小，带来的误差相较于弧段解算本身的误差也可以忽略。因此，在实际应用处理中，即使通过最小二乘平差得到的结果中没有明显的全局误差，也可以使用岭估计方法来纠正一遍，以确保平差矩阵求逆的可靠性。

7. 扩展点

扩展点是在一层网探测的最稳定 PS 点的基础上探测剩余 PS 点和所有 DS 点，需要用到去平地干涉图和同质滤波后的去平地干涉图。这里没有同时探测叠掩 PS 点，是因为机场叠掩区域并不多。在"分析影像数据"选项卡中，强制选择和一层网解算时已选择的全部干涉对。在"选点"选项卡中设置参数选择扩展点的候选点，因为香港国际机场区域面积不大，所以在该案例中尽可能选择更多的像素点进行时序分析，以获得尽量多的测量点数，但是在选择的 AOI 影像中有一部分是海域没有相干点，水体和人工建筑设施散射强度差异很大，这里简单地通过设置平均强度和平均相干系数去除了海域的候选点。扩展点区域选择了整个机场扩展。在"扩展点参数"界面，使用的解算参数和一层网络相同。扩展点参数选择是决定扩展点效果的最重要的参数。在扩展点方向上选择多方向扩展选项以保证探测到的点密度，相对于单方向扩展，多方向扩展分别从 SAR 影像四个角点不同行列方向上进行扩展，实际上相当于进行了八次扩展。多方向连续扩展方法可以将空间上距离较远的相干点通过空间连续扩展的方式逐步探测出来，对于香港国际机场来说，第一层网络探测的 PS 点主要分布在建筑物和海堤上，很多跑道上的像素点距离第一层网络探测出的参考 PS 点距离较远，如果只是单方向扩展，很可能造成跑道上距离较远的相干点缺失，而最终影响到对跑道稳定性的评价。对于每一条连接的弧段，首先判断其是否为 PS 点。对于第二层网络，设置弧段长度小于等于 1 000 m 时才进行时序分析，否则直接剔除，当利用去平地干涉图计算的时序相干系数大于等于 0.72 时保留该弧段，并认为其连接点为真实 PS 点，利用 M 估计器进行参数估计。如果时序相干系数小于 0.72，则再判断其是否为 DS 点，DS 点判断的时序相干系数阈值为 0.65，选择同质点数大于 5 的像素点作为 DS 候选点，利用同质滤波后的去平地干涉图解算 DS 点参数。

最终得到的扩展点结果如图 9.13 所示，经过扩展点操作后，香港国际机场的 InSAR 测量点增长到了 1 517 794 个，极大地提高了对机场设施(包括楼房、跑道、滑行道、草坪)形变细节的描述。从探测的点的分布和类型来看，建筑物上点分布比较密集而且主要

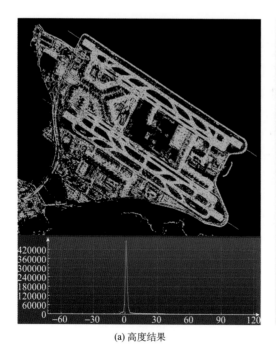

(a) 高度结果　　　　　　　　　　　　(b) 形变速度结果

图 9.13　二层网扩展点结果

是 PS 点，跑道和滑行道上点分布也比较密集，既有 PS 点也有 DS 点，草坪点分布比较稀疏，主要是 DS 点。图 9.13（a）展示的是高度结果，所有点高度平均值为 3.3 m，范围为–72.7～122.9 m，标准差为 8 m。图 9.13（b）展示的形变速度结果，其平均值为–0.7 mm/a，形变速度范围为–22.3～12.3 mm/a，标准差为 1.6 mm/a。图 9.14 展示了机场的形变三维效果图。

图 9.14　形变三维效果图

9.4　本章小结

本章介绍了时序 InSAR 处理软件的设计和开发经验，研发的基础算法就是本书前面章节介绍的基于二层网络的 InSAR 形变稳健估计方法，可以同时探测 PS、双 PS 和 DS 点。首先，介绍了软件开发的基础知识和 InSAR 软件中使用的一些基础第三方库以及代码优化相关内容。然后，介绍了时序 InSAR 处理软件整体架构设计，详细介绍了一些功能的实现，并介绍了为提高处理效率采用的并行策略（MPI 和 GPU）。最后，以香港国际机场为例，介绍了高分辨率 COSMO-SkyMed 数据处理过程及结果评价。

参 考 文 献

白俊峰, 邓祖朴. 2010. 多核系统的软件开发方法. 计算机工程, 36(12): 94-96.

Blanchette J, Summerfield M. 2006. C++ GUI programming with Qt 4. Prentice Hall Professional.

Ezust A, Ezust P. 2007. An introduction to design patterns in C++ with Qt 4. Prentice-Hall.

Ma P, Lin H. 2015. Robust detection of single and double persistent scatterers in urban built environments. IEEE Transactions on Geoscience and Remote Sensing, 54(4): 2124-2139.

Murray R B. 1993. C++ Strategies and Tactics. Boston: Addison Wesley Longman Publishing Co., Inc.

Stroustrup B. 2000. The C++ Programming Language. Pearson Education India.

作 者 简 介

　　林　珲　男，1954 年 5 月出生。1992 年毕业于美国布法罗大学，获哲学博士学位。现为江西师范大学地理与环境学院院长和鄱阳湖湿地与流域研究教育部重点实验室主任，博士生导师。英国社会科学院院士，国际欧亚科学院院士，国际数字地球学会中国国家委员会副主席，中国科学院国家空间科学中心专家委员会委员，香港中文大学太空与地球信息科学研究所创所所长，中国海外地理信息科学协会（CPGIS）创会会长，香港摄影测量与遥感学会前主席，亚洲遥感协会的理事会成员。主持国家 973 计划、国家 863 计划、中欧龙计划等科研项目 30 余项，在国内外期刊上发表学术论文 300 余篇，合作撰写专著 15 部，获得过广东省科技进步奖一等奖、中国测绘科技进步奖一等奖、美国地理学家协会米勒奖、亚洲遥感协会杰出贡献奖等。主要研究领域包括多云多雨环境遥感、虚拟地理环境、空间综合人文学与社会科学、城市 GIS 与城市群 GIS 等。

　　马培峰　男，1986 年 11 月出生。2016 年毕业于香港中文大学，获哲学博士学位。现为香港中文大学副研究员，博士生导师。主持国家自然科学基金、香港创新科技基金、香港研究资助局基金等多项课题，参与过国家 973 计划、香港卓越计划等重大科研项目。作为负责人研发了 InSAR 自动化处理软件，目前已应用到多家科研机构、政府部门和公司。已发表学术论文 29 篇，其中 SCI 收录 15 篇，申请/授权发明专利 5 项，获得软件著作权 7 项。获得过中国测绘科技进步奖一等奖、国家遥感中心遥感青年科技人才、国际 AXA 博后奖（全球 400 位选 29 位）等奖励。主要研究领域为星载合成孔径雷达遥感技术及其在地面沉降和城市基础设施形变监测中的应用。